大型外浮顶 储罐
典型事故分析与风险防控对策

田红岩 ◎ 主编

石油工业出版社

内 容 提 要

本书介绍了外浮顶储罐及油品库区基本知识，收集了50余起外浮顶储罐典型事故案例，同时还收录了数起对大型外浮顶储罐安全管理具有重要借鉴意义的其他类型储罐事故，并在对每类事故关键要素总结的基础上提出针对性的管控对策。

本书适用于从事储罐生产、安全、设备、消防应急等方面工作的管理人员使用，也可供相关院校和专业的师生参考使用。

图书在版编目（CIP）数据

大型外浮顶储罐典型事故分析与风险防控对策/田红岩主编.—北京：石油工业出版社，2021.8

ISBN 978-7-5183-4807-7

Ⅰ.①大… Ⅱ.①田… Ⅲ.①浮顶油罐–事故分析②浮顶油罐–安全管理 Ⅳ.①TE972

中国版本图书馆CIP数据核字（2021）第160935号

出版发行：石油工业出版社
（北京安定门外安华里2区1号　100011）
网　　址：www.petropub.com
编辑部：（010）64523825　图书营销中心：（010）64523633
经　　销：全国新华书店
印　　刷：北京中石油彩色印刷有限责任公司

2021年8月第1版　2022年1月第2次印刷
787×1092毫米　开本：1/16　印张：16
字数：360千字

定价：150.00元
（如出现印装质量问题，我社图书营销中心负责调换）
版权所有，翻印必究

《大型外浮顶储罐典型事故分析与风险防控对策》

编委会

主　　　　任：杨继钢

执 行 主 任：黄阜生

编　　　　委：（按姓氏笔画排序）

　　　　　　　马端祝　王　强　王一民　王红晨　白雪峰　吕文军
　　　　　　　任军革　刘至祥　刘景凯　许立甲　李　铁　李力斌
　　　　　　　李天书　李汝新　李善春　吴　凯　邱少林　张　鸿
　　　　　　　张锐锋　陈　志　陈　坚　金彦江　庞晓东　郝相民
　　　　　　　相养冬　段天平　姜国骅　洪晓煜　桑运超　康志军
　　　　　　　隋　昊　黙新社

编委会办公室：田红岩　孙　桥　曲天煜

编写组

主　　　编：田红岩

副 主 编：王金龙　汪逸安

编 写 人 员：娄仁杰　关海若　周会萍　彭　力　张满山　郑　伟
　　　　　　李　勇　刘　攀　臧国军　郭晓峰　王金友　闫子健
　　　　　　杜邦胜　丁海绪　军　　　刘如杰　魏诗怡　李　博
　　　　　　曲天煜　孙　桥　李佳宜　金　岩　张诗博　杨　飞
　　　　　　高鹏喜

序

  当前,世界正经历百年未有之大变局,国际格局深刻调整。党的十九届五中全会提出加快发展现代产业体系,推动经济体系优化升级,形成更安全可靠的产业链供应链。在炼化产业市场化进程中,"十四五"期间先进炼油产能仍结构性快速增长,增加石油储存量不仅是产业发展的需要,也是保障国家能源安全的重要措施,更是保证国家能源安全的重要支柱。大型石油储罐是国家界定的重大危险源,确保大型石油储备库运行安全是国家能源战略的重要保障之一。

  近些年,国内外有关大型石油储罐事故时有报道,事故造成的损失十分巨大,对人民的生命安全构成威胁,不仅会造成很大的经济损失,同时还会对社会环境造成巨大负面影响。加强大型石油储备库安全管理是这些企业面临的重大课题。

  以习近平同志为核心的党中央对安全工作高度重视,党的十九大报告明确提出,"树立安全发展理念,弘扬生命至上、安全第一的思想,健全公共安全体系,完善安全生产责任制,坚决遏制重特大安全事故,提升防灾减灾救灾能力",进一步明确了当前和今后一个时期加强安全生产工作的目标、任务和举措。要落实习近平总书记安全生产重要论述,做到"一方出事故、多方受教育,一地有隐患、全国受警示",各地区和各行业领域要深刻吸取安全事故带来的教训,强化安全责任,改进安全监管,落实防范措施。

  近期,中国石油商业储备油分公司组织编写了《大型外浮顶储罐典型事故分析与风险防控对策》一书,将近30年历史上发生的大型外浮顶储罐事故进行了分析和总结,归纳出这些事故的管理缺失和技术漏洞,提出了风险管控对策,希望能为大型外浮顶储罐企业的安全管理提供帮助。

中国石油天然气股份有限公司副总裁兼总工程师
炼油与化工分公司执行董事、党委书记
2021 年 5 月

前言

大型石油储备库具有储存设施集中、储存量大、储存物料危险性高、事故救援难度大、事故后果严重等特点。近年来,党中央、国务院对油库安全管理的重视程度越来越高,标准规范越来越严,检查频次越来越多,督办整改越来越急,追责处罚越来越重,因此,必须提高认识、转变观念,认真落实国家法律法规、标准规范要求,持之以恒依靠质量健康安全环保管理体系和技术手段,规范重大危险源管理,有效防范重大风险。

中国石油天然气集团有限公司(简称中国石油)将罐区安全风险列为重点防范的八大安全风险之一,其安全运行是中国石油平稳发展的重要基础。

本书收集了近30年来发生的国内外大型储罐典型事故案例,以及国内大的石油石化企业在日常管理中遇到的代表性事件,补充了编者们多年在油库管理中形成的经验做法,既有事故案例分析,又有风险管控对策,符合当前社会主义新时代对油库的安全管理新要求。

本书共分为三章。第一章主要介绍外浮顶储罐及油品库区基本知识,使读者对大型外浮顶储罐的发展历程、结构、工艺等有初步认识。第二章为事故案例,按照事故原因对案例进行了分类,方便读者查阅。同时结合国内一些事故调查以及事故调查报告发布的特殊情况,在尽量尊重原事故调查报告的基础上,对事故进行了再分析,力求追根溯源,还原事故真相,特在每类事故后归纳出案例警示要点。此外,还有一些案例虽然构不成较大事故,而且并非石油储罐事故,但对大型外浮顶储罐管理有较强的警示意义和较高的借鉴价值,故一并编入,供读者参考。第三章则在对每类事故关键要素总结的基础上,提出针对性的管控对策。

"一厂出事故,万厂受教育""以案为鉴,警钟长鸣"。通过典型案例学习,油库管理人员、操作人员,可以了解所在油库的潜在安全风险,汲取事故教训,拓宽思路,提高解决实际问题、应对突发事件的能力。

本书由中国石油商业储备油分公司组织编写，中国石油昆仑保险经纪公司提供了大力支持，在编写过程中还得到了中国石油质量健康安全环保部、炼油与化工分公司、安全环保技术研究院大连分院、大连石化分公司、锦州石化分公司、长庆油田分公司、冀东油田分公司以及国家管网西部分公司等单位和专家的大力支持和帮助，在此，谨向在编写过程中做出贡献的各单位和各方面人士表示衷心感谢！

由于编者水平有限，疏漏和不当之处在所难免，欢迎批评指正。

目录

第一章　概述 /1

第一节　建立石油储备体系的意义……………………………………………1
第二节　外浮顶储罐存在的风险………………………………………………3
第三节　外浮顶储罐主要结构…………………………………………………4
　一、浮顶…………………………………………………………………5
　二、罐底板………………………………………………………………5
　三、罐壁…………………………………………………………………6
　四、中央排水装置………………………………………………………6
　五、密封装置……………………………………………………………8
　六、搅拌装置……………………………………………………………9
　七、刮蜡装置……………………………………………………………10
　八、防雷防静电设施……………………………………………………11
　九、消防设施……………………………………………………………12
　十、其他附件……………………………………………………………15
第四节　油库设计工艺…………………………………………………………15
第五节　外浮顶储罐主要事故类型及特点……………………………………17
　一、事故类型……………………………………………………………17
　二、事故特点……………………………………………………………21
　三、大型外浮顶储罐的主要事故因素…………………………………22
参考文献……………………………………………………………………………28

第二章　事故案例　/29

第一节　雷击事故 ··· 29
一、某输油站"8·7"外浮顶油罐雷击着火事故 ····················· 29
二、某输油站"7·7"储油罐雷击着火事故 ···························· 31
三、某国家石油储备基地"3·5"外浮顶油罐雷击着火事故 ······· 33
四、某码头"11·22"原油罐着火事故 ·································· 34
五、某炼油厂"6·7"储罐火灾事故 ····································· 35
六、某炼油厂"8·3"浮顶原油罐火灾事故 ···························· 36
七、黄岛油库"8·12"特大火灾事故 ··································· 38
八、某库区"7·28"外浮顶储罐遭雷击闪爆起火事故 ·············· 43
九、印度尼西亚某炼油厂"3·29"外浮顶储罐雷击着火事故 ····· 44
十、国外其他油罐雷击着火事故 ·· 45
案例警示要点 ·· 48

第二节　作业事故 ··· 48
一、某油库"7·16"输油管道爆炸事故 ································ 49
二、某公司"10·24"原油储罐火灾事故 ······························· 51
三、某公司"9·6"原油罐区火灾事故 ·································· 54
四、某石化公司防腐承包商"10·28"闪爆事故 ····················· 55
五、某石化公司"10·26"原油储罐火灾事故 ························ 57
六、某石化公司炼油厂"6·29"原油储罐爆燃事故 ················ 59
七、某公司新建罐区"9·23"脚手架坍塌事故 ······················ 61
八、某石化公司"5·12"苯罐闪爆事故 ································ 62
九、某炼化公司"5·13"一般高处坠落事故 ·························· 64
十、某港务局原油库区"9·24"罐组平台坍塌事故 ················ 66
十一、某公司燃料油罐区"5·16"火灾事故 ·························· 67
十二、某石化公司"三苯"罐区"6·2"闪爆着火事故 ············· 69
十三、某石化公司炼油厂"6·2"储罐火灾事故 ···················· 73
十四、某石化设备公司"3·8"油罐火灾事故 ························ 75
十五、某油田公司"6·5"储罐爆炸事故 ······························· 77
十六、某油料公司"5·11"汽油储罐泄漏事故 ······················ 79
案例警示要点 ·· 81

第三节　静电事故 ·· 82
　　一、某企业"3·21"储罐火灾事故 ································· 82
　　二、某石化公司"8·29"储罐火灾事故 ····························· 83
　　三、某石化公司"2·7"储罐火灾事故 ······························ 85
　　四、某石化公司"2·20"轻污油罐爆炸着火事故 ····················· 88
　　五、某企业轻油罐采样闪爆着火事故 ································ 91
　　案例警示要点 ··· 93

第四节　自燃事故 ·· 93
　　一、某公司油品车间"3·14"石脑油罐闪爆事故 ····················· 93
　　二、某石化公司"5·9"石脑油罐火灾事故 ·························· 95
　　三、某石化公司"7·12"石脑油罐火灾事故 ························· 98
　　四、某炼油厂轻污油罐闪爆事故 ··································· 99
　　五、某海洋平台"4·8"储油罐闪爆事故 ···························· 102
　　案例警示要点 ·· 104

第五节　泄漏事故/事件 ·· 104
　　一、某企业"7·27"原油罐基础泄漏事件 ··························· 104
　　二、某库区中央排水装置漏油事件 ·································· 106
　　三、某库区中央排水管疲劳开裂事件 ································ 108
　　四、某库区储罐加强圈部位漏油事件 ································ 108
　　五、某库区集水坑漏油事件 ·· 110
　　六、比利时油品储运罐区"10·25"储罐泄漏事故 ··················· 111
　　七、美国某公司"11·12"液体肥料储罐灾难性破裂事故 ············· 114
　　八、美国某公司"1·9"化学品储罐泄漏污染事故 ··················· 118
　　九、某石化公司"5·29"柴油罐泄漏跑油事件 ······················· 121
　　十、某油库"5·14"金属软管断裂事件 ····························· 123
　　十一、某罐区"10·15"原油切水线地井冒油事件 ··················· 126
　　案例警示要点 ·· 127

第六节　溢罐事故 ·· 128
　　一、英国邦斯菲尔德油库"12·11"火灾爆炸事故 ··················· 128
　　二、某炼油厂"10·21"轻质浮顶油罐火灾爆炸事故 ················· 132
　　三、美国某石油公司"10·23"油库爆炸事故 ······················· 135
　　四、印度某石油公司油库"10·29"火灾爆炸事故 ··················· 139
　　五、某化工公司"10·10"硝酸储罐冒顶泄漏事故 ··················· 141
　　案例警示要点 ·· 143

第七节　其他事故/事件 …………………………………………… 144
　　一、某库区内浮顶钢制单盘储罐单浮盘存油事件 …………… 144
　　二、英国某港口"8·30"外浮顶油罐火灾事故 ……………… 144
　　三、某库区牺牲阳极内有气孔事件 …………………………… 145
　　四、某库区原油罐牺牲阳极失效事件 ………………………… 147
　　五、某库区储罐一次密封失效事件 …………………………… 147
　　六、委内瑞拉某炼油厂"8·25"爆炸事故 …………………… 150
　案例警示要点 ……………………………………………………… 151
参考文献 ……………………………………………………………… 152

第三章　风险防控对策　/154

第一节　防雷管理对策 …………………………………………… 154
　　一、雷击电流路线 ……………………………………………… 154
　　二、防雷措施 …………………………………………………… 156
第二节　防静电管理对策 ………………………………………… 164
　　一、接地装置 …………………………………………………… 165
　　二、工艺控制法 ………………………………………………… 166
　　三、人体静电消除 ……………………………………………… 167
第三节　操作管理 ………………………………………………… 168
　　一、相关规程 …………………………………………………… 168
　　二、进出油操作 ………………………………………………… 169
　　三、搅拌操作 …………………………………………………… 169
　　四、计量操作 …………………………………………………… 170
　　五、排水操作 …………………………………………………… 170
　　六、雷雨天操作 ………………………………………………… 171
　　七、使用管理 …………………………………………………… 171
第四节　设备维护修理管理对策 ………………………………… 172
　　一、储罐维护保养 ……………………………………………… 172
　　二、储罐清洗 …………………………………………………… 175
　　三、开罐检验检测 ……………………………………………… 180
　　四、储罐修理 …………………………………………………… 181
　　五、仪表的维护与修理 ………………………………………… 188
　　六、消防设备设施的维护与修理 ……………………………… 194

第五节 作业风险管控对策 196
一、储罐作业事故引发因素及危害 197
二、外浮顶原油储罐典型作业项目和风险管控 199

第六节 防腐蚀管理对策 209
一、腐蚀部位及机理 209
二、防腐管理 209
三、防腐施工 210
四、边缘板防腐 216

第七节 消防应急管理 217
一、消防管理 217
二、应急预案 222
三、预案演练 224
四、消防应急知识培训 229

参考文献 231

附录 /232

附录一 化学品安全数据说明书 232
一、原油（石油） 232
二、汽油 233
三、液化天然气 235
四、液化石油气 236

附录二 登罐灭火专项预案 237
一、灾情设定 237
二、力量调集 237
三、组织指挥 237
四、火场侦察 238
五、作战行动 238
六、工艺措施 239
七、火场保障 239
八、战斗结束 240

后记 /241

第一章 概述

第一节 建立石油储备体系的意义

我国既是世界上的石油生产大国，也是石油消费大国，同时还是全球最大的石油进口国。近十年来，我国原油消费量按年均 6.0% 的速度增加，而同期国内原油供应增长速度仅为 1.47%，石油供求矛盾在逐年增大。根据中国石油和化学工业联合会发布的《2020 年中国石油和化学工业经济运行报告》，2020 年国内原油产量 $1.95×10^8$t，同比增长 1.6%，原油进口量 $5.42×10^8$t，同比增长高达 7.2%，石油对外依存度达 73%。根据权威机构预测数据，到 2035 年我国的原油对外依存度将增大至 77.5%。

加之当前国际政治不稳、产油区政治局势动荡、中美贸易摩擦、美伊矛盾升级、新冠疫情肆虐等因素都可能会对我国的石油进口造成影响，而加大石油储备能力则是保障我国能源安全的重要措施。

从石油储备量上来讲，国际能源署（IEA）设定的一国石油储备安全标准线为 90 天，这也是 IEA 规定的战略石油储备能力的"达标线"。也就是说，要确保国家石油安全，一国的石油储备量需要达到过去一年 90 天的进口量。据此测算，我国原油储备量应该超过 $1.33×10^8$t。扩大原油储备能力建设，符合国家战略能源安全需要，对于企业降低原油成本具有重要且现实的意义。

建立石油储备是防止和减少石油供应中断所造成的危害最可行、最有效和最安全的途径。从石油供应历史来看，由于战争、动乱或其他突发事件导致不同程度的石油供应中断事件有 15 次，中东地区在 1951 年后供应中断达 13 次。我国进口石油的重点地区，中东和里海是世界上最不稳定、风险最大的地区，任何一个突发因素都会导致原油供应的中断。进口石油的运输也存在风险，包括原油的海上运输和输油管道，都会因为途经国家或地区的不稳定或海上运输通道安全因素发生意外。通过建立石油储备，可以有效地减轻因种种原因造成的石油供应中断对国家能源供应的不利影响，化解种种由于石油供应引起的风险，鉴于此，我国自 2004 年开始规划建设国家石油战略储备项目。规划用 15 年时间分期提升我国原油储备能力：第一期储备能力达到（1000~1200）$×10^4$t，约等于我国 30 天的净石油进口量；

第二期和第三期分别为 $2800×10^4$ t。规划总体目标是形成相当于 90 天的战略石油储备能力。我国陆续建成的国家石油储备基地（图 1-1），基本形成了具有一定保障能力、空间布局合理、管理层次较为清晰的国家石油储备体系[1]。

图 1-1 某石油储备基地示意图

除中国外，世界上很多国家也建立了石油储备体系，以应对可能出现的政治经济危机打乱国际石油市场正常的供应，而给本国的政治稳定和经济发展带来的冲击。根据 IEA 的要求，其成员国必须承担 90 天石油进口量，欧盟也要求成员国承担 90 天石油消费量的储备义务。按照我国 2020 年石油消费量计算，在扣除国内石油产量后，我国的石油储备总规模需达到 $1.33×10^8$ t，大幅超过我国目前的石油储备能力。而美国石油战略储备安全标准线为 240 天，日本也达到了 187 天。为加强石油储备能力，我国也正在积极投资新建三期石油储备库工程。

目前，大规模的战略石油储备方式有地面储存、地下储存和海上储存三种，我国以地面储存为主，地面储存一般将原油储存在地面钢制储罐中。在石油战略储备不断扩大的形势下，为降低储存成本，储罐逐渐朝大型化方向发展，大型外浮顶储罐成为石油储罐发展的方向。随着高强度钢的研发与焊接技术的进步，20 世纪 60 年代，美国、日本、欧洲等陆续建造了 $10×10^4 m^3$ 的浮顶储罐，委内瑞拉首先成功建造了 $15×10^4 m^3$ 的浮顶储罐，随后日本在 1971 年成功建造了 $15×10^4 m^3$ 的浮顶储罐，沙特阿拉伯等中东石油大国更是建造了 $20×10^4 m^3$ 的浮顶储罐，我国也在 2005 年建造了首个 $15×10^4 m^3$ 的浮顶储罐（图 1-2）。

我国已建和拟建的石油储备库库容大都在 $100×10^4 m^3$ 以上，有的甚至规划了 $2000×10^4 m^3$，储罐的单罐容量大多为 $10×10^4 m^3$，最小为 $5×10^4 m^3$，最大达 $15×10^4 m^3$，且一般采用外浮顶储罐。浮顶储罐顶部覆盖在油面上，可随着油面的升降而浮动，受力状况良好，适宜做成大型储罐。与其他结构的储罐相比，外浮顶储罐，特别是大型外浮顶储罐，具有以下优点[2]：

图1-2 15×10⁴m³ 原油浮顶储罐

（1）损耗低。浮顶能够将储液与空气隔离，减少油品中轻组分的挥发，降低蒸发损耗，既降低了风险，又减少了大气污染。大型外浮顶储罐与多台同容量小型储罐相比，密封带总长度低，罐壁表面积小，热损耗更低。

（2）投资少。大型外浮顶储罐罐容大，表面积相对小，单位容积用钢量少，同等库容情况下，储罐大型化可减少储罐数量，从而减少仪表、阀门等附件的用量，节省投资。

（3）占地小。在满足 GB 50074—2014《石油库设计规范》等标准规范对油库防火堤容积、储罐防火距离要求的条件下，大型储罐与同等容积的小型储罐相比，所占土地面积少。

（4）管理方便。外浮顶储罐管理、操作和维修方便，大型化后可以有效减少储罐数量，降低管理维护工作量。

因此，外浮顶储罐被广泛应用于原油、汽油、溶剂油等挥发性石油产品的大容量储存。

第二节 外浮顶储罐存在的风险

通过对全世界发生的 200 余起储罐的事故统计，在各种类型的储罐中，外浮顶储罐发生的事故最多[3]。随着国家战略储备需求的扩大以及炼油化工生产装置的大型化发展，尤其是民营大型炼化企业的快速发展，对石油的储备需求也相应快速增加。外浮顶储罐的单体容量也在不断增加，且储存的油品易燃易爆，每个大型外浮顶储罐都构成了一个重大危险源。

大型外浮顶储罐由于其结构和储存介质的特点，存在着诸多风险，如腐蚀风险、雷击风险、泄漏风险、误操作风险以及检维修造成事故的风险等，一旦发生火灾、爆炸等事故，可能造成严重的人员伤亡、财产损失。同时，与炼油化工生产装置相比，罐区内紧急切断设施较少，且大量紧急切断设施不耐火，因此储罐事故很容易扩大。加之储罐数量多，距离较近，风险相互叠加，火灾扑灭难度大，救援持续时间长，极易造成"火烧连营"的失控局面，其后果是灾难性的、颠覆性的，同时给当地社会带来恶劣的影响。

从石油天然气行业生产安全事故的分布来看，较大级以上生产安全亡人事故，主要发生在风险高、人员多的勘探开发、炼油化工、油气管道和大型储库等领域。作为重大危险源的大型石油库具有"重资产、高风险、高后果、颠覆性"等实际特点，在石油天然气领域一直作为重点管控对象。随着国民经济快速发展和能源战略实施，储罐成为保障我国油气资源及化工物料储备的重大基础性关键装备，罐区安全问题也引起了党中央、国务院的高度重视。党中央、国务院发布了《关于推进安全生产领域改革发展的意见》，国务院办公厅印发了《危险化学品安全综合治理方案》，国家危险化学品安全专项整治三年行动等标志着我国安全生产领域的改革进入新阶段，《中华人民共和国刑法》修正案关于安全生产条款、国家相关文件中都有涉及要求加强重大危险源罐区安全生产管理工作。但石油库布局广，管理分散，体制多样，不能按期维修，不被管理重视，管理手段落后，不能适应新形势下国家对重大危险源安全生产新要求，新形势安全威胁和风险仍在不断滋生、扩散和叠加。

为避免历史事故重复发生，笔者对过去30多年关于大型外浮顶储罐的事故案例进行汇编和分析，结合大型外浮顶储罐结构、生产工艺、生产操作、检维修、消防应急等要素，提出大型外浮顶储罐及罐区风险防控对策，以辅助重大危险源管理需要，确保安全生产受控。

第三节　外浮顶储罐主要结构

大型外浮顶储罐主要结构包括罐体（罐壁、罐底板）、浮顶、中央排水装置、密封装置、搅拌装置、刮蜡装置、防雷防静电设施、消防设施等附属设施[4]。$10×10^4m^3$外浮顶储罐结构如图1-3所示[5]。

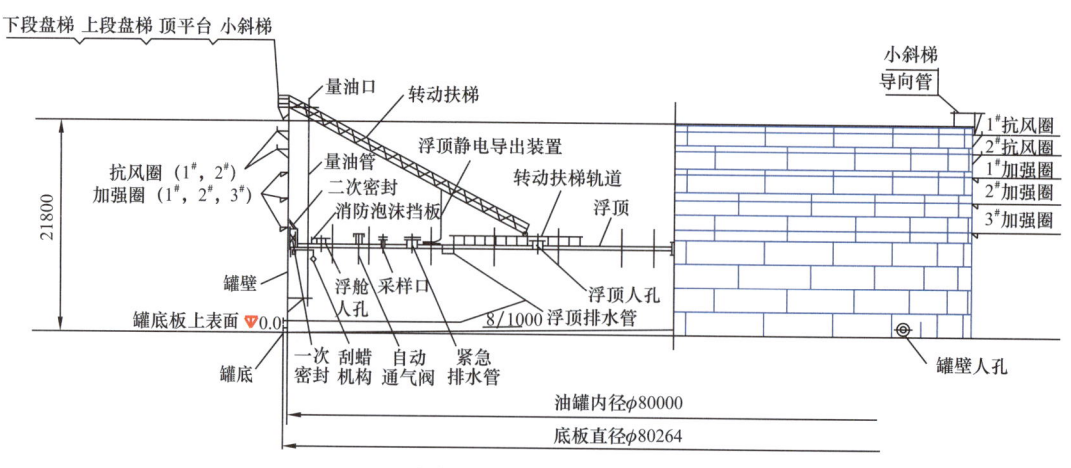

图1-3　$10×10^4m^3$外浮顶储罐结构示意图（单位：mm）

一、浮顶

浮顶储罐的浮顶是一个漂浮在储液表面上的浮动顶盖，随着储液的输入输出而上下浮动，浮顶与罐壁之间有一个环形空间，这个环形空间有一个密封装置，使罐内液体在顶盖上下浮动时与大气隔绝，从而大大减少了储液在储存过程中的蒸发损失，浮顶罐储可比固定顶罐减少油品损失 80% 左右。

浮顶主要有单盘式和双盘式两种。单盘式浮顶的周边是环形浮船，环形浮船由隔板将其分隔成若干个互不渗漏的舱室，浮船中间是由钢板搭接而成的单盘，其与浮船通过角钢连接。双盘式浮顶有上下两层盖板，盖板之间有边缘环板，径向与环向隔板把浮顶分为许多互不渗漏的舱室（图 1-4）。

图 1-4 双盘式浮顶内部结构

二、罐底板

罐底板除了承受储罐自重外，还要承受储液的静压力和基础沉降所产生的附加力，罐底板边缘的受力状况较为复杂。根据我国现行标准，储罐内径在 12.5m 以下的罐底板可采用不设环形边缘板的形式，如图 1-5（a）所示；罐内径在 12.5m 以上应设边缘板，如图 1-5（b）所示。

(a) 不设环形边缘板　　(b) 设环形边缘板

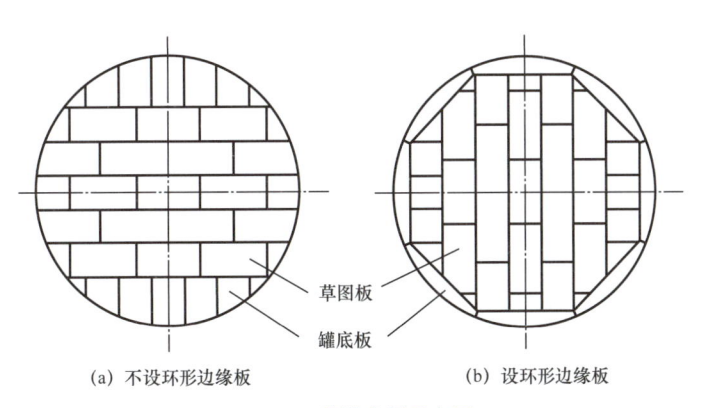

图 1-5 储罐底板示意图

三、罐壁

罐壁是外浮顶储罐的主要承载构件,罐壁钢材占大型外浮顶储罐的总质量达到40%～50%。外浮顶储罐罐壁承受的液柱静压力如图1-6所示,所以在制造时采用了不同厚度的钢板组焊成罐壁。通常情况下,各层罐壁板的厚度沿着罐壁由上到下逐层增厚[6]。

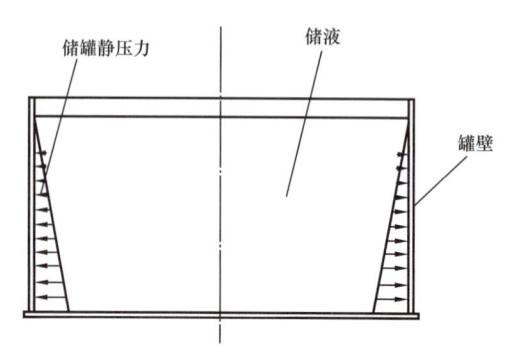

图1-6 罐壁承受的液柱静压力

四、中央排水装置

原油外浮顶储罐由于浮顶直接与大气接触,因此雨水可直接降落到其表面。为防止雨水从浮顶密封处渗入油罐或浮顶上积水过多对浮顶的强度和稳定性造成威胁,国内外均在浮顶上设置了浮顶排水系统。GB 50341—2014《立式圆筒形钢制焊接油罐设计规范》、API 650《钢制焊接石油储罐》对降雨量不大于250mm时的浮顶强度和稳定性做了规定,而对大于250mm的降雨量没有做出要求。因此为了满足规范的规定要求,需要设置浮顶排水,将浮顶积水排出到罐外,以保证浮顶的安全性。目前,浮顶排水装置主要包括旋转接头排水装置、柔性接头排水装置、枢轴式排水装置和柔性软管排水装置4种类型,如图1-7至图1-10所示。

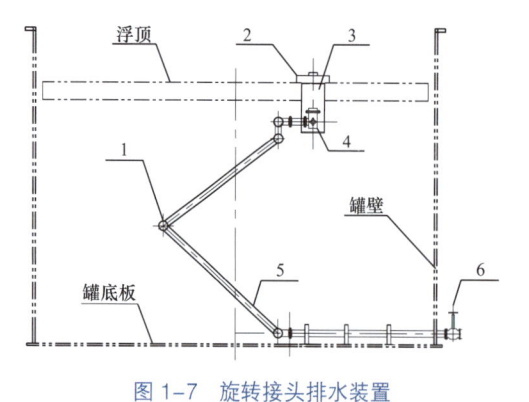

图1-7 旋转接头排水装置

1—旋转接头;2—过滤罩;3—集水坑;
4—单向阀;5—连接管;6—截断阀

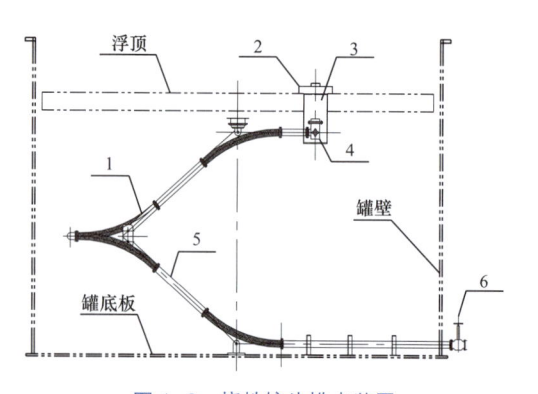

图1-8 挠性接头排水装置

1—旋转接头;2—过滤罩;3—集水坑;
4—单向阀;5—连接管;6—截断阀

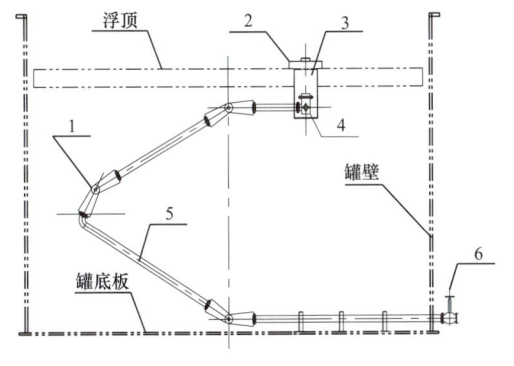

图 1-9　枢轴式排水装置

1—挠性接头；2—过滤罩；3—集水坑；
4—单向阀；5—连接管；6—截断阀

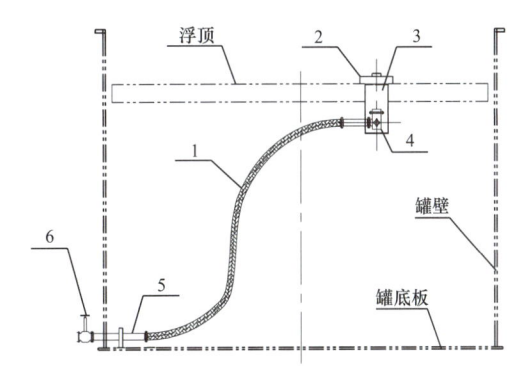

图 1-10　挠性软管排水装置

1—柔性软管；2—过滤罩；3—集水坑；
4—单向阀；5—连接管；6—截断阀

（1）旋转接头排水装置。采用刚性旋转接头与钢管相连接的连杆结构，如图 1-7 所示。该种结构形式存在相对运动副，理论上是密封点较多容易发生泄漏。出现的问题均为排水管变形补偿不足造成的运动副之间的渗漏，一般泄漏量也不大，比较容易处理，没有造成大的事故。特别是近年来采用 X 形密封圈以后，可靠性得到很大提高。该种结构形式运动轨迹确定，不存在与罐内其他附件打架现象，在国内使用时间最长，2000 年以前国内多数储罐采用这种结构形式。由于这种排水装置设计结构较复杂，对设计水平要求较高，因此近年来使用较少。根据多年的使用经验，使用寿命远远大于一个大修期，有的已连续使用近 30 年。另外，这种结构形式已实现国产化，其产品已达到国外同类产品的技术水平。

（2）柔性接头排水装置。采用柔性接头与复合型金属软管相连接的一种结构。该种结构形式无相对运动副，动密封点大大减少，理论上发生渗漏的可能性较旋转接头少。出现的问题为挠性接头撕裂，造成储罐漏油事故，需要清罐更换。该种排水装置运动轨迹确定，不存在与罐内其他附件打架现象，是我国自行开发的一种结构形式。从使用情况看，这种结构形式能够满足一个大修期的要求，但需要进一步提高齿轮啮合部位密封性，防止杂质阻塞，造成失效，以提高运行可靠性。

（3）枢轴式排水装置。采用"刚性接头+柔性接头"相结合的一种结构。该种排水装置采用连续坡形设计，保证顺畅流动，无沉淀物滞留，平面布置，运动轨迹确定，不存在与罐内其他附件打架现象，但抗浮顶偏移能力稍差。2000 年以后在国内安装的储罐较多，且多为国外产品。根据使用情况，这种结构形式的国外产品基本能够满足一个大修期的要求，国内产品在使用中出现的问题相对较多，需要在细节上进一步加强研究。

（4）挠性软管排水装置。采用整体全柔性软管，软管本体由几层复合材料制成。该种结构形式在储液中连接接头最少，密封点最少，无相对运动副，理论上密封性能最好，但该种结构形式运动轨迹不确定。如果配重设计不好，挠性软管易被浮顶支柱扎破，造成储罐漏油事故，需要清罐更换。2000 年以后在国内安装的储罐较多，且多为国外产品。根据使用情况，这种结构形式的国外产品能够满足一个大修期的要求，但国内产品还没有成功使用的案例。

在浮顶上由于浮顶排水系统失效或其他原因造成大量积水时，可通过紧急排水装置将过量的雨水直接排入罐内，从而保证浮顶的安全。紧急排水装置应具有防止储液反溢功能，在正常状态下能防止储液挥发，运行时排水应通畅，浮球转动应灵活；储液反溢时，反向密封性能应灵活可靠。紧急排水装置的排水能力应能防止浮顶积水超过设计许可值，其数量和规格应按照建罐地区的最大降雨强度确定。

五、密封装置

目前，国内浮顶油罐采用的一次密封装置主要有泡沫软密封、机械密封和充液密封3种形式。由于充液密封安全可靠性差、价格昂贵，目前已基本不采用。泡沫软密封和机械密封这两种结构各有优缺点：泡沫密封价格便宜、结构简单、安装方便，但使用寿命稍短；机械密封使用寿命较长，但结构复杂，安装精度要求高，价格昂贵（图1-11）。

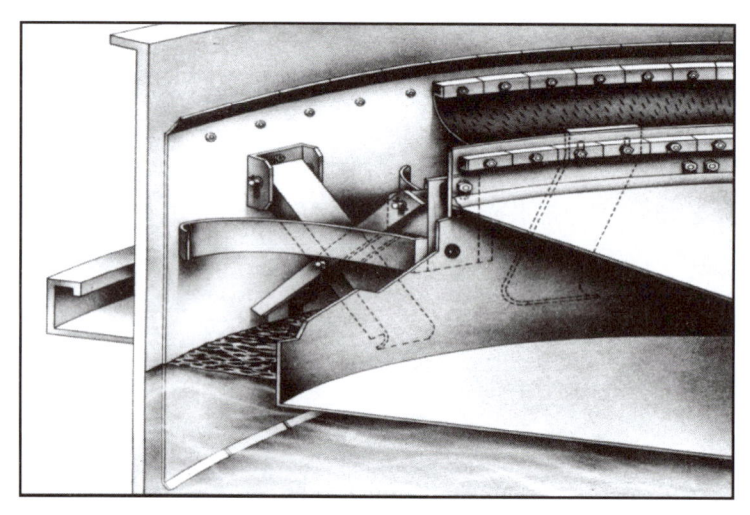

图1-11 机械密封示意图

从对国内安装的机械密封的检查来看，安装精度没有达到产品要求，使用效果不理想。此外，机械密封还存在环形油气空间较大和上部容易积水造成密封不严的缺点，在雷暴频繁地区不宜安装机械密封。

泡沫软密封结构在国内外已使用几十年，目前国内大部分油罐采用这种密封结构形式，具有成熟的使用经验。从使用情况看，只有少数损坏，且均为划破和撕裂，它能够满足一个大修间隔期不失效的要求。对于国家储备库油罐进出油频率很低，有利于延长密封结构的使用寿命。

而二次密封分别是I形橡胶刮板（图1-12）和L形橡胶刮板（图1-13），前一种结构用于固定橡胶刮板的螺栓头朝向罐壁，形成孤立的金属凸出物，与罐壁之间有产生打火的可能。L形橡胶刮板的安装，螺栓在二次密封的外侧，所以这种结构是合理的（图1-14）。

图 1-12　I 形橡胶刮板

图 1-13　L 形橡胶刮板

二次密封对罐壁的压紧力应该提出要求，只有保证一定的压紧力才能保证密封的效果，这就要求二次密封的结构合理，承压板的高度合适。承压板高度不够，容易造成对罐壁压紧力不足；高度过高，在浮顶漂移时会造成二次密封反向倒伏。两种情况都不利于油罐的安全，也都在国内的储罐上出现过类似的问题。因此，在选择产品结构时应加以注意。另外，对橡胶刮板的耐老化性能也要提出要求，不少储罐的二次密封的橡胶刮板才运行两三年就出现了类似于荷叶边的变形（图 1-15），这种变形也容易造成油气泄漏。

图 1-14　L 形橡胶刮板的安装

图 1-15　荷叶边的变形

六、搅拌装置

储罐搅拌器的设置，是为了防止罐内沉积物堆积，使罐内储存介质均匀、温度均匀、强化传热、防止分层，减少储罐的清扫作业，提高储罐利用率。储罐用搅拌器主要分为侧壁式搅拌器和旋转喷射搅拌器两种。

（1）侧壁式搅拌器。侧壁式搅拌器安装在底圈罐壁上，需在罐壁上开孔。其工作原理是搅拌器叶轮在电动机的驱动下旋转，带动罐内油品产生流动，将罐底沉积物混合到原油中，以达到混合油品的目的。目前使用较多的是可变角度式搅拌器，这种搅拌器可在 60°内连续移动，可以使液流到达储罐的任何部位，克服了以往侧壁式搅拌器不能实现全方位搅拌，留有死角的缺陷。侧壁式搅拌器在大型储罐的设计中应用较早，且技术较为成熟，维修方便，但设备安装密封处有发生泄漏的可能性。

（2）旋转喷射搅拌器。旋转喷射搅拌器安装在罐底中心部位，直接与进油管线连接，利用储罐进油口的余压，通过喷嘴喷射流体进行搅拌，不需单独配置动力设备。近几年，在国内大型储罐中逐渐开始使用。就单个储罐而言，采用旋转喷射搅拌器，投资较侧壁式搅拌器低，搅拌更为均匀，无搅拌死角。但旋转喷射搅拌器设置在储罐中央，维检修困难。

七、刮蜡装置

储存黏稠的高凝点油品的储罐，在罐壁上容易形成固态或半固态的凝结物，通常称为蜡。为了防止这种现象的发生，需要在浮顶边缘设置清除罐壁凝结物的设施。常用的刮蜡装置（图1-16）有重锤式刮蜡装置、局部加热熔蜡设施等。

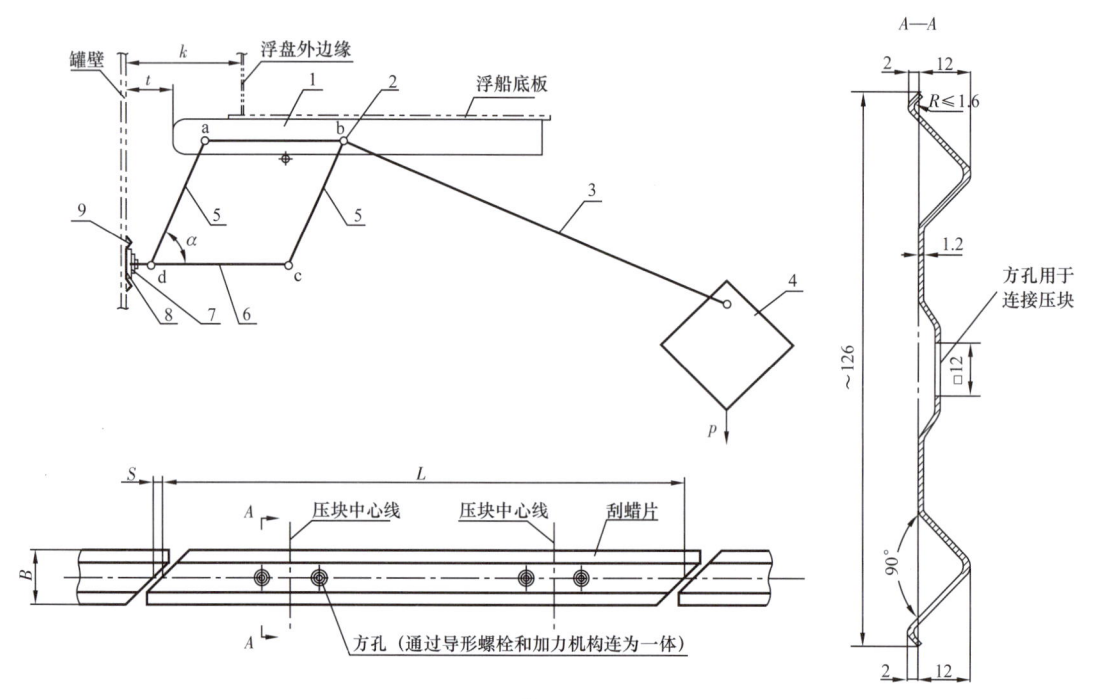

图 1-16 刮蜡装置结构示意图

1—固定水平连杆；2—小轴；3—加力杆；4—配重；5—侧连杆；6—可移动水平连杆；7—压块；8—异形螺栓；9—刮蜡板
a，b，c，d—铰链；k—浮盘外边缘距罐壁间距；p—向下压力；t—固定水平连杆与罐壁间距；B—刮蜡片宽度；
L—刮蜡片长度；S—刮蜡板间环向间隙；R—压型折边半径；α—可移动水平连杆与侧连杆夹角

重锤式刮蜡装置是目前最广泛使用的一种刮蜡装置，如图1-17所示。重锤式刮蜡装置采用机械方式除去罐壁的凝油及结蜡，主要由加力机构、配重、刮蜡板等组成，通过加力机构，借助配重通过压块向刮蜡板施加压紧力，带动刮蜡板随浮盘上下移动。

而局部加热熔蜡设施是采用物理方法除去罐壁上的凝油及结蜡，依靠加热管内介质的热量传递熔化罐壁上的凝油及结蜡。加热管布置于浮顶边缘外侧的下部，使浮顶环形空间处罐壁上的凝油温度升高并熔化。由于环形空间处温度升高会造成油品蒸发损失增大，并大大缩短一次密封的寿命，因此局部加热熔蜡设施不应连续操作，只有在浮顶下降前临时开启。由于要跟随浮顶上下浮动，加热熔蜡管与外部热源之间的连接比较困难。一般加热管由罐壁顶部沿转动浮梯到达浮顶，中间至少需要两段软管，以适应浮顶的升降。

图 1-17 罐内重锤式刮蜡装置实物图

八、防雷防静电设施

雷击是造成储罐火灾事故的主要原因，国内外大型外浮顶储罐雷电防护的主要措施包括安装伸缩雷电流释放器、导静电线、导电片等。

IEC 62305《雷电防护》规定，在浮顶和罐壁之间围绕罐壁每隔3m应安装由不锈钢带构成的导电片。NFPA 780《雷电防护规范》则规定，沿罐壁四周每隔3m在浮顶上部的密封圈处安装导电片。

GB 50074—2014《石油库设计规范》规定钢储罐必须做防雷接地，接地点不应少于两处，接地点沿储罐周长的间距不宜大于30m，接地电阻不宜大于10Ω。外浮顶储罐与罐区接地装置连接的接地线，采用热镀锌扁钢时，规格应不小于4mm×4mm。Q/SY 1718.1—2014《外浮顶油罐防雷技术规范 第1部分 导则》规定引下线在距离地面0.3～1.0m之间装设断接卡，断接卡用两个M12不锈钢螺栓加防松垫片引接，接触电阻值不得大于0.03Ω，断接卡与引下线应裸露在储罐基础外侧。

目前，一般在二次密封上安装带包覆式导电片的电流分路器［图1-18（a）］；使用弹片式导电片替代过去的包覆式导电片是一种有效的解决方案［图1-18（b）］。包覆式导电片存在以下问题[7]：

（1）没有弹性。当储罐运行中浮盘发生漂移或二次密封产生变形时，会造成导电片与罐壁间出现微小的间隙，有雷电流时会发生间歇性火花放电。

（2）导电片与罐壁间的接触电阻值过大。主要是罐壁与二次密封之间油层绝缘厚度过大，当有雷电流时，绝缘层无法击穿，会出现旁路跳火，进而发生雷电流的火花放电。

这两个问题可造成二次密封空间导电片部分火花放电，导致二次密封空腔内的可燃气体发生闪爆着火。

（a）包覆式导电片　　　　　（b）弹片式导电片

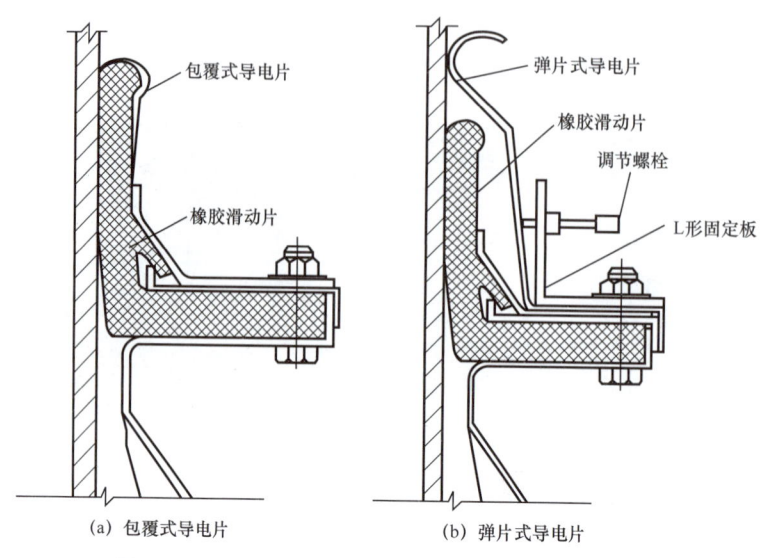

图 1-18　包覆式导电片、弹片式导电片安装形式示意图

　　为了减少和消除大型外浮顶储罐一次、二次密封空腔雷击着火事故，使用上翘式雷电流分路器替代过去的包覆式导电片是一种有效的解决方案。上翘式雷电流分路器具有足够的张力、良好的电流通流性、电气连接性以及耐磨性。

　　上翘式雷电流分路器由弹片式导电片、L形固定板、调节器和拉力计量器4部分组成。上翘式雷电流分路器通过调整其调节器，可使导电片始终与罐壁实现无缝接触，即使在浮盘漂移和罐体微变形时也不会出现间隙，保证了浮盘与罐壁的无阻抗电气连接。由于弹片的结构特点，其圆弧面与罐壁贴合，在浮盘升降的过程中既不会松动、脱落，也不会刮伤罐壁，并且在进行分路器的更换时，可以实现带油更换，无须停产和清罐。在进行带油作业时，施工方必须编制详细的施工方案，制订并严格执行防火、防静电措施。弹片式电流分路器通过可调节装置解决罐体微变形和浮盘位移造成的分路器与罐壁间隙差异，保证实现导电片与罐壁无阻抗的电气连接，确保浮盘上的雷电流得到及时释放，并消除雷电流释放过程产生的火花。

　　外浮顶储罐的自动通气阀、呼吸阀、阻火器和浮顶量油口应与浮顶做电气连接。采用钢滑板式机械密封时，钢滑板与浮顶之间应做电气连接，沿圆周的间距不宜大于3m。二次密封采用I形橡胶刮板时，每个导电片均应与浮顶做电气连接，电气连接的导线应选用横截面不小于10mm^{2}镀锡软铜复绞线。储罐浮顶上取样口的两侧1.5m之外应各设一组消除人体静电的装置，并应与罐体做电气连接。该消除人体静电的装置可兼作人工检尺时取样绳索、检测尺等工具的电气连接体。

九、消防设施

　　外浮顶储罐应设固定或移动式消防冷却水系统，其供水范围、供水强度和设置方式见表1-1。罐壁高于17m、容积不小于10000m^{3}的储罐，以及容积不小于2000m^{3}的低压储罐应设置固定式消防冷却水系统。

表 1-1 消防冷却水的供水范围和供水强度

项目	储罐形式		供水范围	供水强度
移动式水枪冷却	着火罐	固定顶罐	罐周全长	0.8L/(s·m)
		浮顶罐 内浮顶罐	罐周全长	0.6L/(s·m)
	邻近罐		罐周半长	0.7L/(s·m)
固定式冷却	着火罐	固定顶罐	罐壁表面积	2.5L/(min·m²)
		浮顶罐 内浮顶罐	罐壁表面积	2.0L/(min·m²)
	邻近罐		罐壁表面积 1/2	2.5L/(min·m²)

大型浮顶油罐通常采用低倍数罐壁泡沫喷射系统，根据 GB 50151—2010《泡沫灭火系统设计规范》，外浮顶非水溶性液体的泡沫混合液供应强度不应小于 12.5L/(min·m²)，连续供给时间不应小于 30min，单个泡沫产生器的最大保护周长应符合表 1-2 的规定。

表 1-2 单个泡沫产生器的最大保护周长

泡沫喷射口设置部位	堰板高度（m）		最大保护周长（m）
罐壁顶部、密封或挡雨板上方	软密封	≥0.9	24
	机械密封	<0.6	12
		≥0.6	24
金属挡雨板下部		<0.6	18
		≥0.6	24

注：当采用从金属挡雨板下部喷射泡沫的方式时，其挡雨板必须是不含任何可燃材料的金属板。

外浮顶储罐泡沫堰板的设计，应符合下列规定：

（1）当泡沫喷射口设置在罐壁顶部、密封或挡雨板上方时，泡沫堰板应高出密封 0.2m；当泡沫喷射口设置在金属挡雨板下部时，泡沫堰板高度不应小于 0.3m。

（2）当泡沫喷射口设置在罐壁顶部时，泡沫堰板与罐壁的间距不应小于 0.6m；当泡沫喷射口设置在浮顶上时，泡沫堰板与罐壁的间距不宜小于 0.6m。

（3）应在泡沫堰板的最低部位设置排水孔，排水孔的开孔面积宜按每 1m² 环形面积 280mm² 确定，排水孔高度不宜大于 9mm。

泡沫产生器与泡沫喷射口的设置，应符合下列规定：

（1）泡沫产生器的型号和数量应按规定的供应强度、时间计算确定。

（2）泡沫喷射口设置在罐壁顶部时，应配置泡沫导流罩（图 1-19）。

图 1-19 罐顶泡沫产生器

（3）泡沫喷射口设置在浮顶上时，其喷射口应采用两个出口直管段的长度均不小于其直径 5 倍的水平 T 形管，且设置在密封或挡雨板上方的泡沫喷射口在伸入泡沫堰板后应向下倾斜 30°～60°。

当泡沫产生器与泡沫喷射口设置在罐壁顶部时，储罐上泡沫混合液管道的设置应符合下列规定：

（1）可每两个泡沫产生器合用一根泡沫混合液立管。

（2）当 3 个或 3 个以上泡沫产生器一组在泡沫混合液立管下端合用一根管道时，宜在每个泡沫混合液立管上设置常开控制阀。

（3）每根泡沫混合液管道应引至防火堤外，且半固定式泡沫灭火系统的每根泡沫混合液管道所需的混合液流量不应大于一辆消防车的供给量。

（4）连接泡沫产生器的泡沫混合液立管应用管卡固定在罐壁上，管卡间距不宜大于 3m，泡沫混合液的立管下端应设置锈渣清扫口。

当泡沫产生器与泡沫喷射口设置在浮顶上，且泡沫混合液管道从储罐内通过时，应符合下列规定：

（1）连接储罐底部水平管道与浮顶泡沫混合液分配器的管道，应采用具有重复扭转运动轨迹的耐压、耐候性不锈钢复合软管。

（2）软管不得与浮顶支承相碰撞，且应避开搅拌器。

（3）软管与储罐底部伴热管的距离应大于 0.5m。

储罐梯子平台上管牙接口或二分水器的设置，应符合下列规定：

（1）直径不大于 45m 的储罐，储罐梯子平台上应设置带闷盖的管牙接口；直径大于 45m 的储罐，储罐梯子平台上应设置二分水器。

（2）管牙接口或二分水器应由管道接至防火堤外，且管道的管径应满足所配泡沫枪的压力、流量要求。

（3）应在防火堤外的连接管道上设置管牙接口，管牙接口距地面高度宜为0.7m。
（4）当与固定式泡沫灭火系统连通时，应在防火堤外设置控制阀。

十、其他附件

外浮顶储罐常见附件主要分为罐顶附件、罐壁附件和安全设施。

（一）罐顶附件

（1）量油孔：一般设计在罐顶平台附近，用于手工和仪表检测油品液位。
（2）自动通气孔：通常位于罐顶中心处，用于保持罐内外气压平衡。
（3）呼吸阀：通常用法兰和通气孔接管连接，用于保持油罐的密闭性，减少油品的蒸发损耗，调节平衡油罐内外压力。
（4）阻火器：与呼吸阀配套使用，用于防止雷击和静电引起火灾。

（二）罐壁附件

（1）人孔：储罐检维修时，用于工作人员进出储罐，安装于罐壁第一圈壁板上，应与透光孔、清扫孔相对应，便于采光通气。
（2）进出油接管：用于收发油作业。
（3）切水孔：用于排出储罐底部的沉积水。
（4）排污口：用于排出储罐底部的固体沉积物。
（5）液位计：用于测定储罐内油品的液面高度。
（6）温度计：用于测定储罐内油品的温度。
（7）加热器：用于维持或提高储罐内油品的温度。
（8）清扫孔：用于排出储罐底部的固体沉积物。
（9）液位报警口：用于液面超过预定液位时报警。

第四节　油库设计工艺

凡是用来接收、储存和发放原油或石油产品的企业和单位都称为油库。它是协调原油生产、原油加工、成品油供应及运输的纽带，是国家石油储备和供应的基地。

油库按功能可以分为生产区、辅助生产区、库外管道和行政管理区。生产区主要包括油罐区、油泵站、油罐专用变配电所（间）、计量站、装卸区、清管器收发设施等；辅助生产区包括消防泵房、消防站、总变电所、配电间、锅炉房、化验室等；库外管道包括油品进库及外输管道、阀门、清管器收发设施等；行政管理区包括办公室、车库、宿舍、控制室、食堂等。

油库的基本功能包括：接收外部来油进罐储存；油品外输；进、出库油品计量；油品的倒罐和抽罐底油。

油库接收油品可通过管道、码头、铁路和公路 4 种途径，以大型原油储备库为例，目前大部分储备库利用油轮和管道接收原油，后通过装船和管道外送。进库油品通过管道经总阀组、流量计进入油罐区；出库油品由罐区通过管道经泵机组（或自流）、流量计、总阀组出油库区，如图 1-20 所示。

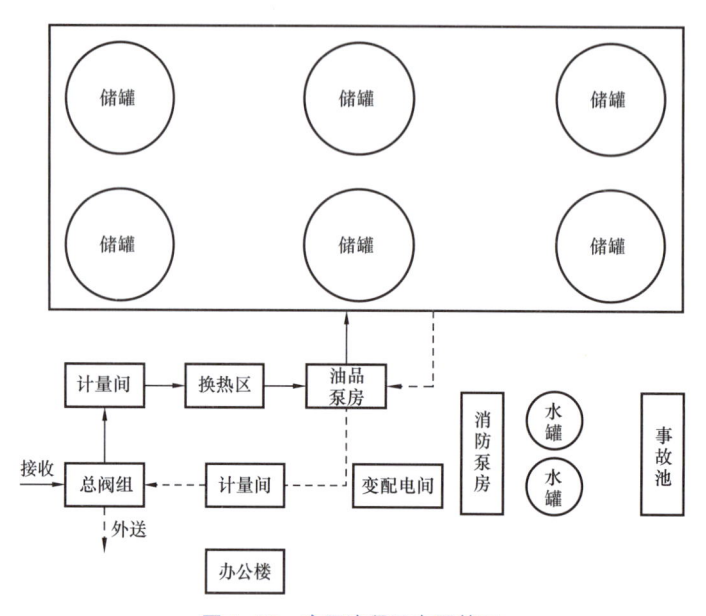

图 1-20 库区流程及布置简图

在条件允许的情况下，采用一罐一组布置。变配电间靠近主要用电设备，以减少电缆长度和电能损耗。办公区域独立设置，以避免无关车辆和人员进入罐区。罐区内设置环形消防道路，道路宽度和转弯半径应满足标准规范要求。库区通向库外公路的出入口设置两处。新建库区设实体围墙。平面布置同时考虑方便检维修、安全等方面的问题。

油库库区内储存油品具有易燃、易爆、污染性，一旦发生储罐撕裂等恶性事故，而防火堤内有效容积不能满足要求时，大量油品、救火时被污染的消防水会穿过防火堤扩散到厂区甚至厂外。不仅可能会造成流淌火，还可能会导致严重的土壤、河流、海洋污染。

因此，库区内还应设置漏油及事故污水收集系统，收集系统包括罐组防火堤、罐组周围路堤式消防车道与防火堤之间的低洼地带、雨水收集系统、漏油及事故污水收集池。对于石油储备库来说，收集池容积不应小于一次最大消防用水量，并应采取隔油措施。

一旦发生储罐底板撕裂等恶性事故，而防火堤内有效容积不能满足要求时，大量油品会穿过防火堤漫流到厂，甚至进入周围的江河湖泊，从而造成严重的环境污染。防火堤内的有效容积不能满足容纳一座最大储罐容积的要求时，需满足最大储罐容积的一半，且应设置事故存液池以储存剩余部分。

根据 GB 50737 2011《石油储备库设计规范》和 GB 50074—2014《石油库设计规范》的要求，防火堤内的有效容量不应小于罐组内一个最大储罐的容量，但目前很多油库是按照老标准规范设计的，原油防火堤的容积不能满足事故状态下油品和消防水的容量要求，如又无事故池收集剩余部分，存在严重的安全隐患。

第五节 外浮顶储罐主要事故类型及特点

一、事故类型

通过对大型外浮顶储罐历史事故的统计，事故类型主要有火灾爆炸、泄漏、浮顶沉盘等。

（一）火灾爆炸

尽管外浮顶储罐的结构决定了浮顶和液面之间不存在气体空间，罐内油品不易挥发，积聚易燃易爆油气，发生火灾的事故概率相对较低。但由于雷击、静电、操作等原因，历史上多次发生外浮顶储罐火灾爆炸事故。外浮顶储罐的火灾（图1-21）主要有以下几种类型[8]。

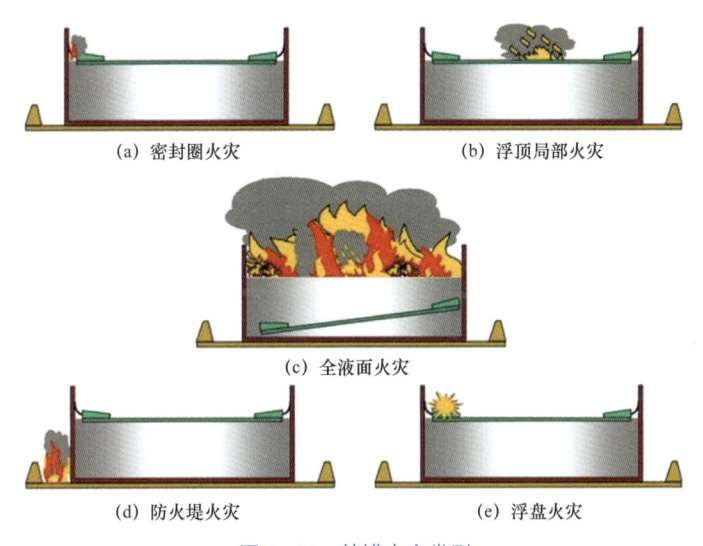

(a) 密封圈火灾
(b) 浮顶局部火灾
(c) 全液面火灾
(d) 防火堤火灾
(e) 浮盘火灾

图1-21 储罐火灾类型

1. 密封圈火灾

储罐的密封装置受制造、施工等因素的影响，可能造成一次密封固定环边与罐壁存在缝隙，而二次密封由于弹力作用始终与罐壁贴合，因此油气会从罐体进入一次、二次密封之间形成爆炸性气体环境，遇雷击或其他点火源时导致爆炸火灾。密封圈位置发生火灾，通常呈局部弧形带状或整圈环形着火特点。

2. 浮顶局部火灾

浮顶局部火灾是指由于过量收油、排水系统故障等原因导致外浮顶储罐的浮顶倾斜，整体仍保持漂浮状态，部分液面直接暴露在空气中，遇雷电、火花等点火源时发生的火灾。浮顶局部火灾如不能得到及时控制，会有很大概率变成全液面火灾。储罐的泡沫灭火系统通常设置在泡沫喷射口，设置在罐壁顶部、密封或挡雨板上方，主要针对密封圈火灾，对控制浮顶局部火灾效果差。

3. 全液面火灾

由于密封圈火灾或浮顶局部火灾没有得到及时扑灭，浮顶发生沉没，火势扩大到整个液面，全液面火灾是最严重的油罐火灾事故。发生全液面火灾时，储罐会产生大量热辐射，着火储罐的热量辐射到邻近储罐，并进一步通过邻近储罐罐壁和浮顶传导到储存油品，使油品体积膨胀，在罐内形成对流。随着温度上升到沸点，产生可燃气体穿过密封圈，进而引发邻近储罐浮顶火灾。

此外，罐壁可能在高温下发生卷曲。据相关研究，当 $10×10^4m^3$ 原油储罐发生全液面火灾时，静风环境中，在未启动消防措施的情况下，按照现行防火间距建设的邻近受辐射储罐的失效模式为储罐上部壁板应力失效，发生应力失效的时间约火灾发生后 34min，邻近受辐射储罐上部壁板在不同时间下温度和屈服强度变化情况如图 1-22 所示[9]。

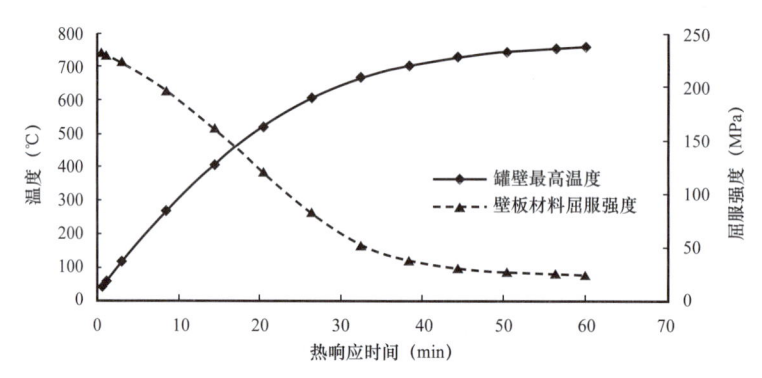

图 1-22 储罐壁板材料温度和屈服强度随时间的变化

4. 防火堤火灾

防火堤内火灾是指罐区内油品从管道、人孔、溢罐、膨胀节软管、静密封点、腐蚀等位置发生泄漏，在防火堤内形成液池，并发生池火。

5. 浮盘火灾

如果由于浮舱漏油等原因导致易燃气体和液体积聚在浮舱，则可能发生爆炸着火。当浮盘落底并将空气吸入浮顶下方存在易燃气体的空间时，也会发生此类爆炸。

（二）泄漏

1. 腐蚀泄漏

油品中含有硫、氯等腐蚀性介质，在腐蚀性介质的作用下，罐体、浮舱等部位会发生腐蚀。外浮顶储罐腐蚀分为外部腐蚀和内部腐蚀。

外部腐蚀主要包括大气腐蚀、保温层下腐蚀和罐底板处土壤腐蚀。邻近海边的储罐，由于大气中富含氯离子，容易在金属表面沉积，潮湿多雨的气候进一步加剧了储罐大气环境腐蚀。以碳钢为例，当空气中的相对湿度超过 60% 时，其腐蚀速率将呈指数关系增加。

相对于寒冷的内陆地区，多雨、温暖的沿海地区更容易发生保温层下腐蚀；结构设计或安装不良形成积水，将会加速保温层下腐蚀；如果保温板防护不严密，保温板的间隙处或破损处容易进水，吸湿的保温层可能会加重保温层下腐蚀问题，从保温层渗出的杂质，如氧化物会加速罐壁腐蚀。储罐保温层下腐蚀较为典型，如加强圈处保温棉吸水，长期处于潮湿状态，加强圈与罐壁角焊缝位置易发生腐蚀。

储罐底板土壤侧的腐蚀较储罐内部更为严重，由于储罐在储油及空罐的情况下受力不同，导致边缘板会发生不同情况的塑性变形，一旦边缘板防水层出现破损，湿气、雨水进入储罐底板与承台沥青砂间，极易造成边缘板及罐底板腐蚀。土壤腐蚀多表现为以点蚀为主的局部腐蚀，形态多为湖坑状，腐蚀程度取决于局部土壤条件和设备金属表面环境条件的变化，其主要影响因素包括土壤电阻率、水分含量、溶解盐浓度、酸度、温度、保护涂层、杂散电流等。

储罐内部腐蚀主要取决于储罐的介质特性和防腐效果。内部腐蚀往往是储罐维修及更新的主要原因。通常罐底最为严重，多为溃疡状的坑点腐蚀；第一圈壁板腐蚀次之；接油浮顶侧及 2m 以上的罐壁板腐蚀较轻。

1）罐底腐蚀

储罐的脱水管线中心线设计距离罐底板 300mm 左右，罐底始终沉积 100mm 左右的水和油泥，会形成电化学腐蚀和微生物腐蚀。电化学腐蚀为阴极反应，属于原油储存、收付过程中溶解氧的去极化过程。油罐收付油、搅拌、旋转喷射及加热形成的对流加剧了罐底氧的补充和扩散，使腐蚀持续进行。微生物腐蚀主要是细菌、藻类或真菌之类的活性有机物造成的腐蚀，通常表现为局部垢下腐蚀或微生物簇团处腐蚀。对于碳钢而言，微生物腐蚀形态通常为杯状点蚀，主要影响因素包括水分、环境和养分，容易发生在储罐底部的水相空间。

2）壁板腐蚀

第一圈壁板底部与水接触，腐蚀主要发生在油水界面处，因罐内积水造成的壁板内表面腐蚀、因有氧或其他污染物造成的有机酸腐蚀，以及由于低硫或其他细菌引起的内部微生物腐蚀相对严重一些。罐壁中间与油品接触，属于电化学腐蚀，造成腐蚀的原因是原油中含有水、酸、碱、盐等离子，突出表现在原油与空气的接触处。

罐壁板外表面腐蚀主要为大气腐蚀，其腐蚀状况受环境气候、操作温度和涂层质量等因素影响。大气腐蚀的主要表现形式为局部腐蚀。依据检验结果，储罐在漆层脱落部位、罐附件与罐体连接处、浮盘上表面、人孔与搅拌电动机的法兰连接面、消防泡沫管线等均存在不同程度的大气腐蚀。储罐加强圈、平台、浮盘的焊接处出现不均匀腐蚀，呈"千层饼"状沿着焊缝向周边展开。

2. 罐体破裂泄漏

1）焊口质量缺陷

大型外浮顶储罐的焊接过程中存在焊接强度不达标、焊接变形超出控制范围以及焊缝缺陷等质量问题。一旦焊缝出现焊缝裂纹、未焊透以及强度不达标等问题，可能造成储罐泄漏甚至开裂、破裂。

2）罐体变形

目前，我国大型石油储备基地很多建设在沿海地区，地质基础为软土，储罐基础不均匀沉降时常发生。不均匀沉降超标时，罐底板会发生较大变形，造成罐底板应力变大，甚至拉裂罐底板，造成罐体破裂。

3. 溢罐

溢罐是指罐内油品超过规定高度从罐顶溢出的事故。造成溢罐的主要原因有来油罐高液位时未及时倒罐、中间站停泵未及时倒流程、未及时掌握来油量变化、液位计失效、液位开关及联锁失效等。溢罐事故后果较为严重，泄漏油品挥发会造成环境油气浓度迅速上升，达到爆炸极限时，遇火源会产生火灾和爆炸。此外，溢罐会造成大量油品泄漏，造成环境污染。

（三）浮顶沉盘

外浮顶储罐浮顶沉盘事故较为少见，但后果极为严重，且恢复处理难度大，造成外浮顶油罐沉盘的主要原因如下[10]：

（1）浮盘变形。浮盘在长期频繁运行过程中，受到油品腐蚀、油品温度变化、气候变化、储罐基础沉降、罐体变形、浮盘顶滑梯安装、浮盘附件是否完好等因素的影响，浮盘几何形状和尺寸发生变化，浮盘逐渐变形，使表面凹凸不平。变形后浮盘在运行中由于各处受到浮力不同，以致浮盘倾斜，浮盘量油导向管卡住，导致油品从密封圈及自动呼吸阀孔跑漏到浮盘上而沉盘。

（2）油罐和浮盘施工质量差。如罐体直径、椭圆度、垂直度、表面凹凸不合要求，浮盘变形与歪斜，导向柱倾斜，导向柱有间隙，油罐的一、二次密封安装不好等，也易导致沉盘事故。

（3）浮顶中央排水装置不畅通。当遇到暴雨时，大量雨水不能及时排空，易发生沉盘事故。正常运行时，浮顶油罐上的浮盘能随着罐内油品液位的升降而自由浮动。当出现浮盘上重力加大或因外力卡住浮盘而不能自由动作时，则会因快速收油而使浮盘淹没，最终沉底。

（4）工艺条件不佳、操作不当。如收油时，来油窜入大量气体或进油速度过快，油品中含可燃气体较多，使浮盘在罐内产生漂移，发生气举现象，导致浮盘受力不均匀，处于摇晃失稳状态，易造成沉盘事故。

（5）检查和维护不到位。罐体和浮盘没有定期认真检查，浮盘顶滑梯上下端轮轴，中央排水装置，浮盘导向柱，浮盘自动呼吸阀，浮盘表面，浮盘安全附件，浮舱，浮盘一、二次密封，油罐内表面防腐等存在隐患，不能及时发现和消除，易引发事故。

二、事故特点

与常规油罐相比，大型外浮顶储罐火灾危险性更大，具体表现在[11]：

（1）目前，我国建造的大型石油储备库的单罐容积大都集中在 $10×10^4$ m^3，罐径在 80m 以上，且为敞开式结构。假如发生油罐全液面燃烧，所产生的辐射热对于周围油罐必然产生严重的影响。

（2）易形成大面积流淌火灾。大型外浮顶储罐用于储存原油、成品油等，介质易燃、易爆且具有流淌性，一旦发生泄漏，大量油品会不断扩散，往往流淌形成火灾向四周蔓延，且在流淌过程中会不断蒸发，油蒸气与空气混合达到一定比例，遇明火即会爆炸。对于原油储罐，如罐底有积水，罐内油品长时间猛烈燃烧，因温度火焰过高，积水沸腾，形成燃烧的原油沸腾喷溅，会加剧火灾危险性。

（3）石油库储量多，进油、出油管线复杂。按照大型储备库的功能，要求石油库具有强大的进油和出油能力，为实现这种功能，需要布置大量的管线，设置多个阀门。但是与炼油化工生产装置相比，罐区内紧急切断设施较少，且大量紧急切断设施不耐火，因此储罐事故很容易扩大。据资料统计，在过去的几十年内，由于管道、阀门原因引起的火灾事故占总油库火灾的 9.2%。

（4）大型外浮顶储罐火灾初期着火部位一般在密封圈部位，只要扑救及时、战术合理，初期火势容易得到有效控制。但如果处置不当，火势迅速蔓延，会使火情急剧恶化，一旦发生全液面火灾，扑救难度极大。这种情况下，常规的固定消防设施往往受损失效，更增加了火灾扑救的难度。2010年大连"7·16"事故，调集了辽宁省14个市和4个企业的消防队，动用了338辆消防车，经过2000多名消防官兵连续战斗15h，才将大火扑灭。

（5）储罐容积大，高度高，对地基和罐壁产生的压力大，可能导致油罐发生事故。为便于石油装卸，库区地址往往选在沿海，而沿海地区易遭受自然环境的影响。大型储罐的容积一般在 $10×10^4$ m^3 以上，无论是罐壁还是地基均要承受较大的压力，一旦遭受海啸或地震等自然灾害的影响，罐基础有可能发生不均匀沉陷，导致油罐破裂，大量油品瞬时泄出。1974年，日本三菱石油水岛炼油厂 $5×10^4$ m^3 油罐由于基础不均匀沉陷造成罐底、罐壁同时拉裂，油品瞬时泄出，并将防火堤冲毁。

因此，大型外浮顶储罐事故特点可归纳为：

（1）危险化学品储存能量大，发生事故时辐射场范围大，易发生多米诺效应。

（2）与炼化生产装置相比，属于小概率事件，但一旦发生，后果十分严重，容易被忽视。

（3）一旦发生火灾，风险相互叠加，应急处置难度大、时间长。

（4）财产损失巨大，事故的社会影响极其严重，甚至是灾难性的。

三、大型外浮顶储罐的主要事故因素

（一）雷电

根据现代雷电理论可知，雷击实际上是带电的云层（称为雷云）之间、雷云对高层大气或雷云对地面某点的放电。因此产生雷击的必要条件：一是天空必须有雷云；二是雷云之间或雷云对地面某点的电场强度足以击穿它们之间的空气。

带异种电荷的雷云之间可以放电，称为云闪，这种放电对人的危害性不大；雷云对地面某点（如建筑物、树木、人、畜等）等放电，称为地闪，这种放电危害极大。目前，雷电预警技术主要依据雷云的电特性及其放电产生的电磁现象。

闪电是最具破坏性的自然现象之一，导致全球每年预计超过2万人死亡，24万多人受伤。在北美，涉及石油储罐的20起事故中就有16起是由于雷击造成的。在一项对超过40年工业储罐的242次事故的研究中发现，其中74%发生在石油化工设施中，80起事故（33%）是由雷电引起。30%的美国企业遭受雷电灾害。近30%的公用电力停电与闪电有关，总成本接近10亿美元。

大型外浮顶储罐浮盘面积较大，且直接暴露在空气中，容易因雷击火花放电引起火灾爆炸事故。据国内外大量文献统计，雷雨天气，带电云与地放电可以引起油罐被雷击，雷电是外浮顶储罐最常见的点火源。雷击浮顶储罐有以下两种形式：

（1）雷击罐壁顶。因为电流会选择最小电阻的路径通过，所以罐壁顶位置易受到直接雷击，雷击后的雷电流会通过两种渠道导出，如图1-23（a）所示：一种是直接经过罐壁导出，另一种则是经过内侧罐壁、分流器、浮盘、分路器后再沿着罐壁导出。

（2）雷击浮盘。根据滚球法计算，浮盘有一部分区域没有在罐顶的保护区域内，特别是当罐内液位较高时，浮盘的绝大部分区域易受到雷击。雷击后雷电流会沿各个方向蔓延，或经过滑动扶梯，或依次通过密封圈（机械密封）、分流器、分路器和罐壁向大地放电，如图1-23（b）所示[12]。

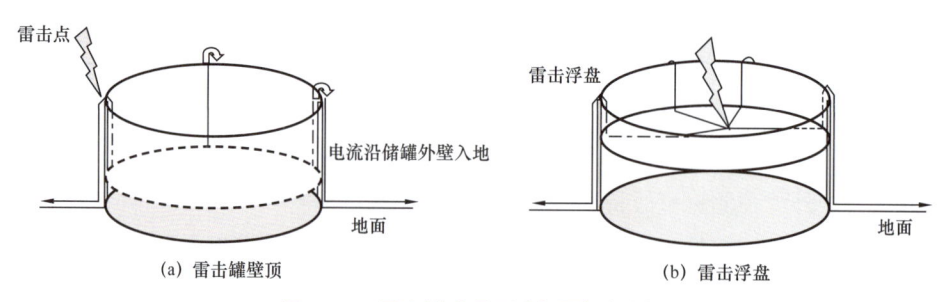

图1-23 雷击罐壁顶及浮盘雷电流途径

外浮顶储罐大多采用"一次密封+二次密封"的密封方法，但由于操作不当或维护不利，导致密封失效的状况时有发生，如在实际操作中，浮盘沉降会造成罐壁和浮盘的密封出现变化，导致密封失效；密封橡胶使用过程中发生老化变形，引起密封失效。二次密封装置无法彻底隔绝外部空气进入密封装置内，故外界进入的空气与散发的油气必在一次、二次密封装置之间混合，形成油气混合物。一次、二次密封装置之间可能存在处于爆炸极限范围内的可燃气体，倘若雷击造成该部位放电点火，将会造成严重的火灾爆炸事故。如从浮顶边沿密封处逸出少量燃油蒸气 / 空气混合物，雷电不必直接击中储罐即可发生点火。

（二）作业

大型外浮顶储罐通常储存原油或成品油，因检维修作业而导致的事故类型也比较多，如在作业前危害因素辨识不充分或在检修过程中的风险控制措施不落实，很容易引发着火爆炸、中毒窒息、高处坠落、触电亡人等事故。

为了确保储罐内作业安全，在清洗储罐时，外浮顶储罐的内构件（包括加热器、采样器、浮盘、浮盘支柱、浮盘导向柱、浮仓内部、中央排水管、密封带、仪表导管、仪表浮球、仪表沉桶、收付油短管、切水管等）表面的油渍要清理干净，所有与储罐连接的进出油管线、氮气管线等所有管线必须实施有效的能量隔离，在搅拌器断电、储罐密封拆除后，方可进入储罐内作业。

清罐人员进入储罐作业前，必须在气体采样分析合格后方可办理作业许可证。施工作业前要组织工作前安全分析进行危害因素辨识和安全措施制订，并向作业人员进行安全交底，并严格限制储罐内作业人数，每日动火作业结束后，应将气割（焊）工器具带出储罐，并做好人员和机具的进出登记。

由于油品具有极强的渗透性，储罐浮顶焊缝部位会渗有油品，储罐清洗作业很难将渗入焊接缝隙的油品清洗出来，为后续动火作业留下安全隐患；囊式密封接头部位在油中浸泡后，密封胶逐渐失效，若不在清洗阶段拆除，油品会持续渗出并流淌，增加了后续施工难度，为后续施工留下安全隐患。

储罐检修时涉及的高处、动火、临时用电、受限空间、罐内防腐刷油等高危作业，如果作业前安全分析不认真、作业危害辨识不充分、风险控制措施不认真落实，施工人员若未接受有效的安全培训和安全技术交底，安全作业方案与作业许可证的审批不严格、现场监督监护力量不足、随意变更作业内容，使用无资质的施工队伍与人员等，很容易引发人员伤亡、泄漏、火灾、爆炸、中毒窒息、环境污染事故。

导致储罐作业事故的因素较多，典型的事故因素有：储罐能量隔离不全面，导致作业过程中可燃介质或氮气窜入作业储罐中导致着火爆炸和窒息风险；储罐内动火作业将乙炔瓶和氧气瓶放置在罐内，导致乙炔气或氧气胶管或瓶体泄漏产生着火爆炸风险；进入罐内作业使用 220V 电压的照明，导致人员触电的风险；油罐内搭设脚手架过程中，脚手架上堆放物品超重导致脚手架坍塌的风险；浮盘拆除过程中，严禁采取收手钻打孔方式将浮仓内存油排入罐内，因挥发导致的着火爆炸风险；罐内防腐刷油作业，将禁用的汽油等挥发性稀释剂拿进罐内调制油漆导致的中毒和火灾爆炸风险；进入储罐前没有进行气体检测分析导致的中毒窒息和着火爆炸风险等。

（三）静电

由于石油产品的电阻率较高，电阻率一般为 $10^{12}\Omega \cdot cm$。因此，外浮顶储罐在油品储运过程中发生流动、喷射、晃动等相对运动，产生的静电荷不易导走，会在储罐内积聚大量的静电荷，当油面静电电位达到一定数值时就会引起静电放电[13-14]。储罐在进行油品输送、装卸等作业过程中均有可能产生静电。

其来源主要包括：（1）管道系统运行中的油品流动时，由于分子间存在摩擦，油品与管壁、管道附件、油泵等接触、分离，使油品在流动中带有与上述接触物等量的静电荷；（2）在进行收、发油作业时，油品摩擦管壁产生静电，还从输油臂、鹤管、储罐进油管中喷出，也会产生喷射起电，使管口和油品微粒带上等量异性静电荷；（3）储罐收、发油时，油品的流动性会导致其不断对罐壁进行冲击，进而引起雾化气体带电；（4）如果罐底沉积水，底部装入油品会搅起沉积水，当少量水与油品混合时，水滴与油品相对流动要产生静电，增加静电危害。

此外，油品工艺操作人员在巡检或进行收、发油操作时，人体与工装、工装与工装间发生摩擦，若不采用防静电工作服而只穿着电阻率较高的化纤衣服，以及普通工作鞋而非绝缘鞋，则会使人体与接触物都带电。另外，收、发油作业的管道、储罐等工艺系统等形成静电电场时，由于感应作用会使人体带电。静电若逐渐积累且不进行消除，在与接地不完全的导体接触后极易发生电极放电，产生火花。

一般来说，油库中的静电可通过静电接地、静电跨接等方式消除，但如果通过自由放电的方式进行消除，在带电物体累积电荷达到一定程度后，电能会转变为热能。

油品在装卸过程中产生的静电电场强度和油面的电位往往会很高。如果在空间内同时还存在爆炸性混合气体，且静电放电产生的电火花超过油品蒸气的最小点火能，就可能引起火灾、爆炸事故。

静电放电过程在瞬间完成且一旦发生就无法阻止，因此通常只能采取预防措施来防止静电事故。此外，人在许多条件下能够带静电，也可感应起电或吸附带电，人体静电是个不可忽视的"危险源"[15]。

储罐静电事故危害远高于输油管道静电危害，主要原因包括以下两个方面[16]：

（1）输油管道的结构比较简单，而储罐内部结构复杂，包括各类阀门、取样装置、扶梯与栏杆、通风孔、隔舱人孔等，这些导体不仅会增加静电场的复杂性，导体的尖锐一端还会增加静电放电的可能。

（2）在静电荷体密度不变时，由于储罐内聚集了更多的带电油品，因此，储罐内的静电位要比输油管道内的静电位高，因而更容易因为静电放电对系统的安全产生威胁。

消除静电主要有两种方法：一是优化工艺过程的控制，限制静电电荷的产生；二是采取接地、增湿、加入抗静电剂等措施加速静电释放，或采用静电消除器中和静电电荷，消除静电危害。

（四）自燃

随着我国塔里木盆地和四川盆地的油田生产的原油和从中东进口的高含硫原油量的日益增长，这些原油中存在大量的硫化氢和单质硫，原油中的活性硫对石油储运设备的腐蚀也日趋严重，其中比较常见的腐蚀产物硫化亚铁危害最大，因其具有很高的自然氧化性，可能会引发原油储罐着火等事故。因此，预防腐蚀产物硫化亚铁氧化自燃引发原油储罐火灾和爆炸事故也显得尤为重要。

大型外浮顶原油储罐中通常在储罐浮船上装有呼吸阀和阻火器等安全附件，虽然外浮顶原油储罐内壁都采用内涂层防护，但浮船顶的安全附件受其自身结构的制约，往往是防腐薄弱区，正常情况下，为了防止空气进入原油储罐，储罐很少处于负压状态。当呼吸阀关闭时，空气会通过呼吸入口进入呼吸阀外腔，并与金属反应生成铁锈。而当储罐处于正压状态时，罐内的硫化氢等腐蚀性气体呼出，在呼吸阀的内腔，硫化氢等腐蚀性气体与金属直接反应产生硫化亚铁，在呼吸阀外腔，硫化氢与铁锈发生化学反应生成硫化亚铁。其中，在呼吸阀内外腔内的硫化亚铁危害最大，是预防硫化亚铁自燃引起火灾最主要的风险部位。

对于外浮顶储罐，如长期存储含硫油，在浮盘落底后，异常情况下硫化亚铁也会与空气接触，也存在引发自燃的风险。

随着高含硫原油储存量的日益增加，预防腐蚀产物硫化亚铁氧化自燃引发原油储罐火灾和爆炸事故也显得尤为重要，必须引起高度重视。

（五）操作

误操作、违反操作规程操作是造成事故的主要因素之一，下面就几个风险较大的误操作、违反操作规程操作进行分析。

1. 油罐冒顶

过量充装是最为典型和最为严重的操作错误，罐内油品超过储存最高液位使油品从罐顶溢出，油品溢流。一方面，油品外溢容易造成油气挥发，如存在点火源，极可能会导致火灾或爆炸；另一方面，事故现场处理和油罐的恢复工作非常困难，溢油的清理费用极高。

造成油品溢罐的主要因素有：油罐进油时操作员没有认真监盘，超过高高液位发生冒罐；油罐进油结束时，操作失误没有及时关闭阀门造成冒罐；油罐作业时人员脱岗、睡岗、串岗造成液位失控冒罐；生产作业时由于一些阀门开关状态检查不到位或开关操作错误，造成窜油引起冒罐；现场巡检不认真，没有及时发现进油过量，造成冒罐事故扩大等。

此外，储罐没有合理设置高液位报警、高高液位报警及联锁，或高液位报警、高高液位报警及联锁失效，液位计故障或假指示等也可能造成油品冒罐。

2. 切水跑油

切水跑油造成大量油品进入含油污水系统，严重的造成油品外溢，容易造成油气挥发，如存在点火源，极可能会导致火灾或爆炸。

切水跑油通常主要是因为操作员违反操作规程，切水脱岗造成的。储罐切水一般时间较长，在此期间严禁离开进行其他操作，个别操作员往往在切水期间离开进行其他操作，没有及时监控切水状态或操作后忘记切水作业直接离开，造成切水跑油。

3. 收油超流速静电引燃

储罐收油超流速，油品产生的静电无法及时通过接地系统释放，遇放电条件产生放电，引燃储罐中的油气导致着火爆炸。

油品收油流速控制指标主要有浮顶罐浮盘浮起、拱顶罐收油没过收油罐线上表面610mm以前，收油控制流速不大于1m/s；浮顶罐浮盘浮起、拱顶罐收油没过收油罐线上表面610mm后，控制收流速不大于4.5m/s。日常生产操作应控制储罐液位在安全液位以上。

造成收油超流速静电引燃的主要因素有：库区违规管理，日常生产经常出现降浮盘等将液位降到安全液位以下的操作；收油过程中没有认真监盘，造成收油超流速；液位计失灵等计量设施故障也是造成超流速的重要因素。

4. 检尺、测温、采样违反操作规程静电引燃

检尺、测温、采样操作都直接和油品接触，违反操作规程操作，易引发静电放电，引燃储罐中的油气导致着火爆炸。

检尺、测温、采样静电引燃的主要因素有：没有按照要求在储罐收油后达到油品静置时间，就开始检尺、测温、采样操作，油品中的静电得不到充分释放；没有按要求进行人体静电消除；没有按要求进行接地；没有按要求控制上提、下落速度等都易出现放电引燃风险。

（六）设备失效

外浮顶储罐由浮顶、罐底板、罐壁、密封装置、中央排水装置、防雷防静电设施等附件组成，设计、制造、安装及使用过程中，部件均可能产生缺陷发生失效。

对于外浮顶储罐，危险性较大的设备失效有：

（1）密封失效。密封设计、安装不合理，罐内存在气相空间或密封不能有效密封储罐环形空间导致可燃气体超标，遇雷击、静电、火花等引发火灾事故。

（2）中央排水装置失效，会造成储罐泄漏，增加检修成本，而不及时检修又会造成储存油品质量下降、污染环境等事故。

（3）浮舱泄漏。浮舱由于锈蚀等原因发生泄漏，舱与舱之间窜油，油品挥发气体会在单个或多个浮舱顶部内部聚集，遇雷击、静电、火花等可能会引发火灾事故。

（4）浮梯设置不当，造成浮顶在运行过程中卡阻，引起浮顶偏移，同时浮梯为浮顶上重量较大的部件，由于外浮顶油罐本身结构的因素，外浮顶上转动浮梯的设置使浮顶在圆周方向上重量分配不均匀，浮顶在运行过程中可能会发生浮盘倾斜的情况。

（5）导向装置失效。外浮顶油罐的导向管和量油管为保证浮顶运行的导向装置，且导向

管和量油管无法承受过大载荷，但由于施工质量不过关、罐体几何形状和尺寸偏差较大、操作不当等问题会造成导向管、量油管超过最大限行要求，引起浮盘较大偏移，也可能破坏中央排水装置的结构。

（6）刮蜡装置失效。储存析蜡油品的浮顶储罐，在罐壁上容易形成固态或半固态的凝结物，刮蜡装置可有效清除罐壁凝结物，但若安装不符合要求，则罐壁油品不会有效清除，流淌至浮盘，增加储罐安全运行风险，还有引发火灾的可能性。

（7）罐体沉降。过大的基础沉降会引发罐底板发生变形，导致罐底板开裂。此外，还会造成罐壁倾斜，当倾斜量达到一定程度时可能会限制浮盘自由移动造成卡盘现象，而过大的不均匀沉降可能会导致储罐底圈壁板与罐底板间焊缝开裂。

（8）储罐底板、壁板腐蚀会缩短储罐运行年限，增加原油储存成本与检修成本，油品的泄漏不仅污染周边环境，而且存在火灾爆炸隐患。

（9）罐体变形会影响浮船的正常升降，从而引发卡盘事故。

（10）光纤光栅失效，不能及时发现火情，扩大事故后果。

（11）泡沫联动器失效，无法扑灭罐顶密封圈火灾。

（12）相连的转动设备、阀门等附件发生故障，可能引发泄漏事故。

储罐由储罐基础、储罐本体及其附件组成，一个部件失效，很可能引发一系列连锁反应，影响储罐安全运行。

（七）其他自然灾害

除雷电外，储罐易受地震、台风和暴雨的影响。尽管在设计时，会对大型外浮顶储罐整体进行静力分析以校核其整体强度，以及在地震载荷和风载荷下的晃动进行动力学分析，但在地震中，大型外浮顶储罐易受地震波影响发生晃动，导致密封圈破坏、浮顶沉没、油品外溢，甚至造成火灾事故。如果储罐结构不牢固，甚至会发生失稳或倾覆的情况。

在 2003 年日本北海道地震中，北海道南部有 190 个大型储罐损坏，苫小牧市有 170 个大型储罐损坏，损坏率高达 58%[17]。而油罐可能会被风力吹瘪，产生屈曲或倾覆，也可能激发油罐自振，从而产生破坏[18]。

洪水也是造成储罐失效的常见原因，在洪水冲击及浮力的作用下，会造成储罐及其他设施的破坏，导致储存油品发生泄漏。

（八）战争／恐怖袭击

国内部分罐区区域敏感，加之油库事故现场惨烈、社会影响大，是作战双方和恐怖分子重点考虑的袭击对象，如 2021 年 5 月 12 日哈马斯 130 枚火箭弹猛攻以色列，以色列阿什凯龙的石油罐被火箭弹击中（图 1-24）。国内也有油库曾经受到过恐怖主义威胁，但因控制得当，并未造成大的损失。

图 1-24　以色列阿什凯龙的石油罐被火箭弹击中（图片来自网易视频）

参 考 文 献

[1] 梅冠群. 我国"十四五"石油储备建设思路研究[J]. 当代石油石化, 2020, 28（1）: 9-17.

[2] 徐英, 杨一凡, 朱萍. 球罐和大型储罐[M]. 北京: 化学工业出版社, 2005.

[3] Chang J I, Lin C C. A study of storage tank accidents[J]. Journal of Loss Prevention in the Process Industries, 2006, 19（1）: 51-59.

[4] 宋文婷. 十万方原油储罐的关键结构设计与分析[D]. 成都: 西南石油大学, 2015.

[5] 司海涛. 大型浮顶罐主要安全事故类型及原因[J]. 油气储运, 2013, 32（9）: 1029-1033.

[6] 黄勇力. 大型储罐罐壁的强度计算[J]. 石油化工设备技术, 1999, 20（5）: 1-6.

[7] 毕建成. 外浮顶油罐防雷装置优化[J]. 石油化工设备, 2015, 44（1）: 70-72.

[8] Moshashaei P, Alizadeh S S, Khazini L, et al. Investigate the causes of fires and explosions at external floating roof tanks: A comprehensive literature review[J]. Journal of Failure Analysis and Prevention, 2017, 17（1）: 1044-1052.

[9] 杨国梁. 基于风险的大型原油储罐防火间距研究[D]. 北京: 中国矿业大学（北京）, 2013.

[10] 吴振宇. 浮顶油罐沉盘原因及日常管理措施[J]. 中国新技术新产品, 2010（7）: 144.

[11] 葛晓霞, 董希琳, 郭其云. 大型石油储罐区消防安全对策研究[J]. 石油工程建设, 2008, 34（3）: 1-7.

[12] 李昊岑, 马端祝, 娄仁杰, 等. 浮顶储罐雷击致灾机理与安全评价方法研究[J]. 石油库与加油站, 2020, 29（1）: 14-18.

[13] 王增岭. 论油库静电的危害和预防[J]. 石油库与加油站, 2006, 15（6）: 22-26.

[14] 刘正斋. 大型石油储罐浮盘落底运行的静电风险及防控措施[J]. 石化技术, 2020（6）: 179-180.

[15] 安汝文, 高洪波. 液体化工罐区静电产生的原因及防范措施[J]. 安全、健康和环境, 2002, 2（11）: 30-32.

[16] 郭雅梅. 储油罐灌装过程静电分布数值模拟分析与安全评价[D]. 北京: 中国石油大学（北京）, 2018.

[17] 王延平, 翟良云, 张泗文, 等. 日本"3·11"大地震对石化行业的启示[J]. 安全、健康和环境, 2011, 11（5）: 6-8.

[18] 张炜, 金涛. 风载作用下大型原油储罐稳定性分析[J]. 装备制造技术, 2014（9）: 53-59.

第二章 事故案例

本章收集了 50 余起外浮顶储罐典型事故案例，同时还收录了数起对大型外浮顶储罐安全管理具有重要借鉴意义的其他类型储罐事故，按事故原因进行了分类，详细介绍了事故概况、经过、原因以及经验教训，以便为浮顶油罐的管理提供参考和借鉴。

第一节 雷击事故

原油、汽油等油品属易燃、易爆危险化学品，油库罐区储量大，比较集中，且油罐区都在露天，大型外浮顶储罐的浮盘面积大，且直接暴露在环境中，更容易受雷击，通过直接雷击、雷电感应、雷电波引入、反击等方式对储罐造成危害，甚至引起火灾爆炸事故。国内外大量储罐事故的研究成果均表明，雷电是引发储罐火灾的最主要原因，而雷击引起的密封圈火灾是大型外浮顶储罐最主要的火灾形式。权威数据表明，雷击引发的油库火灾占到所有油库火灾事故的 30%～80%，是第一大危险源。

大型外浮顶储罐雷击着火事故的连续发生，表明大型外浮顶储罐现有的防雷措施仍存在不足。本节收集整理了多起大型外浮顶储罐的雷击着火事故，以期对大型浮顶储罐防雷击管理提供参考和借鉴。

一、某输油站"8·7"外浮顶油罐雷击着火事故

（一）事故概况

2006 年 8 月 7 日 12 时 18 分左右，某输油站 16 号 $15\times10^4m^3$ 原油外浮顶储罐遭雷击起火，起火点达 5 处。事故发生后，参战各方快速反应、处置及时，将火灾控制在初始状态。

（二）事故经过

2006 年 8 月 7 日，当地有雷闪发生，输油站 16 号 $15\times10^4m^3$ 的外浮顶储罐发生雷击着火。12 时 20 分，消防值班员发现监视储罐的 1 号探头遭雷击损坏，4 号监视探头发现 16 号储罐顶部有火光（罐位 16.16m，有原油 $12.58\times10^4m^3$）。

16 号油罐为 $15\times10^4m^3$ 外浮顶油罐，内径 100m、高度 21.8m，罐浮顶采用双盘结构。

2005年11月22日投油试运行，为当时国内最大储罐。

12时21分，消防泵房值班人员立即向站控室值班人员报警，经火情确认后，于12时22分左右启动了固定灭火系统，对16号罐做罐壁冷却和罐顶泡沫覆盖灭火。同时，控室向公司输油调度汇报，按照调度指令及时切换了该罐的进出油流程。

消防队12时21分接警后出动两辆消防车，12时25分到达现场，侦察火情后，立即成立现场灭火指挥部。侦察发现，浮顶与罐壁之间的二次密封有5处着火点，一、二次密封损坏严重，火焰高达10m，有3处密封爆开。12时27分，灭火指挥部根据油罐火势情况指派6名专职消防队员登上罐顶，从分水器接3只泡沫管枪下到油罐浮船上，对固定泡沫灭火系统来不及覆盖的点进行扑救。在固定灭火设施和移动灭火力量的共同努力下，12时41分罐顶明火基本被扑灭。

大火扑灭后经现场检查，发现在浮盘与罐壁密封处有5处明显起火痕迹，一次、二次密封损坏严重，如图2-1所示。另外有3处二次密封爆开，外表面没有烧焦痕迹，但二次密封的油气隔膜被烧坏。8处损坏点为非连续点，没有燃烧处也有多处有气隔膜被爆裂。

图2-1 油罐过火痕迹

（三）事故原因

该油罐于2005年11月建成使用，储量为$15×10^4m^3$。一次密封为机械密封，二次密封采用带油气隔膜的密封结构。二次密封顶部每3m设置一块导静电片与罐壁接触，浮盘有两根截面积为$25mm^2$的导电线与罐壁连接，设有环形防雷接地网，并通过12根接地线连接。

1. 直接原因

事故发生前，油罐正以$2000m^3/h$的速度输出原油，内壁粘贴的原油挥发，在浮顶和罐体之间形成爆炸性混合物。密封装置不严密导致少量油气泄漏，形成爆炸性混合物。雷击引起的浮顶导静电片与罐壁发生间隙放电，产生火花引燃一次密封和二次密封之间的油气，从而导致了浮盘密封处火灾。

2.间接原因

储罐由于同心度差呈椭圆形,一次密封老化,导致罐顶形成两处长约6m的油面,油气浓度也达到爆炸极限范围。

(四)经验教训

对灭火过程进行总结,提出以下改进建议:

(1)储罐安装设计方面的改进。防雷、防静电应尽可能地提高安全设防标准,完善特大型油罐等电位连接,一次密封采用耐高温的氟橡胶,二次密封由原机械密封改为三芯软密封,减少爆炸性混合气体的产生。

(2)储罐消防设计方面的改进。泡沫液储备量宜使连续供给时间不小于60min,消防道路与罐壁之间的距离宜使高喷消防车举高后能有效控制整个罐面,感温光纤光栅探测器间距宜不大于3m。

(3)储罐运行管理方面的改进。开展油气浓度稀释的课题研究,针对特殊气候条件,加强消防值班和罐区监控,雷雨时对不能停止进出油作业的油罐重点巡检,定期检查和监测油罐安全附件、接地装置,降低事故概率,实现本质安全。

二、某输油站"7·7"储油罐雷击着火事故

(一)事故概况

2007年7月7日15时20分,某输油站3号$10 \times 10^4 m^3$储罐一次、二次密封间被雷击着火,共有7处着火点,几乎连成大半圈,一次、二次密封和局部泡沫堰板爆开,二次密封板破坏,如图2-2所示。4个呼吸阀被爆开断裂,密封胶皮完全燃尽,罐区火情监控系统同时遭雷击损坏。

图2-2 密封圈过火痕迹

（二）事故经过

2007 年 7 月 7 日下午约 15 时左右，输油站附近突降雷暴雨。油库规划总库容 235×10⁴m³，其中一期工程已建库容 80×10⁴m³，于 2004 年 5 月投产使用。3 号罐直径 81m、罐高 21.1m，双浮盘结构。储罐的密封采用"一次密封+二次密封"的结构，一次密封采用了机械密封的形式，有些部位密封不严，油气浓度较大；二次密封与罐壁贴合不严，有严重的翘边现象。

当时罐位为 8.401m，油量为 43500.1m³。站领导和消防队领导要求值班人员密切注视油罐安全运行状况。这时站技术员发现 4 号罐顶上有闪电，随后听到强雷声，立即电话通知消防队做好准备。这时王某副站长在维修班车库位置发现 3 号罐有火苗，就立即下达了报警指令，着火时间为 15 时 20 分。当时有一个较大的火苗超过了罐顶，瞬间火苗又不见了，开始出现浓烟。15 时 21 分，站控向消防队报火警，同时向公司调度、处调度汇报，向某石化调度报火警请求石化消防队支援，并摇响了报警器。

打雷过程中消防泵房电视监控出现黑屏，值班人员立即到值班室门口，目视发现 3 号罐顶部有浓烟冒出。站控值班室电视监视系统在打雷以后操作失灵，不能调节，但通过现场消防 4 号探头能看见 3 号罐部分着火情况。

消防泵房值班人员在接到报警电话并看见 3 号罐着火后，15 时 24 分启动消防控制柜上 3 号罐消防自动灭火系统。启动了 1 台消防泡沫泵和 3 台冷却水泵对 3 号罐开始泡沫扑火和喷淋。随后重新启动电视监控系统，通过摄像系统看到大约 3min 后 3 号罐开始出现泡沫。输油站专职消防队 15 时 20 分接到技术员的电话，说可能是 4 号罐被雷击，就迅速做好准备，穿戴好了服装。

15 时 21 分消防队又接到站控火情报警，同时也看见了 3 号罐有火情，就立即出动了 4 台车，15 时 23 分到达 3 号罐前，展开扑救工作。4 名消防队员和本站的 1 名技术员在 15 时 25 分到达罐顶。油罐二次密封处火势较大，浮船上的火苗高达 4m 左右，共有 7 处着火点，着火点几乎连成大半圈。二次密封爆开 123m。消防队员开始使用二分水器接通泡沫枪对火焰区进行灭火。15 时 34 分，泡沫完全覆盖至泡沫堰板，火焰基本熄灭。但还有一些飞出的密封胶皮在浮船中部燃烧，随后消防队员用泡沫枪扑灭。

整个过程中，油库输油作业正常进行。15 时 38 分公司调度下令，将 3 号罐油倒向 2 号罐。15 时 50 分切换完成，16 时 40 分停止将 3 号罐倒向 2 号罐。16 时 55 分恢复输油。

15 时 29 分武警消防总队 6 支队 9 中队 3 辆消防车到达现场，随后陆续到达约有 40 辆消防车。灭火后，消防队员一直在罐顶上执行监护，泡沫一直持续覆盖着二次密封处。

（三）事故原因

雷击后，浮盘密封处发生雷电流间隙放电打火，引发密封内油气闪爆，随后引起多处着火点燃烧。

（四）事故教训

（1）在防范雷击火灾事故时，应尽量避免罐顶密封圈区域形成爆炸氛围。

（2）尽量避免密封内部有金属间隙，或金属部件没有等电位连接。

三、某国家石油储备基地"3·5"外浮顶油罐雷击着火事故

（一）事故概况

2007年5月24日16时16分，某国家石油储备基地47号 $10×10^4m^3$ 钢制外浮顶油罐遭雷击，造成浮顶与罐壁间二次密封局部起火，该公司迅速启动火警预案，于16时26分成功将火扑灭。同年6月24日16时03分，47号储罐再次受雷击引发浮顶与罐壁间二次密封局部起火，于16时11分被扑灭。2010年3月5日3时54分，49号 $10×10^4m^3$ 储罐遭雷击引起油罐浮船与罐壁内油气爆炸，导致油罐浮盘密封处起火。

（二）事故经过

2010年3月5日3时54分，49号 $10×10^4m^3$ 储罐遭雷击引起油罐浮船与罐壁内油气爆炸，导致油罐浮盘密封处起火。3时54分，消防队接到报警后，组织出动3辆消防车，3时59分到达现场。现场指挥员安排2号车组携带两支枪登罐顶，利用罐顶平台分水器灭火，1号车携带1支枪沿扶梯敷设水带到罐顶灭火，4时07分明火被扑灭。

火灾扑灭后检查发现，油罐机械密封部分变形，机械密封橡胶隔膜全部损坏，二次密封大部分损坏，二次密封被炸飞后掉落至浮盘中部。泡沫堰板约80%向罐中心内部倾倒，盘边透气阀共8个，爆炸时被炸坏7个，剩余1个下部管段也发生开裂。12个泡沫发生器只有1个与泡沫管线连接完好，其余11个大多开裂，但只是铸铁件断裂，功能并未丧失。光纤光栅全部损坏，罐顶平台部分焊缝开裂，护栏扁钢部分崩断，挡雨板和泡沫堰板严重损坏。

（三）事故原因

雷击后，浮盘密封处发生雷电流间隙放电打火，引发密封内油气闪爆，随后引起多处着火点燃烧。

（四）事故教训

（1）泡沫喷射口不宜设置在金属挡雨板下部，以防在油罐爆炸时，首先遭到破坏而失去灭火功能。

（2）罐顶泡沫灭火器设计时应使用软连接方式，或在罐顶水平敷设泡沫管线时禁用管卡固定或焊死，保证有一定的活动余地，避免震动时引起损坏。

（3）雷击往往指向同一地点，对于此类地点，应重点检查其附近储罐、高大突出物等的接地电阻。

四、某码头"11·22"原油罐着火事故[1]

(一)事故概况

2011年11月22日18时30分左右,某码头T031、T032原油罐,因雷击造成密封圈着火事故,1h后火情得到控制,无人员伤亡。

(二)事故经过

2011年11月22日,18时30分左右港口地区下起大雨。18时33分罐区操作人员突然听到一声巨大的雷声,随后操作室人员发现T032油罐四周间隔着火;同时班车点下班人员在面对T031油罐100m左右看到T031油罐上空出现一片强光,随后出现蒸气和黑烟,接着看到火焰。港口消防队接警后迅速赶赴现场扑救,于19时50分左右全部扑灭。

事后检查时发现T031油罐密封处沿周长有4处过火部位,长度143m左右。大部分二次密封胶板、油气隔膜、一次密封隔膜飞到浮盘上,有两个呼吸阀断裂飞出。泡沫堰板均向浮盘方向倾斜(图2-3)。

T032油罐密封处沿周长有4处过火部位,长度96m左右。大部分二次密封胶板、油气隔膜、一次密封隔膜飞到浮盘上,有两个呼吸阀断裂飞出。泡沫堰板均向浮盘方向倾斜。

图2-3 储罐密封破坏情况

(三)事故原因

T031油罐遭受直雷击,T032油罐遭受感应雷,油罐浮顶的一次密封钢板与罐壁之间、二次密封导电靴与罐壁之间的放电火花引起两个油罐的一次、二次密封空间内的爆炸性混合气体爆炸并起火。

(四)事故教训

北罐的消防水来自其2号消防泵房,泡沫来自其附近的泡沫站。2号消防泵房消防泵采用双回路供电,由其附近的中心变电所供电。当日雷电在码头范围造成了方圆2km范围内的大量设施损失,中心变电所高压配电的操作电源由设在所内的MK-M智能高频开关直流电源提供。雷击时，该直流屏控制模块损坏，致使高压配电系统掉电并无法合闸送电。

此次事故因雷击同时引起两个 $10×10^4m^3$ 原油储罐着火，而固定消防系统双回路供电电源遭雷击损坏不能启动，造成了完全依靠理论上在 $10×10^4m^3$ 原油储罐火灾扑救中只起补充作用的移动消防力量灭火。从本地电网取得双回路供电电源经大连"7·16"事故和本次事故证明不能满足消防用电设备的可靠性要求。变配电站直流屏应增加备用直流屏，做到一用一备并自动切换。

五、某炼油厂"6·7"储罐火灾事故[2]

（一）事故概况

2001年6月7日，位于美国路易斯安那州诺科市的某炼油厂发生油罐火灾事故。起火储罐为外浮顶罐，直径82.4m，高9.8m，最大容量51675m³。事故发生时，罐内有47700m³汽油，这起事故是迄今为止发生的直径最大的成品油罐全液面火灾（图2-4）。

图2-4 全液面火灾救火现场

（二）事故经过

2001年6月7日，大雨导致美国路易斯安那州诺科市某炼油厂一座外浮顶汽油罐浮盘发生部分沉没。13时30分，雷击击中该汽油储罐。

事故发生后，罐区制订的应对方案是：对罐壁进行冷却，防止油罐垮塌，同时制订灭火方案，准备所需的泡沫液。8日1时32分，消防力量完成集结后，开始对起火油罐进行灭火，在罐东南侧部署了一个流量为30300L/min的消防炮，在罐西南侧部署了一个流量为15100L/min的消防炮，总流量为45400L/min，向起火储罐中心喷洒泡沫，泡沫喷射的最远距离约为26m。

1时57分，罐内火势被控制。为巩固灭火成果，在正南方向又增加了1个流量为3785L/min的消防炮，对储罐内壁东南侧位置的火进行扑灭。2时37分，即开始灭火65min后，火被扑灭。

（三）事故原因

大雨导致外浮顶汽油罐浮盘发生部分沉没，随后雷击击中该汽油储罐，发生火灾。

（四）事故教训

（1）罐区设计时应考虑到可能发生的自然灾害事故及次生灾害的影响。

（2）罐体在长时间燃烧后仍然保持较好的完整程度，反映了罐体冷却取得了良好的效果。

（3）成功扑灭全液面火的关键是足够的泡沫供给能力，此次灭火过程共使用了3%水成膜泡沫液106t，火被扑灭后又使用了约140t泡沫液。

（4）着火油罐附近水源充足，为灭火行动提供了水源保证，在水源充足的罐区设置消防专用取水码头显得尤为重要。

六、某炼油厂"8·3"浮顶原油罐火灾事故[3]

（一）事故概况

1995年8月3日，某炼油厂北山罐区20000m³浮顶原油罐着火，由于扑救及时，大火很快熄灭，只有密封圈两处被烧毁（约占总长的1/5）。

（二）事故经过

事故发生时，当地刮西北风、下雨。10时15分左右，炼油厂北山罐区上空突然一声雷响和闪电，接着125号原油罐着火。油罐附近的作业人员发现闪电和着火后迅速报警，同时工业监控电视亦得到信号。由于扑救及时，大火很快熄灭，只有密封圈两处被烧毁（约占总长的1/5）。

（三）事故原因

油罐本体防雷接地性能良好，125号罐接地电阻复测结果：4个接地引下线接地电阻分别为0.8Ω、0.8Ω、0.9Ω和0.9Ω；4个断接卡接触电阻分别为0.052Ω、0.047Ω、0.036Ω和0.045Ω；2个导静电线的接地电阻分别为0.041Ω+0.0417Ω和0.041Ω+0.0431Ω。浮盘与罐壁间的电位差按最大雷电流200kA计算，导静电线两端引起的接触电位 U_r：

$$100kA \cdot (0.041\Omega + 0.0417\Omega) = 8.27kV$$

$$100kA \cdot (0.041\Omega + 0.0431\Omega) = 8.41kV$$

导静电线在密封圈开口处可能产生的最大感应电压 U_L 约为14kV（浮盘位置在9/10罐高处，感应间距 s=0.25m）。

综合电位差 $U=\sqrt{U_r^2+U_L^2}$

由以上计算可知，综合电位差 U 约为16kV。浮盘与罐壁间隙约为250mm，两端产生飞弧电压约为：500kV/m×0.2m=100kV。由于浮盘与罐壁间最大接触电位差远小于两者间隙产生火花放电的电位值，因此不会形成引燃性的飞弧放电。

罐体外来引入线，包括输油管线、仪表穿管线等与罐体等电位连接良好，罐体周围也没有可以产生电磁感应或地电位反击的其他构筑物。因此，基本上可以排除产生二次雷击的可能。

图 2-5 为 125 号罐 4 个独立避雷针的布置位置和保护范围。由此可以看出，按 30m 半径滚球法分析，油罐南侧的 39 号、40 号避雷针对 125 号罐没有任何保护作用；东北侧 43 号避雷针（距罐壁直线距离为 26m）在 125 号罐顶只有 20m² 多的保护范围，西北侧 45 号避雷针（距罐壁直线距离为 13.7m）在罐顶也只有 325m² 的保护范围，约占浮顶面积的 1/4。

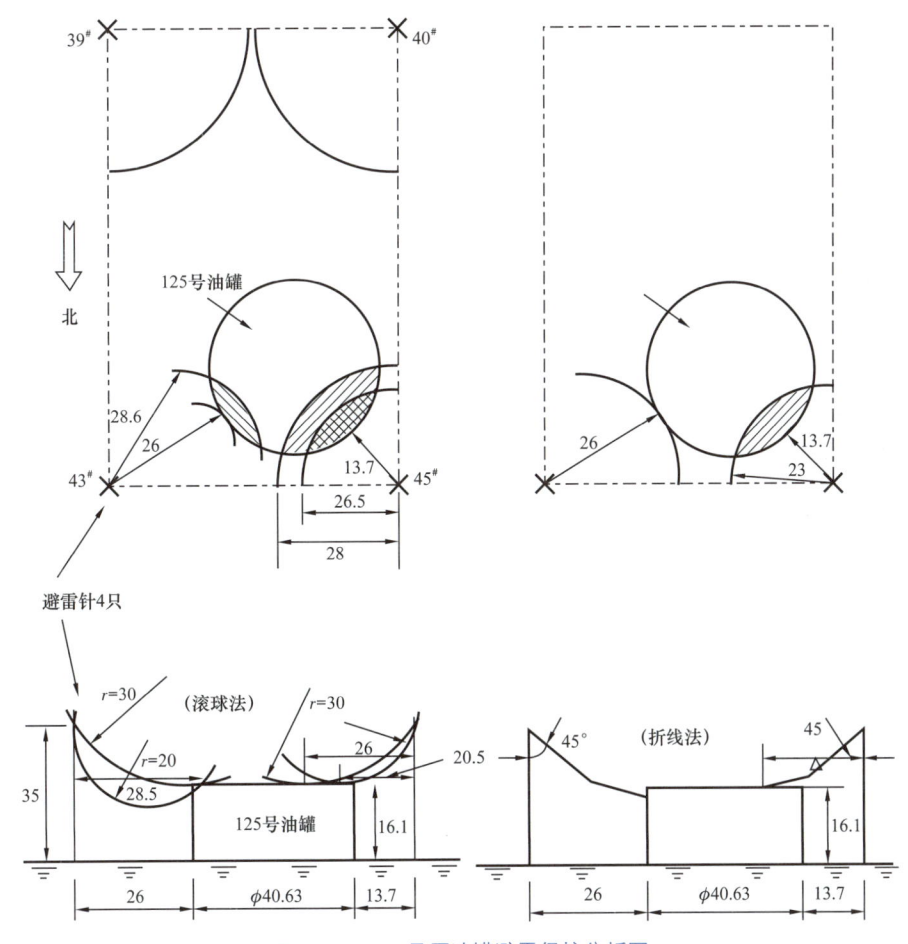

图 2-5 125 号原油罐避雷保护分析图

如果按英国 BS 6651—1992《构筑物避雷的实用规程》A.5 推荐意见分析，即"带爆炸性的或高度可燃的内容物的建筑物"，宜采用 20m 滚球半径分析，则 45 号避雷针在罐顶只有 87m² 的保护范围，仅为浮顶面积的 1/16.6。

由此可见，该油罐对低云层小电荷云团（30m 半径滚球的雷电流小于 10kA）的直击雷保护能力较弱。外浮顶接闪面积大，且上部结构复杂（包括护栏、扶梯等金属构件），容易吸引雷电先导波。因此，着火事故极有可能是雷电流闪击浮顶并引燃盘上油气而产生的。

此炼油厂处于丘陵环抱地区，东南面临大海。厂区内尖端构筑物，如塔器、烟筒、避雷针、生产装置等较多（70~80个），空气污染也较严重，属于易引雷地区。罐区地势相对较高，比厂区高10m多，125号罐又处于罐区西北角。如果西北向有雷云飘来，该罐可能是罐区最先吸引雷云并产生先导波的建筑物。也就是说，当刮西北风时该罐是雷击最危险的油罐。

（四）事故教训

125号原油罐遭雷击的主要原因是原油罐直径大，现场保护设施（包括罐上避雷针、独立避雷针、消雷塔）在保护范围的设计上有漏洞，不能有效地防止低云层小电荷云团的直击雷。防止油罐遭直击雷起火一般可从接闪防护和气体防护两个方面考虑。如果浮盘气密性良好，可以允许浮盘接闪雷电流。如果浮盘气密性不好，通常不允许浮盘接闪雷电流，或采取其他保护措施。具体对策可以有以下几个方案：

（1）浮顶采用双层密封方式。现有单层密封的气密性能较差，在浮盘上方容易积聚泄漏油气，油气层是雷电流闪击传燃和燃烧的主要媒介。

（2）建立雷击报警和惰性气体随机保护系统。雷电云层接近地面和闪击前夕，大地电场有一个明显的变化过程。通常，雷击天的大地电场在1kV/m左右，如发生雷电闪击，闪击前电场可增加到4~6kV/m（负闪）或2.5~10kV/m（正闪）。产生先导波和迎击脉冲的初始电场多为10~15kV/m。依据这一规律，在罐体周围可设电场自动监控系统：当一次仪表接收到预警信号后，自动启动浮盘围堰内的CO_2喷出机构，实现气体保护。另外，也可在浮盘上安装可燃气体探头来启动惰性气体保护系统。

（3）罐顶敷设防直击雷避雷线。大型油罐浮顶面积大，罐上增设的避雷针的高度一般为5~7m，难以保护20000m^3以上油罐浮顶接闪雷击。如进一步提高避雷针高度，将给固定结构带来一定困难。但若在罐上一定高度敷设水平方向的避雷线，则可以有效地防止浮盘接闪雷电流。该方案简单易行，便于推广和维护。现代雷电现象表明，任何避雷措施的可靠性都不能达到百分之百，防护措施的选择应根据保护对象的危险度和资金能力来考虑，并且应根据各种现场情况，有重点地综合治理，以减少事故发生的概率。

七、黄岛油库"8·12"特大火灾事故

（一）事故概况

1989年8月12日9时55分，某输油公司黄岛油库发生特大火灾爆炸事故，19人死亡，100多人受伤，直接经济损失3540万元。

（二）事故经过

1989年8月12日9时55分，2.3×10^{4}m^{3}原油储量的5号混凝土油罐突然爆炸起火。14

时35分，西北风风力增至4级以上，几百米高的火焰向东南方向倾斜。燃烧了4个多小时，5号罐里的原油随着轻油馏分的蒸发燃烧，形成速度大约1.5m/h、温度为150~300℃的热波向油层下部传递。当热波传至油罐底部的水层时，罐底部的积水、原油中的乳化水以及灭火时泡沫中的水汽化，使原油猛烈沸溢，喷向空中，洒落四周地面。15时左右，喷溅的油火点燃了位于东甫方向相距5号油罐37m处的另一座相同结构的4号油罐顶部的泄漏油气层，引起爆炸（图2-6）。

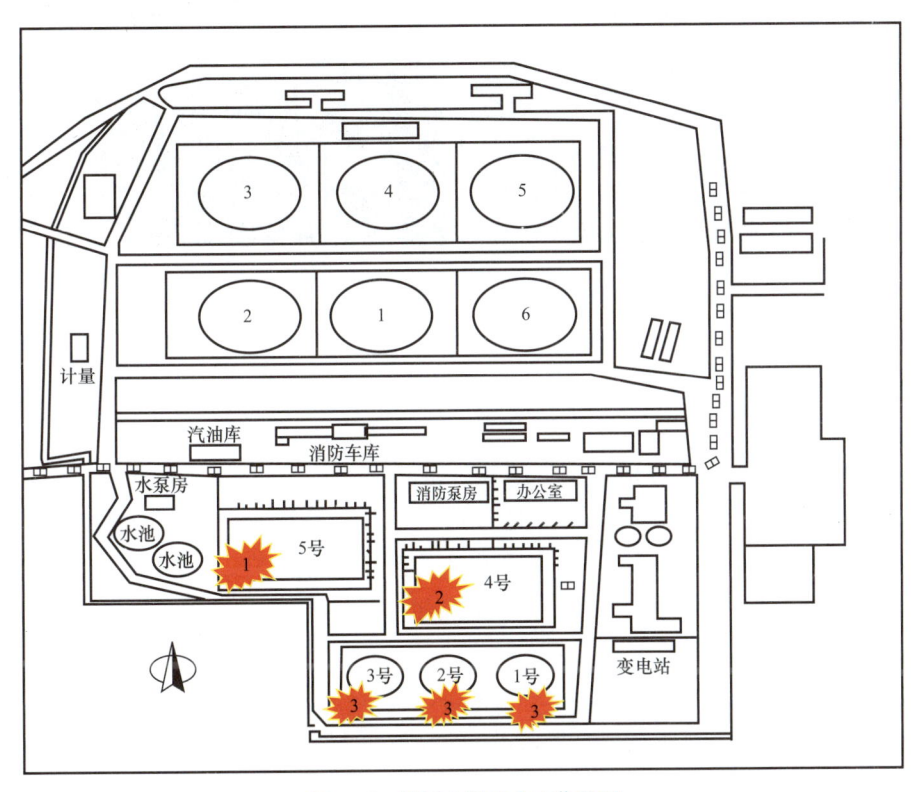

图2-6 罐区布置及火灾位置图

炸飞的4号罐顶混凝土碎块将相邻30m处的1号、2号和3号金属油罐顶部震裂，造成油气外漏。约1min后，5号罐喷溅的油火又先后点燃了3号、2号和1号油罐的外漏油气，引起爆燃，整个老罐区陷入一片火海。失控的外溢原油像火山喷发出的岩浆，在地面上四处流淌。大火分成三股，一部分油火翻过5号罐北侧1m高的矮墙，进入储油规模为30×10⁴m³全套引进日本工艺装备的新罐区的1号、2号和6号浮顶式金属罐的四周。烈焰和浓烟烧黑3号罐壁，其中2号罐壁隔热钢板很快被烧红。另一部分油火沿着地下管沟流淌，会同输油管网外溢原油形成地下火网。还有一部分油火向北，从生产区的消防泵房一直烧到车库、化验室和锅炉房，向东从变电站一直引烧到装船泵房、计量站和加热炉。火海席卷着整个生产区，东路、北路的两路油火汇合成一路，烧过油库1号大门，沿着新港公路向位于低处的黄岛油港烧去。大火殃及某化工进出口黄岛分公司、航务二公司四处、黄岛商检局、管道局仓库和建港指挥部仓库等单位。18时左右，部分外溢原油沿着地面管沟、低洼路面流入胶州湾。大约600t油水在胶州湾海面形成几条十几海里长、几百米宽的污染带，造成胶州湾有史以来最严重的海洋污染。火灾现场如图2-7所示。

图2-7 罐区火灾现场图

（三）事故原因

1. 直接原因

由于非金属油罐本身存在的缺陷，遭受对地雷击产生感应火花而引爆油气。事故发生后，4号和5号两座半地下混凝土石壁油罐烧塌，1号、2号和3号拱顶金属油罐烧塌，给现场勘察、分析事故原因带来很大困难。在排除人为破坏、明火作业、静电引爆等因素和实测避雷针接地良好的基础上，根据当时的气象情况和有关人员的证词，经过深入调查和科学论证，事故原因的焦点集中在雷击的形式上。

混凝土油罐遭受雷击引爆的形式主要有6种：一是球雷雷击；二是直击避雷针感应电压产生火花；三是雷电直接燃爆油气；四是空中雷放电引起感应电压产生火花；五是绕击雷直击；六是罐区周围对地雷击感应电压产生火花。经过对以上雷击形式的勘察取证、综合分析，5号油罐爆炸起火的原因，排除了前4种雷击形式。第五种雷击形成可能性极小，绕击雷绕击率在平地是0.4%，山地是1%，概率很小；绕击雷的特征是小雷绕去，避雷针越高绕击的可能性越大。当时青岛地区的雷电强度属中等强度，5号罐的避雷针高度为30m，属较低的，故绕击的可能性不大；经现场发掘和清查，罐体上未找到雷击痕迹。因此，绕击雷也可以排除。

事故原因极大可能是该库区遭受对地雷击产生感应火花而引爆油气，主要依据为：

（1）8月12日9时55分左右，有6人从不同地点目击，5号油罐起火前，在该区域有对地雷击。

（2）中国科学院空间中心测得，当时该地区曾有过两三次落地雷，最大一次电流为104kA。

（3）5号油罐的罐体结构及罐顶设施随着使用年限的延长，预制板裂缝和保护层脱落，使钢筋外露。罐顶部防感应雷屏蔽网连接处均用铁卡压固。油品取样孔采用9层铁丝网覆盖。5号罐体中钢筋及金属部件的电气连接不可靠的地方颇多，均有因感应电压而产生火花放电的可能性。

（4）根据电气原理，50~60m的天空或地面雷感应，可使电气设施100~200mm的间隙放电。从5号油罐的金属间隙看，在周围几百米内有对地的雷击时，只要有几百伏的感应电压就可以产生火花放电。

（5）5号油罐自8月12日凌晨2时起到9时55分起火时，一直在进油，共输入$1.5×10^4 m^3$原油。与此同时，必然向罐顶周围排放同等体积的油气，使罐外顶部形成一层达到爆炸极限范围的油气层。此外，根据油气分层原理，罐内大部分空间的油气虽处于爆炸上限，但由于油气分布不均匀，通气孔及罐体裂缝处的油气浓度较低，仍处于爆炸极限范围。

2. 间接原因

（1）黄岛油库区储油规模过大，生产布局不合理。黄岛面积仅$5.33 km^2$，却有黄岛油库和青岛港务局油港两家油库区分布在不到1.5 km^2的坡地上。早在1975年就形成了$34.1×10^4 m^3$的储油规模。但1983年以来，国家有关部门先后下达指标和投资，使黄岛储油规模达到出事前的$76×10^4 m^3$，从而形成油库区相连、罐群密集的布局。黄岛油库老罐区5座油罐建在半山坡上，输油生产区建在近邻的山脚下。这种设计只考虑利用自然高度差输油节省电力，而忽视了消防安全要求，影响对油罐的观察巡视。而且一旦发生爆炸火灾，首先殃及生产区，生产区必遭灭顶之灾。这不仅给黄岛油库区的自身安全留下长期隐患，还对胶州湾的安全构成了永久性的威胁。

（2）混凝土油罐先天不足，固有缺陷不易整改。黄岛油库4号、5号混凝土油罐始建于1973年。当时我国缺乏钢材，是在战备思想指导下，边设计、边施工、边投产的产物。这种混凝土油罐内部钢筋错综复杂，透光孔、油气呼吸孔、消防管线等金属部件布满罐顶。在使用一定年限以后，混凝土保护层脱落，钢筋外露，在钢筋的裸露处、间断处易受雷电感应，极易产生放电火花；如周围油气在爆炸极限内，则会引起爆炸。混凝土油罐体极不严密，随着使用年限的延长，罐顶预制拱板产生裂缝，形成纵横交错的油气外泄孔隙。混凝土油罐多为常压油罐，罐顶因受承压能力的限制，需设通气孔泄压，通气孔直通大气，在罐顶周围经常散发油气，形成油气层，是一种潜在的危险因素。

（3）混凝土油罐只重储油功能，大多数因陋就简，忽视消防安全和防雷避雷设计，安全系数低，极易遭雷击。1985年7月15日，黄岛油库4号混凝土油罐遭雷击起火后，为了吸取教训，分别在4号、5号混凝土油罐四周各架了4座30m高的避雷针，罐顶部装设了防感应雷屏蔽网，因油罐正处在使用状态，网格连接处无法焊接，均用铁卡压接。这次勘察发现，大多数压固点锈蚀严重。经测量一个大火烧过的压固点，电阻值高达$1.56Ω$，远远大于$0.03Ω$规定值。

（4）消防设计错误，设施落后，力量不足，管理工作跟不上。黄岛油库是消防重点保卫单位，实施了以油罐上装设固定式消防设施为主，两辆泡沫消防车、一辆水罐车为辅的消防备战体系。5号混凝土油罐的消防系统，为一台流量为900t/h、压力8kgf/cm²[1]的泡沫泵和装在罐顶上的4排共计20个泡沫自动发生器。这次事故发生时，油库消防队冲到罐边，用了不到10min，刚刚爆燃的原油火势不大，淡蓝色的火焰在油面上跳跃，这是及时组织灭火施救的好时机。然而，装设在罐顶上的消防设施因平时检查维护困难，不能定期做性能喷射试验，事到临头时不能使用。油库自身的泡沫消防车救急不救火，开上去的一辆泡沫消防车面对不太大的火势，也是杯水车薪，无济于事。库区油罐间的消防通道是路面狭窄、坎坷不平的山坡道，且为无环形道路，消防车没有掉头回旋余地，阻碍了集中优势使用消防车抢险灭火的可能性。油库原有35名消防队员，其中24人为农民临时合同工，由于缺乏必要的培训，技术素质差，在7月12日有12人自行离库返乡，致使油库消防人员严重缺编。

（5）油库安全生产管理存在不少漏洞。自1975年以来，该库已发生多起雷击、跑油、着火事故，幸亏发现及时，才未酿成严重后果。石油工业部1988年3月5日发布了《石油与天然气钻井、开发、储运防火防爆安全管理规定》，而黄岛油库上级主管单位胜利输油公司安全科没有将该规定下发给黄岛油库。

这次事故发生前的几小时雷雨期间，油库一直在输油，外泄的油气加剧了雷击起火的危险性。油库1号、2号和3号金属油罐设计时，是5000m³，而在施工阶段，仅凭某油田一位领导的个人意志，就在原设计罐址上改建成$1.0 \times 10^4 m^3$的罐。这样，实际罐间距只有11.3m，远远小于安全防火规定间距33m。青岛市公安局十几年来曾4次下达火险隐患通知书，要求限期整改，停用中间的2号罐。但直到这次事故发生时，始终没有停用2号罐。此外，对职工要求不严格，工人劳动纪律松弛，违纪现象时有发生。8月12日上午雷雨时，值班消防人员无人在岗位上巡查，而是在室内打扑克、看电视。事故发生时，自救能力差，配合协助公安消防灭火不得力。

（四）事故教训

（1）各类油品企业及其上级部门必须认真贯彻"安全第一、预防为主"的方针，各级领导在指导思想上、工作安排上和资金使用上要把防雷、防爆、防火工作放在头等重要位置，要建立健全针对性强、防范措施可行、确实解决问题的规章制度。

（2）对油品储运建设工程项目进行决策时，应当对包括社会环境、安全消防在内的各种因素进行全面论证和评价，要坚决实行安全、卫生设施与主体工程同时设计、同时施工、同时投产的制度。切不可只顾生产，不要安全。

（3）充实和完善《石油库设计规范》和《石油天然气钻井、开发、储运防火防爆安全管理规定》，严格保证工程质量，把隐患消灭在投产之前。

（4）逐步淘汰非金属油罐，不再建造此类油罐。对尚在使用的非金属油罐，研究和采取较可靠的防范措施。提高对感应雷电的屏蔽能力，减少油气泄漏。同时，组织力量对其进行技术鉴定，明确规定大修周期和报废年限，划分危险等级，分期分批停用报废。

---

[1] $1kgf/cm^2 = 98.0665kPa$。

（5）研究改进现有油库区防雷、防火、防地震、防污染系统。采用新技术、高技术，建立自动检测报警联防网络，提高油库自防自救能力。

八、某库区"7·28"外浮顶储罐遭雷击闪爆起火事故

（一）事故概况

2013年7月28日凌晨4时54分左右，某库区一外浮顶罐浮盘密封遭雷击闪爆起火，5时05分左右火被扑灭。该罐2009年2月11日投用，安全高度19.5m，当时储存超轻原油7.6×10^4t，液位18.472m。

（二）事故经过

2013年7月28日凌晨4时54分左右，某库区一外浮顶罐浮盘密封遭雷击闪爆起火，储罐浮盘机械密封被烧毁一段约15m，被冲击波炸开一段约15m，如图2-8和图2-9所示。浮盘密封遭雷击闪爆起火后，罐上光纤光栅感温探测系统随即发出报警信号，库区监视探头自动捕捉火灾罐影像，当班操作人员确认火情后，随即启动应急预案，储罐自动消防系统启动，喷淋水、泡沫全部自动上罐。

图2-8 罐顶火灾照片

图2-9 浮盘密封被烧毁及炸开

班组员工按照预案的步骤，报警、通知相关人员、调整生产流程、确认自动消防系统运行情况、关闭全库区雨水阀门等措施，并配合消防队员现场灭火。消防队员接警后 5min 内到达现场，约 10min 车供泡沫上罐，战斗员上罐，迅速扑灭火情。5 时 05 分左右火被扑灭，无人员伤亡，未发生环境污染。

（三）事故原因

1. 直接原因

由于雷雨天气，储罐浮盘密封遭雷击闪爆起火。

2. 间接原因

（1）储罐的一次密封全部采用机械密封形式，机械密封虽然有密封性能好、使用寿命长、后期的维护成本较低等优点，但机械密封的抗雷击能力较弱，遭受雷击极易引发着火爆炸。

（2）一次机械密封设备内部存在非良好接触，有一定的空气间隙，在雷电冲击下易产生放电火花。在同等油气浓度情况下，浸液囊式软密封设备需要 7.9kV 以上电压才会产生放电火花，而机械密封设备仅需 1kV 电压即可出现明显放电火花。

（四）经验教训

（1）将储罐的机械密封全部更换为浸液囊式软密封。

（2）增加二次密封挡板之间的等电位连接。

（3）增加一次密封与二次密封之间的气相检测，每月检测一次，每个储罐设 8 个检测点。

（4）增加二次密封挡板与油罐泡沫堰板之间的等电位连接，共增加 9 处。

（5）对雷雨和恶劣天气提前预报通知。

（6）修订操作规程和安全规程，雷雨天气油罐停止收付油作业，加强库区各级人员的检查和监盘，强化领导的带班和值班制度。

（7）加强事故应急预案的培训，强化与消防队、保运车间现场实兵演练，消防队在恶劣天气整装待发，随时应对突发事件。

（8）光纤光栅感温报警系统由原来 6m 一处感温探头改为 3m 一处。

（9）加强各级人员日常设备检查和维护保养，做好一年两次的防雷防静电检测工作，对发现的问题及时进行整改，消除存在的隐患。

九、印度尼西亚某炼油厂"3·29"外浮顶储罐雷击着火事故

（一）事故概况

2021 年 3 月 29 日午夜过后，印度尼西亚国家石油公司（Pertamina）位于巴隆干市的炼油厂发生强烈爆炸，随后发生大火，火灾现场如图 2-10 所示。火灾的受害者人数达到 28 人，其中 5 人重伤。起火的一个可能原因是闪电击中了炼油厂内的一个物体（爆炸发生前不

久，炼油厂地区下了大雨，还伴有雷暴）。100多辆消防车在事故现场工作。事故发生地工厂的处理能力为 $12.5×10^4$ bbl❶/d。

图 2-10　印度尼西亚"3·29"现场火灾照片

（二）事故原因

事发时正值下雨天气，并伴随着闪电。目前起火原因正在调查中，据当地消防部门通报，4具外浮顶储罐储存介质为汽油，着火的储罐大约有 $23000m^3$，事故前罐区已经有作业泄漏发生，初步推测火灾是由管道爆炸所致，不排除雷击或管道泄漏的可能。

（三）事故经过

直到31日傍晚才控制火势，之后还要再等3天才能排除所有闷烧和余火的可能，火势持续超过100h。

（四）事故教训

（1）依靠现有消防力量很难扑灭大型外浮顶储罐全液面火灾，库区要重点抓好初期火灾处置。

（2）科学控制冷却水用量，避免池火蔓延。

（3）消防泡沫掩护可有效避免流淌火和池火扩大。

十、国外其他油罐雷击着火事故

国外发生的11例储罐雷击着火事故，见表2-1。

表 2-1　储罐雷击着火事故

序号	雷击着火事故
1	美国得克萨斯州迪恩维尔县油库遭雷击爆炸（图2-11）
2	2019年3月17日美国休斯敦码头油库着火（图2-12）

❶ 1bbl=158.9873dm³。

续表

序号	雷击着火事故
3	2019年4月6日美国得克萨斯Kilgore油田雷击着火［图2-13（a）］
4	2019年4月24日美国得克萨斯Madisonville油罐雷击着火［图2-13（b）］
5	2019年5月10日美国密西西比Collins汽油罐雷击着火［图2-13（c）］
6	2019年5月19日美国堪萨斯Elliwood油田油罐雷击着火［图2-13（d）］
7	2019年5月23日俄克拉何马Sperry原油罐雷击着火［图2-13（e）］
8	2019年5月25日美国西弗吉尼亚天然气凝析油罐雷击着火［图2-13（f）］
9	2012年9月20日委内瑞拉炼油厂储油罐雷击着火（图2-14）
10	2017年10月11日印度孟买屠夫岛一油罐区遭雷击着火（图2-15）
11	2018年3月20日新加坡布星岛闪电击中储油罐发生火灾（图2-16）

图2-11 美国得克萨斯州迪恩维尔县一个油库遭雷击爆炸

图2-12 美国休斯敦"3·17"码头油库着火事故现场

(a) 2019年4月6日得克萨斯Kilgore油田雷击着火

(b) 2019年4月24日得克萨斯Madisonville油罐雷击着火

(c) 2019年5月10日密西西比Collins汽油罐雷击着火

(d) 2019年5月19日堪萨斯Elliwood油田油罐雷击着火

(e) 2019年5月23日俄克拉何马Sperry原油罐雷击着火

(f) 2019年5月25日西弗吉尼亚天然气凝析油罐雷击着火

图2-13 美国2019年4—6月储罐雷击着火

图2-14 2012年9月20日委内瑞拉炼油厂储油罐雷击着火

图2-15 印度孟买屠夫岛一油罐区遭雷击火灾

图 2-16　新加坡布星岛闪电击中储油罐发生火灾

案例警示要点

（1）保持密封完好，雷雨多发地区储罐一次密封按标准要求采用软密封。

（2）一次、二次密封腔可燃气体浓度无超标，如有超标及时整改。

（3）雷雨季节之前对防雷设施进行检测，如有问题及时整改。

（4）保持罐顶火焰探测、光纤光栅完好。

（5）罐顶要实现视频全覆盖，视频监控与光纤光栅、红外线检测要同步联动。

（6）雷雨期间，保持液位稳定，尽量不安排收付油作业，有条件保持低液位运行，严禁浮盘落底。

第二节　作业事故

大型外浮顶储罐作业包括动火、高处、受限空间、吊装、临时用电、盲板抽堵（包括管线设备打开）等多种高风险作业，在作业过程中存在着较多危害因素，必须预先进行风险辨识并制订可靠的风险管控措施。如果风险防控措施落实不到位，极易引发火灾、爆炸、中毒、窒息和人员伤亡等事故。

美国化学安全与危险调查局（CSB）发现，在该机构调查过的所有化学品事故中，动火作业是导致作业人员死亡的最常见原因之一。在对动火作业事故进行进一步调查之后,CSB 发现,在管线、储罐或容器等有易燃物质存在之处进行作业的危险性尤其高。对全世界 1960—2003 年发生的 242 起储罐事故进行统计,结果也表明作业是引发储罐事故的仅次于雷电的第二大原因[4]。

大型浮顶储罐作业事故高发,表明在大型外浮顶储罐作业过程中的风险识别、风险管理教育培训和安全防护措施落实等还存在诸多管理缺失。以下介绍因各种作业导致的大型外浮顶储罐事故,以供参考和借鉴。

一、某油库"7·16"输油管道爆炸事故[5]

(一)事故概况

2010 年 7 月 16 日 18 时许,某油库原油罐区输油管道发生爆炸,造成原油大量泄漏着火并引起罐区灾难性火灾(图 2-17、图 2-18),直接财产损失 22330.19 万元。

图 2-17 燃烧后的 T103 号罐

图 2-18 烧毁的 T103 号储罐及周边储罐

（二）事故经过

2010年5月26日，该油库签订了代理原油采购确认单，在原油运抵一周前，得知此批原油硫化氢含量高，需要进行脱硫化氢处理。7月9日，原油入库通知注明硫化氢脱除作业由某作业公司完成。7月11—14日，油库工作人员选定了原油罐防火堤外2号输油管道上的放空阀作为脱硫化氢剂的临时加注点。

7月15日15时45分，油轮开始向原油库卸油。20时许，开始加注脱硫化氢剂。16日13时，油轮停止卸油，开始扫舱作业。某作业公司现场人员在得知油轮停止卸油的情况下，继续将剩余的约22.6t脱硫化氢剂加入管道。

18时08分左右，靠近脱硫剂注入部位（图2-19）的输油管道突然发生爆炸，引发火灾，火灾造成部分输油管道、附近储罐阀门、输油泵房和电力系统损坏及大量原油泄漏。事故导致储罐阀门无法及时关闭，火灾不断扩大。原油顺地下管沟流淌，形成地面流淌火，火势蔓延。事故造成T103号原油罐和周边泵房及港区主要输油管道严重损坏，部分原油流入附近海域造成污染。

图2-19 脱硫化氢剂加入位置

（三）事故原因

1. 直接原因

违规在原油库输油管道上进行加注含有强氧化剂过氧化氢的脱硫化氢剂作业，并在油轮停止卸油的情况下继续加注，造成脱硫化氢剂在输油管道内局部富集，发生强氧化反应，导致输油管道发生爆炸，引发火灾和原油泄漏。

2. 间接原因

从事加注作业的某作业公司违规承揽加剂业务；违法生产脱硫化氢剂，并隐瞒其危险特性。

事故企业及其下属单位的安全生产管理制度不健全，未认真执行承包商施工作业安全资质审核（准入）制度；事故企业未经安全审核就签订原油硫化氢脱除服务协议，对加注含有强氧化剂过氧化氢的脱硫化氢剂作业没有办理工艺变更审批，因而对硫化氢脱除作业未进行危害识别。

（四）事故教训

（1）事故企业在原油库输油管道上进行加注含有强氧化剂过氧化氢的脱硫化氢剂作业，未组织危害因素辨识，对停止输油的管道加剂作业会导致爆炸风险最终无法识别是第一个教训。事故工作人员未经正规设计，而擅自选定2号输油管道上的放空阀作为脱硫化氢剂的临时加注点，不但加注设备结构无法使油和药剂达到较好的混合效果，也存在放空阀根部管线断裂发生泄漏着火的风险。

（2）石油库设计的火灾主要防范对象是油罐，对输油管道漏油和火灾防范措施较少，一旦发生事故，很难控制。针对这种情况，要建立四级漏油防范体系，实施逐级防范策略，在发生极端事故时能组织漏油流向库外：一级漏油防范体系由罐组防火堤构成，防火堤有效容量能容纳一个最大罐容油品；二级漏油防范体系由罐组周围路堤式消防道路构成，收集罐组或管道的少量漏油；三级漏油防范体系由漏油及含油污水收集池、漏油导流沟或管道组成，收集池容积不小于一次最大消防用水量，按隔油池形式设计，漏油导流沟或管道分段设置液封或封堵结构；四级漏油防范体系的主体是库区围墙，围墙的下半部应具有防漏油功能。

（3）各油罐与油罐间距设计不合理，部分消防车因道路狭窄，无法进入事故现场。

（4）发生燃烧的油罐区，现场需要进行关闭隔离阀门等工艺操作。但电动阀门的电动装置被烧毁，必须要人工转动阀门，最终花费近10h才将阀门关闭。这种阀门设计欠缺考虑，主管道阀门设计时可改成电动、气动两用阀或增加防火设施。

（5）本次事故现场距离消防车队只有百米，但配套用的消防水却难以满足需求，相关部门只得派出战勤保障部队取用海水做现场支援，如当时周边消防部队没有配备海边取水设施，将会拖延整个救火速度。

（6）本次事故首先破坏了供电线路及配电间，造成局部停止供电，无法及时关闭油罐阀门，加大了灭火难度，消防泵房也在火灾初期被烧毁，没有发挥应有作用。应适当加大变配电、消防站等防护距离，或采取增加防火墙的防护措施。

二、某公司"10·24"原油储罐火灾事故

（一）事故概况

2010年10月24日16时10分左右，某作业公司施工人员对一座事故原油储罐进行拆除作业时发生火灾，未造成人员伤亡。

（二）事故经过

2010年10月24日7时，某作业公司在执行事故储罐浮船拆解施工任务中，按照拆除

方案组织对浮船顶板和支撑顶板的桁架进行火焰切割。16时10分左右，操作人员发现T103储罐西南侧罐壁板与浮船之间缝隙冒出黑色浓烟，20min左右T103储罐西南侧浮船外壁与罐壁板之间出现火苗，随后东侧、西北侧以及西南侧3处出现浓烟和间断性明火，现场人员立即报火警，该市共出动370余名消防官兵，70余辆消防车全面展开灭火救援工作，到25日1时15分，储罐罐体明火被扑灭。

该事故储罐拆除工序为：施工准备—场地清理—脚手架搭设—防腐保温结构拆除—罐体消防系统拆除—罐壁板第九圈至第二圈拆除—拆除浮顶—清理海水—清理内部残油—拆除环梁—清理基础内回填物—场地平整。在浮顶浮盘拆除的施工方案中，浮盘顶板和桁架拆除后，在浮盘底板上钻孔检测浮盘底板下面的存油情况，如下部无存油采用火焰切割，如浮盘底板存油量较大，需要对罐内部残油进行清理，经检验合格后采用火焰拆除，浮船底板切割位置如图2-20所示。

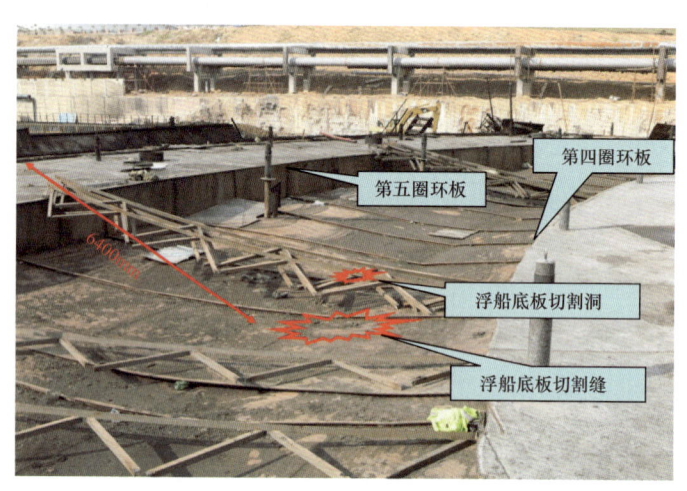

图2-20 浮船底板切割位置

10月9日，该作业公司开始对罐壁板和浮盘采用氧乙炔火焰切割拆除作业。至10月24日14时左右，施工人员分为两组，分别在浮盘东、西侧继续进行切割浮盘顶板及桁架作业，在东侧施工的一组由14人组成，包括气焊工4人，西侧施工的二组由9人组成，包括气焊工4人。16时10分左右西南侧壁板与浮盘缝隙之间有两处冒出黑烟，随即短时间内升起大量黑烟，并随着西北风向西南方向扩展，如图2-21所示。16时12分左右有明火产生，火势不断扩大，最高时形成约2m高的火焰。

（三）事故原因

1. 直接原因

现场一名气焊工违反拆除方案要求，违章作业，擅自切割储罐浮船底板，切割火焰切穿浮船底板，并引燃浮船底板下壁残留焦化物、油污等可燃物，导致油罐内起火。

图 2-21　壁板与浮盘缝隙之间冒出黑烟

2. 间接原因

（1）施工单位对作业风险识别不到位，制订的拆除施工方案工序存在缺陷，对可能拆除浮盘作业存在的潜在危害估计不足，对浮船下部残留的油污和焦化物等可燃物质会导致火灾的风险重视不够，采用气割动火作业的风险管控措施和安全交底不到位。

（2）总承包单位现场安全管理不到位，对作业方案中防火措施审核和落实重视不够。

（3）建设单位和施工监理单位安全监督不到位，作业实施过程中的关键动火作业环节安全监管不力，如在切割浮盘顶板及桁架作业过程中，由于现场监督和监护工作都存在缺失，为气焊工擅自切割储罐浮船底板提供了机会。

（4）现场施工人员应急反应能力弱，对初期着火消防处置能力不足，现场消防车没有在第一时间内完成战斗，造成火灾事故扩大。

（四）事故教训

（1）"三违"是导致生产安全事故的主要原因，施工单位要采取各种管理措施，杜绝"三违"现象；不使用安全意识差、素质低的人员从事高危作业。

（2）施工单位在制订施工方案、进行作业前危险性安全分析、办理动火票时，要认真、全面、科学地分析作业现场存在的各种危险因素，尤其是火灾、爆炸等危险因素，要制订安全可靠的风险管控措施。

（3）施工单位要切实做好对作业人员的安全技术交底工作，让每名作业人员清楚作业过程中存在的风险和注意事项；在施工作业期间，作业负责人、监护人员要坚守作业现场，加强对作业现场的检查，发现隐患和问题要及时处理，发现现场人员有"三违"行为要及时制止并坚决处罚。

（4）施工过程中发现隐患和不安全问题后，施工单位及有关各方要认真进行分析研究，及时调整施工方案，采取切实有效的安全措施消除隐患、解决问题。在隐患、问题消除解决之前，不得继续作业。

（5）监理、总包、业主等相关方要认真履行各自职责，切实发挥监督作用。

（6）各施工单位要高度重视并加强对施工人员的安全教育和安全培训工作，切实提高员工遵章守纪的自觉性；要建立健全"三违"责任追究制度，加大对"三违"行为的处罚力度。

三、某公司"9·6"原油罐区火灾事故

（一）事故概况

2001年9月6日，某公司原油罐区在拆卸旧阀施工过程中引燃阀室地面上原油，造成阀室一层管线区域火灾，事故造成1人轻伤。

（二）事故经过

2001年9月6日8时30分，某公司因一座$5×10^4m^3$油罐的2号阀门阀板脱落，进行更换阀门作业。拆卸前，已先后三次开污油泵倒管线内原油，但管内仍存有部分原油，并且有原油流淌至地面。14时03分，施工单位的5名施工人员（均为临时工）在拆卸旧阀门施工过程中引燃阀室地面上原油，造成阀室一层管线区域火灾。

14时05分，罐区消防队到达着火现场，因罐区人员未启消防泵导致管网无水无法施救，在要求启动消防泵过程后，消防泵又无法正常启动，随即启动另一台消防泵供水。14时10分，阀室内一条原油管线因受热爆裂，现场火势加大，紧接着又有两条原油管线受热爆裂，现场只有三台消防车，灭火能力明显不足。15时30分，接到报警的其他消防车赶到火场增援，最终火势于17时10分扑灭，事故发生过程中造成一名施工人员20%轻度烧伤。

（三）事故原因

施工人员在起吊2号阀门时，管线内部分原油溢出，阀室内通风不良，现场油气弥漫。但施工人员仍然冒险作业，对点火源的分析结果为：一是在拆卸旧阀门过程中阀门端面和管线法兰端面碰撞打火；二是施工现场使用了非防爆潜水泵，抽原油时产生电火花引爆原油。

（四）事故教训

（1）该公司原油储罐区施工管理的责任不落实，对外来施工人员的监督管理极不严格。该公司对现场施工单位5名外来施工临时工在充满油气的阀室内冒险作业无人管理、无人监督、无人制止，对外来临时作业人员入厂安全教育和安全技术交底都存在缺失，对外来施工人员失管失控，以致造成重大火灾事故。

（2）该公司作业许可证制度执行不严格，作业前没有认真办理作业许可证，没有认真落实各项安全措施，在现场抽原油时使用了非防爆潜水泵。

（3）消防设施管理不到位。原油罐区的消防水池有8000m³，2台消防水泵供水能力各为750m³/h，压力0.78MPa，有良好的消防管网和消防设施。但是，事故发生后，消防管网内无水，临时启动泵失败，以致贻误了扑灭初期火灾的最好时机。

四、某石化公司防腐承包商"10·28"闪爆事故[6]

（一）事故概况

2006年10月28日19时20分左右，由某工程公司总包的石化厂区在建工程项目原油罐，在进行油罐防腐作业时，发生闪爆事故，造成13人死亡，10人受伤，事故储罐如图2-22所示。

图2-22 闪爆储罐

（二）事故经过

某工程公司承担某石化公司10×10⁴m³原油罐的内防腐工程。原油储罐为浮顶罐，全高21.8m，全钢材质结构，内径80m，从圆浮盘中心向外被径向分隔成1个圆盘舱（半径为9.6m）和5个间距相等、完全独立的环状舱，每个环状舱又被隔板分隔成个数不等的相对独立的隔舱，每个隔舱均开设人孔。事故发生前，储罐在进行水压测试，储罐内水位高度约13m。

2006年10月25日，工程监理提出该罐内防腐涂层厚度不够，要求施工单位整改。10月28日下午，施工队长带领26名施工人员进入浮顶舱第三环内壁进行防腐作业，第三环舱有8个小仓，分4组进入，每组6人负责2个小仓涂刷，3人在外监护，每20min轮换一次，1人负责巡视，1人负责配料，17时左右发生闪爆。事故造成13人死亡，10人受伤，储罐浮顶损毁面积约850m²。

（三）事故原因

1. 直接原因

施工过程中，工程公司违规私自更换防锈漆稀释剂，用含苯及甲苯等挥发性更大的稀释剂替代原施工方案确定的主要成分为二甲苯、丁醇和乙二醇乙醚醋酸酯的稀释剂。经测定，稀释剂中苯的闪点为 –11℃，甲苯的闪点为 4.4℃。苯蒸气和甲苯蒸气与空气混合形成爆炸性混合物，苯的爆炸极限为 1.3%～7.1%，甲苯的爆炸极限为 1.2%～7%。

该公司在没有采取任何强制通风措施的情况下组织施工，致使储罐隔舱内防锈漆中的有机溶剂挥发，在油罐浮舱第三环舱第八小舱积聚达到爆炸极限。施工现场电气线路不符合安全规范要求，使用的行灯和手持照明灯具都没有防爆功能。电气火花引爆了达到爆炸极限的可燃气体，导致爆炸事故发生。从图 2-23 中可以看出，位于油罐浮舱中部变压器引出的行灯电源线老化情况严重，线路接头使用纸质胶布包连，部分线路绝缘层被油漆腐蚀脱落。

图 2-23 线路老化情况

2. 间接原因

（1）工程单位安全管理存在严重问题，安全管理制度不健全，没有制定有限空间安全作业规定，没有按规定配备专职安全人员，没有对施工人员进行安全培训，作业现场管理混乱。在可能形成爆炸性气体的作业场所火种管理不严，使用非防爆照明灯具等电器设备，电源线老化情况严重，线路接头使用纸质胶布包连，部分线路绝缘层脱落。施工现场还发现有手机、香烟和打火机等物品，且施工组织极不合理，多人同时在一个狭小空间内作业。

（2）工程监理单位监理责任落实不到位。公司内部管理混乱，监理人员数量、素质与承揽项目不相适应，监理水平低，不能及时纠正施工现场的违章现象。

（3）石化公司对工程建设项目的安全工作重视不够，安全管理中存在着薄弱环节；石化公司在项目建设中对施工单位和监理单位的选择把关不严，对现场施工过程安全监管不到位。

（四）事故教训

（1）要高度重视受限空间作业安全问题，加强对进入容器防腐刷漆作业的安全管理。防腐刷漆作业要贯彻执行 GB 12942《涂装作业安全规程　有限空间作业安全技术要求》等标准和规定，对受限空间作业危害因素进行全面辨识，采取有效的防范措施，确保作业安全。

（2）切实做好在建工程的安全管理。工程建设期间，建设单位、施工单位和监理单位要认真贯彻《中华人民共和国安全生产法》《建设工程安全生产管理条例》等法律法规的有关规定，落实各项安全规章制度，明确各自的安全管理职责。真正做到施工作业现场安全共同管理，各负其责，确保在建工程的安全施工。

（3）建设单位要加强对建设工程全过程的安全监督管理，通过招投标选择有资质的施工队伍和工程监理。所选单位安全管理制度要健全，具有较丰富的工程经验，人员安全素质较高。加强施工过程中对施工单位、监理单位安全生产的协调与管理，持续对施工单位和监理单位的安全管理和施工作业现场安全状况进行监督检查。发现施工现场安全管理混乱的要立即停产整顿，建设单位要切实加强对承包方的监管，不能"以包代管"，要发挥建设单位安全管理、人才、技术优势，共同做好在建工程的安全工作。

（4）施工单位要增强安全意识，完善安全管理制度，强化施工现场的安全监管，大力开展反"三违"活动。针对施工单位从业人员安全意识不强、人员流动性大等情况，要加大安全培训力度，提高从业人员安全素质。要加强施工现场安全监管力度，及时发现、消除事故隐患，及时纠正"三违"现象，切实做到安全施工。

（5）监理单位要认真落实建设工程安全生产监理责任。加强施工现场安全生产巡视检查，规范监理程序和标准，对发现的各类事故隐患，及时通知施工单位，并监督其立即整改；情况严重的，要求施工单位立即停工整改，并同时将有关情况报告建设单位。

五、某石化公司"10·26"原油储罐火灾事故

（一）事故概况

2002 年 10 月 26 日，某石化公司原油储罐在清理废油、关闭齿轮泵空气开关过程中发生火灾事故，导致 1 人死亡。火灾现场如图 2-24 所示。

（二）事故经过

某石化公司一座原油储罐，直径 46m，高 19.3m，总容量为 $3\times10^4 m^3$，1995 年投入使用，在使用过程中发现中央雨排管泄漏、蒸汽盘管泄漏，计划安排大修。

2002 年 10 月 22 日，石化公司油品车间将此原油储罐内原油倒空停用，由于多年使用，罐底残留水、泥、沙、油等沉淀物高 0.4m 左右。罐底清理工作由某工程公司承担，10 月 25 日石化公司油品车间为该工程公司办理了临时用电票，并于当日开始清理工作。

图 2-24　原油储罐火灾现场

10月26日19时左右，工程公司职工在罐前进行交接班。21时左右，工程公司现场负责人押运油罐车到油品车间盛装罐底油泥，此时工程公司经理也到达现场。驾驶员将油罐车停靠在罐东侧防火堤上的消防通道上，由该公司职工负责在车顶装油泥。22时10分左右，进行停泵操作，随之木制配电盘附近发生爆燃，火势顺势蔓延到储罐人孔处，致使人孔处着火。灭火时工程公司经理被烧伤，送往医院进行抢救，现场负责人被当场烧死，罐内余火于28日12时30分扑灭。

（三）事故原因

1. 直接原因

工程公司严重违反石化公司临时用电安全管理规定中关于在"火灾爆炸危险区域内使用的临时用电设备及开关、插座等必须符合防爆等级要求"的规定，在防爆区域使用了不防爆的电气开关，在停泵过程中开关产生的火花遇油泥挥发出并积聚的轻组分，发生爆燃，导致火灾发生，是造成这起火灾事故的直接原因。

2. 间接原因

该石化公司安全管理存在漏洞，油品车间专职电工和安全员在工程公司申请临时用电时，在施工现场未做全面检查，致使工程公司在易燃易爆施工现场使用非防爆电气设备；对在清罐作业中制订的安全措施没有认真落实、现场未派人做监护；对施工作业人员安全教育不到位。

（四）经验教训

（1）要强化对承包商的管理，严格安全资质审核，对未签订工程服务合同和安全合同就安排施工的有关责任人追究管理责任。

（2）严格岗位责任制和安全规章制度的执行，一切检维修作业都要明确施工项目负责人、安全监护人和措施落实人。加强票证管理，必须按规定办理油罐清理票证，有针对性提出安全要求和制订安全措施。

（3）针对油品车间消防水供给不足、消防通道狭小、路况不良、消防设施不先进和罐区防火堤不符合规范等问题要进行改造。

（4）进一步完善事故应急预案，组织员工进行消防应急事故演练，提高对初期火灾的消防处置能力和自我防护能力。

六、某石化公司炼油厂"6·29"原油储罐爆燃事故

（一）事故概况

2010年6月29日16时20分，某石化公司炼油厂原油输转站 $3×10^4 m^3$ 原油储罐在清罐作业过程中发生可燃气体爆燃事故，致使罐内作业人员5人死亡，5人受伤。

事故储罐直径46m、高19.35m，罐顶部设有3个通风口，下部设有2个人孔，1个排渣口，如图2-25所示。

图2-25 事故储罐

（二）事故经过

该炼油厂原油输转车间有原油储罐6座，总罐容 $17×10^4 m^3$。根据公司计划，安排对6座原油储罐进行清罐作业。该石化公司产品销售部通过招投标，将罐残余污油销售给A公司，A公司又将污油转卖给B公司，清罐作业也由B公司承担。

2010年6月28日上午，原油输转车间对事故罐进行倒油和蒸罐处理，下午结束，29日早晨对储罐化验分析合格后办理进入有限空间作业票，车间副主任代替工艺员、安全监督和监护人签字。施工单位接到有限空间作业票后开始安排清罐作业。10时，B公司施工人员开始作业。16时40分，罐内闪爆，当场3人死亡，2人因抢救无效死亡，另有5人烧伤。

（三）事故原因

1. 直接原因

在清罐过程中，由于渣油被作业工具翻动，夏季气温高，油气挥发快，罐内自然通风效果不好。另据受伤人员介绍，在清罐作业时罐的主阀门发生三次漏油事故，厂方分别进行了处理。以上两点，导致罐内积聚了大量的油气。现场发现作业人员使用铁锹等铁质清罐工具。另外，清罐作业使用了12只照明灯具，其中10只为普通灯具。据受伤人员介绍，在事故发生前几分钟，照明灯具出现了不正常的闪灭现象，说明接线不良，有打火可能。

现场清罐作业时产生的油气与空气混合，形成了爆炸性气体环境，遇到普通照明灯具出现闪灭打火，或铁质清罐工具作业撞击罐底产生火花，导致发生爆燃事故。作业现场非防爆工具如图2-26所示。

图2-26 作业现场非防爆工具

2. 间接原因

B公司违规作业，安全管理不到位。在清罐前，未制订清罐作业施工方案。作业现场负责人在没有原油输转车间监护人员在场的情况下，带领未经安全教育的作业人员进入作业现场作业，同时，违反B公司安全管理规定，将非防爆照明灯具接入罐内。在没有确认罐内安全条件是否适合安全作业的情况下，就指挥作业人员进罐作业。尤其是在"有限空间作业票"和"进入有限空间作业安全监督卡"上的安全措施未落实就签字确认，使工人在存在事故隐患的环境里作业。

A公司违规转包清罐作业施工项目，没有认真落实安全管理规章制度，管理不到位。B公司不是中标单位，也没有与石化公司签订安全合同，炼油厂就允许其进入原油输转车间作业；对作业人员是否经过安全教育和安全培训不进行检查；没有要求施工单位制订清罐作业方案；违规未依据气样分析结果填写作业票或把报告单粘贴在作业票上；没有在与罐体连接的管道阀门处加盲板；没有按规定时间进行采样分析；对作业现场的安全监督检查不认真，对作业人员在罐内使用非防爆照明设备没有进行监督和制止，违反了石化公司《有限空间作业安全管理办法》的有关规定。

（四）事故教训

（1）对清罐作业单位资质和安全管理能力进行评估，采用机械清理方式取代人工清理，清罐的污油进行回收不外卖。

（2）开展现场作业前，要组织承包商进行作业前安全分析，针对每一个步骤，找出潜在的危害，确认危害风险控制措施。

（3）加强现场各项作业票证和作业方案的检查，尤其强化对作业票证风险识别和风险削减措施落实的检查，避免风险管理流于形式。

（4）全面加强承包商管理，严格审查承包商资质审查和人员入场安全教育，对进入现场的作业工具和设备要全面检查完好性和合规性，确保承包商现场作业风险管理受控。

（5）强化生产和检修两个界面交接管理，尤其要加强清罐作业界面交接管理，检查工艺处置方案落实内容，检查是否存在管理漏洞。

七、某公司新建罐区"9·23"脚手架坍塌事故

（一）事故概况

2007年9月23日8时30分，河南某公司在位于生产区原油中间原料罐内拆除脚手架作业时，发生脚手架垮塌事故，导致2人受伤。

（二）事故经过

2007年9月21—23日，河南某公司承担$1.0×10^4 m^3$某储罐防腐工作，罐顶部、侧壁防腐工作已完成，需将罐内脚手架拆除后进行罐底板防腐处理（原有脚手架为该公司搭设）。该公司项目经理林某于9月23日5时到劳务市场临时雇用了11名劳务工。

6时左右，劳务人员进入作业现场开始拆除脚手架作业。8时30分左右，罐内脚手架发生坍塌，脚手架钢管将位于罐底人孔处向外递送钢管的劳务工砸伤，同时位于8m高脚手架上向下传递脚手板、钢管的另外一名劳务工坠落到罐底部摔伤。

（三）事故原因

1. 直接原因

该公司在项目实施过程中，该项目负责人存在侥幸心理，对现场脚手架未严格按照技术规范搭设，存在的安全隐患未及时整改；违规使用无资质人员从事拆除脚手架作业，是造成事故的直接原因。

2. 间接原因

据现场勘察，在搭设脚手架时，没有对现场的脚手架材料、扣件的完好程度和外观进行筛选，没有向工程监理和现场代表提交报验申请，致使部分不合格扣件用于脚手架。

搭设脚手架时，没有按照脚手架搭设的操作规程进行绑扎，没有按照有关规定在距地板

大于200mm处连续设置横、纵向扫地杆，致使杆基在无法埋地情况下，下部约1.2m段无横向约束，在受到横向外力的情况下，脚手架变形坍塌。

3. 管理原因

23日进入现场的11名劳务工，系该公司临时招募的非专业人员，没有从事脚手架作业的资质，该公司没有按规定进行入厂安全培训，也没有办理入厂手续，采取非正常手段使外来人员混入厂内，现场作业没有进行安全交底，为事故发生埋下伏笔。

（四）事故教训

（1）该公司将未经入厂安全教育培训且没有脚手架作业资质的人员擅自带进厂内作业，不但在拆除脚手架过程中存在危险，同时，一旦误入生产区域，也会对生产装置构成更大的安全和治安危害。

（2）在该公司申报的HSE作业计划书中，没有对脚手架施工这一特殊工种作业过程进行风险识别，在现场安全管理方面，没有按照已经批准的施工方案安排安全管理人员监护，监护人变更没有征得监理和业主的同意，作业过程管理失控，在事故发生后，没有按照事故上报程序及时报告项目管理部门和安全管理部门，致使业主在事故调查中处于极其被动的局面。

工程监理在施工方案的审批过程中，没有严格履行监理职责，在未经业主方技术负责人审核批准的情况下，对未经审查完善的施工方案准予实施。没有将脚手架施工与拆除环节列入安全控制点。没有在脚手架材料进场时，按照规定进行检查检验，没有在脚手架搭设完交付使用时进行现场检查验收，甚至在长达一个多月时间里，多次进入罐内进行报验检查，没有对不合格脚手架及时纠正，也没有及时下达"工程暂停令"，没有很好地履行日常现场巡查职责，以至于在事发一天半以后才得知此事。

八、某石化公司"5·12"苯罐闪爆事故[7]

（一）事故概况

2018年5月12日15时25分左右，某石化公司苯罐在进行检维修作业时发生闪爆，造成浮盘拆除作业的某工程公司6名作业人员当场死亡。

事故苯罐建造于2009年，如图2-27所示。罐结构为内浮顶拱顶罐，容积10000m³，直径30m，罐高19m，内浮顶采用箱式铝合金装配式内浮顶，支撑立柱采用固定式支撑立柱，高度1.5m，密封采用"舌形密封+囊式密封"，浮箱数量共有359只，采用螺栓连接成一个整体。

（二）事故经过

2018年5月12日上午，工程公司作业人员到石化公司公用工程罐区，准备对苯罐进行检维修作业。8时47分，作业开始前，石化公司操作人员使用手持式气体检测仪在苯罐外

图 2-27 闪爆苯罐

人孔处进行气体检测工作并记录检测数据，测得氧含量 20.9%，没有检测到可燃气体。工程公司和石化公司现场监护人员以及罐区当班值班长都未认真核实测氧测爆数据情况，未按照作业许可证的要求检查作业人员个人防护用品及作业工器具，先后在作业票上签字确认。随后通知石化公司安保质量部工程师到现场确认许可证控制流程执行情况后，工程公司作业人员开始进罐作业。

13 时 15 分，工程公司 8 名作业人员继续进行浮箱拆除工作，其中 6 名作业人员在苯罐内，1 名作业人员在罐外传递拆下的浮箱，1 名作业人员在罐外进行作业监护，另有 1 名石化公司操作人员在罐外监护，同时负责定时测氧测爆工作。作业至 15 时 25 分，现场突然发生闪爆。

事故发生后，石化公司立即启动应急响应预案，同时将事故信息上报。消防车辆到现场后立即对苯罐进行喷水降温；应急响应队伍赶到现场立即实施人员搜救工作；15 时 50 分，现场明火扑灭；17 时 50 分，现场救援结束。事故导致苯罐内的 6 名工程公司作业人员当场死亡。

（三）事故原因

1. 直接原因

内浮顶储罐的浮盘铝合金浮箱组件有内漏积液（苯），在拆除浮箱过程中，浮箱内的苯外泄在储罐底板上且未被及时清理。由于苯易挥发且储罐内封闭环境无有效通风，易燃的苯蒸气与空气混合形成爆炸气体环境。罐内作业人员未随身携带气体检测仪并使用非防爆工具产生的火花引爆罐内混合性气体，燃烧产生的高温又将其他铝合金浮箱烧熔，浮箱内积存的苯外泄造成持续燃烧。

2. 间接原因

工程公司作业前未对作业人员进行安全技术交底；在作业内容发生重大变化后，在施工方案未变更及进入罐内作业未落实随身携带气体检测仪的情况下，擅自安排作业人员进入受限空间内进行作业。

石化公司未严格遵守相关安全生产规章制度，相关人员未履行安全生产管理职责，未认真检查作业人员个人安全防范措施的落实；作业过程中未督促作业人员按要求使用防爆工器具；在作业内容发生重大变化且施工方案未做变更的情况下，未及时要求停止作业。

石化公司相关管理人员在确定作业内容发生重大变化后，未及时通知承包商修改施工方案，在施工方案未做相应修订的情况下仍安排承包商实施浮盘拆除工作。作业现场气体检测仪伸缩杆配置不到位；公司管理部门负责人对作业票签发工作、作业内容发生重大变化后未及时修改施工方案的情况失察。安全风险管理缺失，专业管理缺位，特殊作业安全管理流于形式。

（四）事故教训

（1）吸取事故教训，落实安全生产责任。牢固树立安全生产红线意识，切实落实企业安全生产主体责任。对施工方案制订、作业前危险性分析、安全技术交底、作业票签发等各个环节风险管控都要强化责任落实，采取针对性措施，堵塞管理漏洞。

（2）加强作业前风险辨识，强化作业过程风险管控。对施工过程中发生的变化，要严格执行变更管理制度，对发生的变更情况要进行危险性分析，分析可能存在的作业风险，制订相应的安全措施，并对所有作业人员进行安全交底。要进一步加强储罐内的临时用电、动火作业、受限空间作业等危险性较大的作业许可证签发管理工作，严查违规违章作业，督促作业前安全防护措施的落实，确保作业过程安全、可控。

（3）加强承包商作业人员的管理。要严格对承包商的资质审核和施工方案的审核；督促承包商开展对作业人员的安全技术交底和日常安全教育培训，确保所有作业人员培训合格后方可上岗作业。对于危险性较大的作业，要安排具备监护能力、责任心强的人员负责作业过程的现场监护。

九、某炼化公司"5·13"一般高处坠落事故[8]

（一）事故概况

2019年5月13日17时45分许，某工程公司在对某炼化公司汽油罐进行吊装作业时，罐顶局部塌陷，导致在罐顶作业的3名员工坠落至罐底，事故造成1人死亡、1人重伤、1人轻伤。事故储罐建造于2006年3月，公称直径为38m，高度17.82m。

（二）事故经过

2019年5月13日9时许，某炼化公司工程安全管理人员刘某将起重作业票交给炼化公司炼油部陈某，提出某罐的吊装作业申请，陈某签名后，刘某又将起重作业票交给炼化公司殷某审批，殷某随后签字。

14时许，工程公司施工队长艾某安排公司员工符某到吊装作业罐进行现场监护。14时40分，符某在起重作业票监护人位置签名。然后，刘某私自找到炼化公司安全工程师王某提出让其担当吊装作业现场负责人，王某同意并在起重作业票基层单位现场负责人位置签名。

15时许，工程公司安排艾某、符某、李某、曹某和汽车起重机司机杜某等人进行吊装作业准备工作。

15时30分，吊装作业开始，按照施工队长艾某的指挥，杜某驾驶汽车起重机将钢板、钢管、扁铁等材料（每吊700~800kg）吊至罐顶上方，同时艾某在罐顶指挥作业人员肖某将材料围绕罐顶中部平坦区域依次卸放。

17时45分左右，罐顶突然局部塌陷，如图2-28所示，导致在罐顶作业的3名员工坠落至罐底，不同程度受伤。

图 2-28　罐顶塌陷情况

（三）事故原因

1. 直接原因

工程公司作业人员将吊装至罐顶的材料依次放置于罐顶中部较平坦位置，单次吊装质量为700~800kg，接触罐顶面积约为0.45m^2，附加荷载为1555~1777kg/m^2，严重超过罐顶的设计附加荷载120kg/m^2，吊装并列放置造成多点超过罐顶设计附加荷载，致使罐顶单层网壳各元件发生局部失稳，最终导致整体失稳，造成罐顶塌陷撕裂。

2. 间接原因

（1）工程公司未严格落实安全生产责任制和安全生产规章制度：在罐检修施工方案未完成审批，未办理高处作业票、作业许可票、安全技术交底和风险告知卡的情况下，擅自对罐顶进行检维修备料吊装作业；未按规定对员工进行安全生产教育和培训，无员工教育培训记录。

（2）总包单位对分包工程公司疏于安全管理，对工程公司员工安全生产教育和培训流于形式。

（3）殷某、陈某、王某未严格遵守炼化公司安全生产规章制度，在检修施工方案未完成审批的情况下，私自在起重作业票签名确认。

（四）事故教训

（1）对于各类储罐顶部堆放检修备料必须核实罐顶设计附加荷载，防止罐顶局部塌陷事故。

（2）总包公司要认真履行《中华人民共和国安全生产法》的有关规定，切实履行对分包商的安全管理职责。严格按规定对公司员工和分包商员工进行安全生产教育和培训，并做好教育培训记录。

（3）工程公司要严格落实安全生产责任制和安全生产规章制度，严格按规定对公司员工进行安全生产教育培训，并做好教育培训记录。

十、某港务局原油库区"9·24"罐组平台坍塌事故[9]

（一）事故概况

2013年9月24日，某港务局原油库区罐组平台发生坍塌事故，4名工人在高处作业平台坠落死亡。

（二）事故经过

某安装公司与某施工单位就某原油库区一期工程5号罐组油罐签订了《建筑安装工程施工作业合同》。2013年9月18日6时30分，施工单位施工人员开始搭设504号罐内第八圈作业平台，9时30分左右搭设完成，接到报验表后，5号罐组项目部安全负责人陈某、设备工程师李某、技术负责人贺某现场对平台进行验收，结论为不合格，贺某给施工队下达整改通知单。

9月19日，施工单位向安装公司5号罐组项目部设备工程师李某报送整改完毕请示验收报告，李某和陈某对问题整改情况进行检查后，陈某单独在整改通知单上明确了同意施工的意见。9月20日开始，施工单位利用该作业平台进行了罐体第九圈罐壁板的组对焊接工作。9月22日完成第九圈壁板组对焊接，其间504号罐于9月16日开始储罐浮盘临时支架搭设，9月20日完成支架搭设，9月21日开始浮盘底板铺设。

9月24日，施工单位两组施工人员在504号罐内工作，一组清理第八圈作业平台上的工装备件，另一组进行浮盘底板焊接工作。根据施工单位队长周某要求，打磨班长程某安排本班打磨工刘某等5人到504号罐内第八圈壁板悬挂作业平台上清理散落的工装备件，并用汽车起重机吊至地面。

13时30分汽车起重机到位后，史某指挥汽车起重机开始吊装，15时50分，史某指挥汽车起重机将吊箱吊到作业平台上就位后，刘某等5人准备将平台上的工装备件装入吊箱，当 5 人相向而行，走到位于三脚架相邻的两跨跳板上时，悬挂作业平台突然坍塌，5 人来不及反应，从作业平台坠落至罐底，4 人经抢救无效死亡，1 人受重伤。

（三）事故原因

1. 直接原因

原油库区一期工程 5 号罐组 504 号罐搭设的作业平台在使用过程中曾受到向上的挂拽外力作用，导致三脚架挂钩从蝴蝶板中脱出后，虚插在蝴蝶板上呈临近失稳状态，当工作人员在平台上捡拾散落的工装备件时，产生的作用力使三脚架挂钩从蝴蝶板完全脱出，导致三脚架支撑的两跨平台坍塌。

2. 间接原因

施工单位没有制定安全生产管理规章制度，安全管理和检查不到位。未按照《储罐施工方案》搭设悬挂作业平台，并且在平台搭设完毕后，罐内向外调运钢板等物品时，发生向上挂拽作业平台现象后，未对平台进行检查，使平台处于失稳状态。现场负责人违章指挥，安排未进行安全生产教育培训、未经考核合格的人员上岗作业，作业前未进行安全技术交底，现场安全管理人员未对现场实施有效的安全检查，施工过程中作业人员未悬挂安全带。

安装公司对安全生产不重视，未经业主同意，直接将 503 号、504 号罐的施工任务分包给了施工单位，存在以包代管。

监理公司未严格按照《建设工程质量管理条例》要求，向 5 号罐组项目部委派专职安全监理人员，项目部监理人员没有认真履行监理职责，对施工现场安全管理、监督检查不到位。

（四）事故教训

（1）严格按照《大型储罐内置悬挂平台正装法施工工法》要求，施工平台搭设并消除存在的隐患。

（2）加强对工程分包商的管理，切实做好现场的监督检查工作。

十一、某公司燃料油罐区"5·16"火灾事故

（一）事故概况

2019 年 5 月 16 日 8 时 02 分，某能源科技开发有限公司重质燃料油罐区发生一起火灾事故，未造成人员伤亡，直接经济损失约 200 万元。

（二）事故经过

2019 年 5 月 15 日，某公司东西罐区长约 140m 的尾气管道施工项目，尾气支管和总管线已焊接安装完成，东罐区主管线已穿过两个罐区防火堤，准备与西罐区主管碰头。从东罐区 17 号储罐到此处碰头位置，尾气主管长约 140m。

2019年5月15日10时，地方政府相关部门向该企业提出5月16日减少作业量、减少现场油料异味的建议。该公司立即下达"厂区内所有租赁经营单位5月16日停止生产经营活动，所有货车禁止进出厂区"的通知。

王某的施工队没有接到停工通知，5月16日继续施工作业。16日6时，王某对施工进行了安排，6时15分，刘某等6人到达施工现场分散至两个罐区开始作业。3人在西罐区安装管道架，准备架设一根东西方向横管，与西罐区尾气主管进行碰头焊接。6时40分，1人安装管道支架，2人共同焊接短管法兰。6时50分，3人将长约10m管道抬放到管道支架上，随后进行对接、找正和补齐（西端管口处于敞口状态）。

7时34分，1人开始管道碰头焊接作业。8时02分，碰头焊缝已完成近1/3，8时02分53秒，正在焊接作业时，东罐区东南角17号储罐发生爆炸，罐顶脱离储罐，向西北方向翻滚飞出约40m，掉落在西罐区中部，罐顶随即窜出橘红色火焰，并冒出黑烟。8时05分，爆炸后泄漏的燃料油流淌到整个罐区地面，南部开始有流淌火。8时09分，整个东罐区防火堤内的泄漏油着火，泄漏燃料油在东罐区西北角管道沟处溢出防火堤。8时19分，东罐区26号储罐受流淌火高温炙烤发生爆炸，火焰夹杂浓烟向西喷射，点燃东西罐区间消防通道处溢出的燃料油，形成流淌火，东罐区20号储罐受高温炙烤发生爆炸，罐顶开裂。

火灾发生后，8时05分，公司副总经理王某安排人员拨打了报警电话，打开厂区内的消防泵开始救火。9时50分左右，现场明火全部扑灭。

（三）事故原因

1. 直接原因

17号和18号储罐内的低闪点轻质油品挥发出可燃气体，经支管上的蝶阀泄漏到东罐区的尾气主管内，与主管内空气混合达到爆炸极限；焊接作业引燃了管道内可燃气体并形成爆轰；爆轰冲击波引爆了17号储罐内气相空间的可燃气体，造成整个罐体爆炸、坍塌，罐内油品泄漏，在防火堤内形成流淌火，罐区流淌火先后引发了26号和20号储罐爆炸。

2. 间接原因

（1）事故企业未落实安全管理主体责任，对外来施工队伍及改造工程疏于管理；罐区建设项目无立项、无规划手续，无施工许可；未进行安全评价，违法组织施工；环保改造项目未编制整治方案；雇佣无资质施工队伍；未审查从业人员资格证书；未进行安全教育和安全技术交底。管理制度不完善。未制定储存重油检测化验制度，未从源头控制储存重油是否符合储存要求；层层转租安全责任缺位，未与承租方签订安全生产管理协议。

（2）施工队违法组织施工，无资质非法承揽工程；电焊工无从业资格证；未办理动火气体检测和作业许可票；焊接作业管线未采取盲板加堵措施。

（3）非法储存经营危险品，非法储存、经营低闪点危险油品。

（4）将生产经营场所出租给不具备安全生产条件单位，履行安全管理职责不到位。

(四)事故教训

(1)企业应认真履行安全管理主体职责,深入开展风险分级管控和隐患排查治理工作,全面排查事故隐患,严防事故发生。

(2)企业要严格按照国家法律法规和行业规范进行生产储存设施建设,在项目建设初期要对储罐安全附件、尾气管道阻火器、紧急切断和自动控制系统以及消防等设施、设备进行完善设计,确保危险化学品储存设备的本质安全。

(3)对外来施工单位要严格施工资质审核和准入,严格审查从业人员资格证书,杜绝无资质非法承揽工程,电焊工无从业资格证不得作业。对未进行安全教育的作业人员严禁入厂作业。

(4)严格生产工艺能量隔离管理,焊接作业管线未采取盲板加堵措施。

(5)加强现场动火作业环境的气体检测和作业许可管理。

(6)事故企业非法储存经营危险化学品。

(7)严禁将生产经营场所出租给不具备安全生产条件的单位。

十二、某石化公司"三苯"罐区"6·2"闪爆着火事故

(一)事故概况

2013年6月2日14时27分53秒,某建设公司项目部在某石化公司更换苯罐仪表平台板动火作业过程中,发生了储罐闪爆着火事故。事故造成4人死亡,4座罐体损毁,大约280t储存物料烧毁,直接经济损失约175.1万元,其中固定资产损失10.2万元,存货损失164.9万元。

(二)事故经过

2012年7月,车间在排查平台走梯风险时,发现小罐区6台储罐的仪表小平台的平台板腐蚀严重,委托建设公司项目部维护施工。2013年3月23日,石化公司机动设备处将罐区维护施工计划单下发到建设公司项目部,具体内容是小罐区部分储罐盘梯钢格栅踏步更换以及6台储罐罐顶侧壁仪表维护小平台板更换。仪表维护小平台如图2-29所示。

2013年6月1日,项目部工程队张某到装置办理更换仪表平台的平台板相关作业许可。2013年6月2日,操作员慈某没有进一步确认防护措施是否完整有效,便通知工程队施工人员开始作业。上午施工人员将仪表平台板拆除并放上新板。13时40分,施工人员进行平台板更换焊接作业,慈某站在938号罐西侧防火堤外进行监护。其间安全员王某曾到现场检查。

14时左右,慈某看见仪表维护平台动火现场焊接作业人员还在焊接,工程队张某拿了一根1m多长的钢管,经过慈某附近上了939号罐。14时27分左右,慈某抬头看见仪表平台上的人还在作业,另外两个人在罐顶防护栏入口附近进行气焊切割作业;正在此时,

939号罐发生闪爆着火。慈某立即向南逃生。14时28分、14时30分46秒，936号罐、935号罐相继爆炸着火，约10min后，937号罐爆炸着火。

事故导致工程队2人受伤，2人失踪。受伤人员分别于当日20时30分、20时50分死亡。

图2-29 仪表维护小平台示意图

（三）事故原因

1. 直接原因

939号储罐存有易燃易爆介质，工程七队施工人员在罐顶部走廊入口处防护栏附近进行气焊切割作业时，发生闪爆着火，随后936号、935号和937号储罐相继爆炸着火。

2. 间接原因

（1）939号储罐存在易燃易爆物料。939号储罐为杂料罐，存有来自多乙苯塔（T-205）的塔底高沸物和苯/甲苯塔（T-404）的塔底甲苯20余吨，属易燃易爆危险化学品。当挥发蒸气与空气混合物浓度达到爆炸极限范围时，遇火源会发生闪爆。

（2）动火作业电气焊火花引爆了939号储罐内的爆炸混合物。罐顶气焊作业的明火引燃了泄漏在罐顶部的物料蒸气，回燃导致939号储罐闪爆着火。

（3）石化公司安全管理责任不落实，管理及作业人员安全意识淡薄，制度执行不认真、不严格，检维修管理、动火管理和承包商管理严重缺失。

3. 管理原因

（1）作业许可制度执行不到位。没有按规定执行审批流程，特别是6月1日已停止了动火作业，但没有关闭动火作业许可证，造成6月1日的动火作业许可证在6月2日被违章使用。也没有按规定共同在现场审核，而是先会签签字，然后各自分别到现场进行危害识别，致使工艺、设备、安全专业人员之间没有进行有效沟通，造成危害识别与风险削减措施漏缺现象。同时，作业许可人员会签出现代签，6月1日动火作业许可证中的作业单位负责人、作业人（2人）、监护人均由作业单位办理作业许可人员代签；当班班长由车间安全员代签，

6月2日许可证上的监护人由车间安全员代签。此外，还存在擅自更改动火作业许可证的情况。

（2）超动火作业许可证范围动火。原6月1日动火作业许可证上批准的动火范围是939号罐仪表平台踏板更换，而在6月2日动火作业过程中，作业人员除在动火作业许可证指定的仪表平台上动火外，还在罐顶部动用气焊作业，属违章超范围动火。

（3）对储罐附件动火作业风险认识不清，带料动火作业风险控制措施不到位。此次作业，装置管理人员对在储罐内部存在可燃介质状态下进行动火作业的风险没有充分辨识与评估；对储罐附件动火作业风险认识不清，错误认为储罐附件上动火作业不属于油罐动火作业，没有按照要求进行油罐物料退料以及彻底吹扫、清洗置换。虽然此次事故是因为超范围动火，但在相关管理干部和动火作业单位人员认识当中，即使以后在护栏杆更换作业中，也只采取939号储罐的现有防护措施，仍然存在事故风险性。工程队作为动火单位同样对风险认识不清，在其施工技术方案中，没有对油罐带料动火作业的风险进行充分的辨识与评估，也没有制订有效的预防和控制措施。

（4）安全培训不到位，培训效果有待进一步提高。尽管石化公司针对《动火作业安全管理规定》进行了宣贯培训，并对各基层单位内部培训工作提出要求、跟踪考核，但车间相关人员对动火作业安全职责、签发动火作业许可的流程、动火作业级别划分以及动火作业管理的一些基本要求都不清楚。

（5）安全意识淡薄，管理松懈，责任制落实不到位。车间主任王某没有认真履行职责，在动火作业许可证审批时，没有组织相关人员到现场共同核查风险削减措施的落实情况；接到安全环保处6月2日不实施动火作业的指令后，没有通知车间相关人员，对失效的作业许可是否履行作废程序没有跟踪、没有检查。车间安全员王某擅自将6月1日的动火作业许可证改成6月2日，导致现场动火作业。安全总监王某没有认真履行对现场动火作业监督的职责。安全总监王某没有要求重新办理动火作业许可证，也没有上罐顶进行现场确认。施工单位安全员检查作业现场安全状况的职责落实不到位，现场两名施工人员没有严格执行动火作业许可证的规定要求，违反了"四不动火"要求。

（6）动火属地单位和动火作业单位监护人员能力不足。监护人慈某对监火人员职责不十分清楚，没有对现场作业人的特种作业许可证进行审核，没有仔细查看6月2日动火作业许可证，允许安全员在动火许可证上代签名，没有及时发现和制止超范围动火。作业单位监护人石某属力工，也不能履行好监护职责。

（7）对承包商的安全管理不到位。车间对承包商作业过程的监管力度不够，管理不细。对作业单位随意派遣人员就可办理动火作业许可、作业许可人员随意代签、超出动火范围、无证动火等现象没有进行纠正和制止，对动火作业管理不严格，处于粗放型管理状态。项目部对工程队现场施工存在监管不到位现象，出现以包代管、包而不管现象，实际上是以"专业承包"代替"劳务承包"。项目部安全员没有了解现场安全生产作业条件，也没有了解施工任务，直到事故发生也没有再到现场巡查。项目部对工程队现场管理监督重点不明确，没有针对当天任务制订监督计划，施工队也没有明确监管人员到现场确认和监督检查。

(四) 事故教训

（1）进一步完善动火作业管理制度，进一步明确储罐附件动火安全要求。凡是在储罐相关附件上动火，原则上必须对储罐进行退料、吹扫、清洗、置换等处理，如因生产确需，无法进行退料、吹扫、清洗、置换处理，必须对动火作业许可证进行升级管理，组织专业部门、专业人员进行危害识别和风险评估，结合储罐的具体形式、实际工况，采取科学、有效的隔离措施，并制订相应应急处置预案，确保储罐附件动火安全。

（2）加强动火许可管理，批准人组织共同现场审核确认。严格执行动火许可管理相关制度，认真履行职责，动火作业批准人要认真组织属地单位及动火作业单位相关人员，共同对动火作业进行风险识别，制订并落实作业风险削减措施。切实加强动火许可和动火作业过程管理，加强运行装置、油品罐区等重点场所用火作业的监督检查。

（3）加强作业许可管控性。通过本次事故看，作业许可管控性很差，成为"获得施工作业许可权"的门槛，失去了控制作业过程风险作用。因此，加强作业许可的管控尤为重要，从作业许可申请到作业许可关闭必须做到严、细、可控。明确作业许可作业单位、属地单位、申请人、批准人、监护人、作业人职责，杜绝为办"证"而办"证"现象出现。加大风险识别和风险控制措施力度，不能走过场，不能有麻痹思想。风险识别不留死角，风险控制措施要有效，不得有任何侥幸心理。消除凭借自己主观意识，采取自选动作，不按照规定动作进行操作。

（4）加强动火属地单位责任意识，为动火作业单位提供满足安全生产条件的作业场所。动火属地单位必须明确各级管理和操作人员的职责，向作业单位进行安全交底，如实告知作业场所存在的危险因素，提供物料危险性等信息；制订科学的风险削减措施，对排空、吹扫、分析，拆加盲板、设置隔离屏障，下水井、地漏的封堵，消防器材的准备等措施的有效性要严格进行逐级安全确认，为动火作业单位提供满足安全生产条件的作业场所。

（5）严格落实动火作业监护、监督人员责任。明确落实动火作业属地责任、监护职责和工作程序，易燃易爆、有毒有害及一级动火作业现场必须由属地单位、动火作业单位分别派驻人员在动火点进行监护，现场监护人员必须具备符合动火安全要求的专业技能，且不得混岗作业，严禁超范围违章动火。动火属地单位要严格落实风险识别和安全确认制度，易燃易爆、有毒有害及一级动火作业安全措施必须经上一级作业主管部门进行确认管理，否则不得作业。

（6）严格执行动火作业管理规定，动火作业必须做到"四不动火"。动火作业要严格执行作业管理规定。各级管理和操作人员必须认真履行职责，对施工方案确定的动火作业的内容、类型、危害、风险削减措施、人员等条件进行确认，按规定审批流程办理动火作业许可证，确保动火作业在指定的地点和时间范围内使用，杜绝作业许可证出现涂改、代签现象并保证及时关闭，必须做到"四不动火"。

（7）切实加强承包商管控。严格落实承包商"五关"管控，所有承包商必须在集团公司资源库内选用，劳务承包商应纳入使用单位所属单位进行管理，承包商人员须经安全素质能力评价合格后方可承包工程，安全监管人员必须持证上岗。加大承包商违章处理和责任追究力度，无论集团公司内外承包商，因安全监管不到位导致事故发生一律追究承包商使用单位责任。要加强对劳务分包商的现场监督检查力度，特别是高危作业和关键环节作业必须实施重点现场监控，同时要求分包商加强自身监督与检查。

（8）提高风险识别能力和防控措施的有效性。认真开展工作前安全分析，辨识用火作业过程风险，落实风险削减措施，特别是动火设备内的可燃、有毒介质应采取退料、置换、隔离等有效措施，作业实时监测，保证用火安全。

（9）消除培训流于形式、没有针对性现象。由本次事故可以看出，作业许可证中涉及人员对"动火作业安全管理规定"的内容掌握情况出现较大偏差，但都进行了不同层次的培训，也经过了考试合格。这说明了目前作业许可的培训实效性很差，每个人没有真正掌握规定内容。必须改变目前培训的"形式化""任务化"现象，培训应分解化细，按直线管理、不同层次设计培训内容和课时，对基层管理人员、员工要做到"小班化"，将制度、规定条款内容逐条进行分解，逐条进行培训，不能靠单一的考试确定其掌握情况，而是要考证其真正掌握和运用的实效性。

十三、某石化公司炼油厂"6·2"储罐火灾事故

（一）事故概况

2013年6月2日10时05分，某石化公司炼油厂成品车间180号储罐发生火灾事故，事故造成3人烧伤。

（二）事故经过

2013年4月27日，炼油厂下发维修计划对180号罐进行维修作业。5月30日，因需要对180号罐脱水线进行移位改造，成品车间组织对动火部位管线进行吹扫置换，同时对180号罐加3块盲板。

6月2日，成品车间按照施工进度对180号罐脱水线预制管线进行法兰连接作业，连接前需要将管线内存油抽尽方可进行，抽线时需要将955线的阀2、阀5与泵之间管线存油抽尽，如图2-30所示。

8时20分现场化验分析合格，8时45分左右180号罐西侧现场开始对连接管线预制动火。抽线作业需要将955线底空线（罐底倒空线）阀5盲板拆下微开，9时45分，班长马某对180号罐进行955线抽线作业，启动P-25泵，开泵抽线5min后机泵抽空，马某停泵并关闭P-25泵出入口阀门，通知现场监护人董某及工段长侯某在抽线状态，工段长侯某确认管线打开阀门处已无油品泄漏，要求施工人员断开法兰，拆下阀门。10时03分左右，现场发现油品从阀5及其法兰泄漏，监护人马上命令施工人员停止动火作业。作业人员将气焊

熄灭。10时05分施工现场发生着火，班长马某立即报火警，10时09分消防队赶到现场，10时49分将火扑灭。

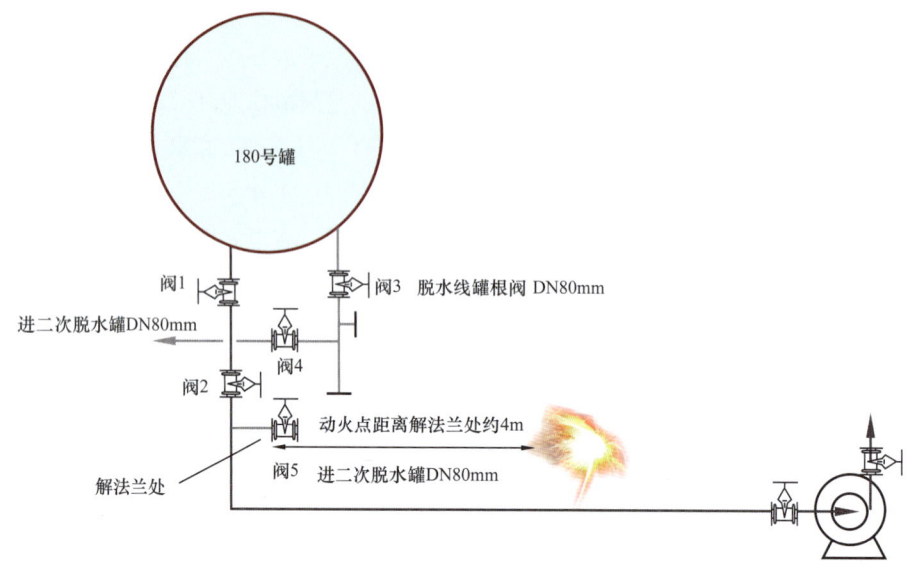

图 2-30 工艺示意图

事发后，经检查180号罐顶开裂约3m，罐体及部分阀门过火，经检测罐体无减薄、无变形，浮盘密封圈部分损坏，直接经济损失约4.3万元。

（三）事故原因

1. 直接原因

成品车间在对955底空线移位作业时，违章采取抽线方式排空管线，致使管线内残存的油品从松解开的法兰处溢出。漏出的轻质油品挥发出大量油气，遇气焊切割后的管线弯头炽热表面而着火。

2. 间接原因

（1）炼油厂成品车间的管线倒空作业存在习惯性违章现象。在对底空线进行倒空作业时，采取先打开管线末端，然后用泵抽出管线内物料的抽线方法。这种物料倒空作业方式虽然编制了简陋的操作方案，但没有识别出抽线作业存在的物料泄漏或空气进入风险。调查中发现该车间以往曾多次采用这种违章方式倒空管线。

（2）炼油厂成品车间对罐区动火控制不严，本次引发事故的管线预制动火作业本应在罐区围堰外的相对安全环境下进行，却安排在罐区内与管线倒空作业交叉进行。

（3）180号罐是内浮盘常压拱顶罐，浮盘上方没有采取氮气密封措施，致使油气在该罐上部空间积聚并形成爆炸性气体。罐外底部发生火灾时，通过罐顶的呼吸孔引爆了罐内的爆炸性气体，造成罐顶部分焊口撕裂。

3. 管理原因

（1）施工工序组织不合理。炼油厂成品车间与施工单位共同进行的管线改造施工缺乏计划性，之前曾对 180 号罐倒空置换，进行开口接管施工，但没有在安全风险较低时期进行管线移位施工，导致储罐及气管线在存在物料的情况下冒险作业。

（2）作业许可管理不严格。炼油厂成品车间违反动火作业管理规定，没有对双休日的罐区动火实行升级管理；在管线中存有物料的情况下，打开管线，违反了企业《管线设备打开安全管理规定》。

（3）施工单位安全管理不到位。安装公司在本项目施工中，不但安排 4 名外雇劳务人员独立在罐区进行危险作业，还安排不具备相应素质的劳务人员担任危险作业的监护员，既没安排经验丰富的员工代班作业，也没有安排专人监督该项作业。成品车间也没有认真履行属地监管职责，及时制止施工单位的违章行为。

（四）事故教训

（1）要组织员工认真吸取事故教训。每一名员工要都结合岗位操作实际，深入查找老毛病、坏习惯。加强岗位安全技能培训，提高岗位员工的风险意识和安全意识，特别是在交叉作业时，严格执行 HSE 制度，做到只有规定动作，没有自选动作。

（2）严格控制小项目的立项和施工管理。对生产装置，特别是一些老装置小的技措、改造、维修等小项目的审批立项，要严格控制。严禁未经充分论证、未经审批的小施工项目风险不受控。

（3）加强动火作业管理。在运装置动火实行集中限时管理措施，只在限定的 1~2 天内实施检维修动火作业，其他时间除生产急需外不允许动火作业。在限定的动火时间内，各级监管人员要深入现场，死看死守，保证现场风险辨识全面，安全措施落实。节假日、双休日罐区内非抢修项目禁止动火作业。

（4）加强承包商和外用工管理。杜绝转包、分包、入场人员不具备相应的安全资质等违章现象。严格外用工的安全培训和考核，培训不合格者不能入厂作业。企业基层属地单位要强化外来施工人员的监督管理，重点做好现场安全交底，进一步提高外来施工人员的安全意识，避免因低级错误酿成恶果。

十四、某石化设备公司"3·8"油罐火灾事故[10]

（一）事故概况

2019 年 3 月 8 日 11 时 10 分许，某石化设备公司员工在拆除某物流公司油罐内浮盘作业过程时，不慎起火，导致 2 人受伤，其中 1 人经抢救无效死亡，1 人受伤，直接经济损失约 129 万元。

事故储罐罐壁高度为 16.5m，直径为 30m，设计储存容量为 10000m³。储罐设有两个人孔，分别位于储罐的北侧和西侧。在两侧人孔处各有一台隔爆型防爆轴流风机，其中西侧人孔处的风机烧毁较重。在储罐北侧空地上有 4 把非防爆扳手。

密封为"囊式密封+舌形密封"双密封结构。一次密封为囊式密封，为软质聚氨酯泡沫塑料（海绵）外包密封胶带，胶带材质为丁腈橡胶；二次密封为舌形密封，材料为高密度聚乙烯 XPE 密封胶带。

（二）事故经过

2019 年 3 月 8 日 8 时 40 分，物流公司现场监护人员杨某用手持式四合一气体检测仪对 G2-03 罐内可燃气体和氧气等气体进行检测，检测结果为合格。在办理完受限空间作业证审批后，石化设备公司燕某、马某等 4 人先后来到 G2-03 储罐内进行浮盘拆除作业，先拆除浮盘四周双层密封中的上层舌形密封，再拆除下层囊式密封。在作业过程中，燕某等人发现囊式密封内部的聚氨酯泡沫（海绵）内有汽油，立即报告罐外监护人员杨某，杨某检查确认后要求立即停止作业，并让罐内作业人员从罐区撤出。

燕某请示物流公司生产技术部部长张某，张某要求先将囊式密封内的海绵清出，再安排清理汽油，检测合格后再施工。燕某去找监护人员，准备再次进罐，张某、马某等 4 人先来到作业罐区，燕某和杨某后来到作业罐区。

马某、刘某等 3 人依次进罐，其中马某、刘某通过直梯到浮盘上拆除海绵，另一人在浮盘下方将拆除的海绵扔到人孔外侧台阶，燕某再从台阶上将海绵拿走。

从罐内搬出 4 块海绵后，刘某发现罐体西侧人孔下方地面开始起火，立即向浮盘上的刘某、马某呼喊，然后跑出罐外。罐外的燕某、张某及杨某 3 人听到呼喊后均撤到了罐区防火墙外。刘某与马某听到呼喊，发现浮盘西侧下方有火光，二人便向浮盘直梯处跑去。刘某先到达直梯处，直接跳下浮盘并从人孔钻出，通过人孔时衣服被火引燃，跑出罐区后将火熄灭，刘某跑出罐区后，大量黑烟从罐体人孔及上部呼吸孔排出，11 时 21 分许罐体上部呼吸孔多次喷出火焰。

现场监护人员杨某跑出罐区后，立即向中控值班员报警，库区消防值班员立即拨打"119""110""120"报警，并启动公司消防喷淋和泡沫喷淋进行罐体降温和灭火。

11 时 34 分 3 辆消防车进入事故现场进行扑救，11 时 35 分"120"急救车进入现场救援。救援时，发现罐区内有人趴在地上，经"120"急救人员抢救无效，确认马某死亡。至 13 时 45 分，现场应急救援结束。

（三）事故原因

1. 直接原因

汽油内浮顶储罐浮盘囊式密封破损造成积液（汽油），在浮盘二次密封拆除过程中，汽油泄漏，由于汽油易挥发且储罐内为密闭空间，易与空气混合形成爆炸性气体环境。马某、刘某等人在拆除密封过程中，使用的非防爆工具及现场存在的钢制构件摩擦碰撞打火产生点火能量，造成密闭空间内积存的汽油持续燃烧，高温下大量汽油持续蒸发在储罐内形成爆炸性气体环境，继而引发爆燃。

2.间接原因

(1)石化设备公司落实安全生产主体责任不到位,现场安全管理不到位,张某在得知罐内发生汽油泄漏,在未对罐内进行可燃气体浓度检测的情况下,仍安排马某、刘某等人进入罐内作业。杨某在得知罐内存在汽油泄漏但未按规定对罐内进行可燃气体浓度检测的情况下,也未及时制止马某、刘某等人的冒险违章入罐作业。该公司未健全安全生产责任制,缺少对外派项目负责人的安全生产责任规定;安全教育培训工作流于形式,未如实记录安全生产教育培训的时间、内容及考核结果等情况;违反施工方案中禁止带有产生静电的装备进入现场的规定,携带非防爆扳手等作业工具进入现场。

(2)物流公司开展风险辨识工作不到位。未辨识到浮盘囊式密封内存在汽油的风险,从而未制订有效的安全防范措施;在进入受限空间作业前,未按要求对罐进行清洗置换,仅采用机械通风的方式排出罐内油气。安全教育培训工作流于形式,未如实记录安全生产培训教育时间,作业人员马某等人的三级安全培训档案卡中授课课时与实际情况不符。

(四)事故教训

(1)严格落实安全生产主体责任,加强对从业人员特别是外派人员的安全生产教育和培训,加大对受限空间作业的安全检查力度,加大隐患排查治理力度,及时发现并消除事故隐患。

(2)严格落实安全生产主体责任,加强对外包单位、设备安装及维保单位的安全管理,加强对从业人员的安全生产教育和培训,加强对作业现场的安全监督管理,加强对受限空间作业的管理力度,采取有效的安全防护措施,防止类似事故的发生。

十五、某油田公司"6·5"储罐爆炸事故[11]

(一)事故概况

2006年6月5日8时30分,某维修承包商在某油田公司进行两个油罐的管线焊接时,焊接火花引燃了油罐排放的油蒸气,燃烧的明火通过管线进入相邻储罐引燃残存可燃物,而造成更猛烈的爆炸,罐顶被炸飞到750ft❶远处,事故造成3人死亡、1人重伤。

(二)事故经过

在事故发生前几周,维修承包商的工人刚把油田的3号储罐和4号储罐从其他井场搬迁到9号井场。在事发当天,4名工人正在连接储罐之间的管道,如图2-31所示。

在连接3号储罐和4号储罐的管道前,工人首先打开了4号储罐的人孔,并进入其中清理剩余的原油。然后用新鲜水冲洗,并放空几天,使碳氢化合物蒸气挥发;但没有清理或冲洗2号储罐和3号储罐。事发当天,在开始焊接之前,焊工插入一个点燃的焊枪(氧气-乙炔)到4号储罐人孔内,观察其燃烧状况,以此检查油罐内是否含有易燃碳氢化合物。焊工并没有意识到,这是一种不安全也不可靠的检验方法。

---

❶ 1ft=0.3048m。

接着，班组长爬到 4 号储罐的顶部，另外两名维修工人爬上 3 号储罐的顶部；然后，他们在 3 号储罐和 4 号储罐之间放了一个梯子，距离有 1.22m，并扶好梯子。焊工站在梯子上，使用安全带，系挂在 4 号储罐顶部。焊接开始后，易燃的碳氢化合物蒸气从 3 号储罐的开放式管口被引燃。火苗立即闪回 3 号储罐，通过溢流管传播到 2 号储罐，造成 2 号储罐爆炸。两个储罐的顶盖被炸飞。3 个工人被储罐爆炸的冲击波甩在地上。焊工从梯子上掉下，因为他挂着安全带，阻止了他坠落到地面，紧接着目击者呼叫了急救车和消防部门。

2 号储罐火焰高达 15m，3 号储罐和 4 号储罐没有火焰，消防部门在使用泡沫灭火剂后在 30min 内扑灭了 2 号储罐大火。2 号储罐顶盖落在 228.6m 开外，如图 2-32 所示；3 号储罐顶盖落在 15m 之外；1 号、4 号储罐没有明显外部损伤。

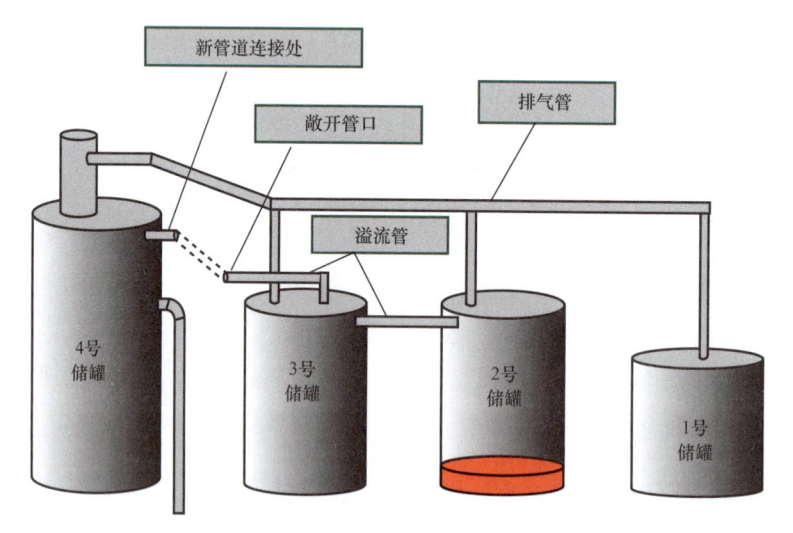

图 2-31　油罐示意图

图 2-32　飞至 228.6m 开外的 2 号储罐顶盖

（三）事故原因

1. 直接原因

通过检查储罐，认为2号储罐和3号储罐受阳光照射升温，其内部易燃蒸气挥发流出溢流管。管道没有配备隔离阀，没有安装管帽。4号储罐电焊火花引燃了3号储罐逸出的可燃蒸气，火焰传播到3号储罐，造成其爆炸，然后点燃了2号储罐的罐顶蒸气，造成再次爆炸。

2. 间接原因

无论是承包商还是油田公司都没有按要求办理动火作业许可。出事的焊工并不知道附近的储罐含有可燃的烃类液体或蒸气。另外，承包商在这个现场甚至没有动火作业管理程序。承包商经理透露，公司雇佣的焊工只要求有焊接技能或经验；并没有考虑安全动火的知识，维修承包商也没有给其员工举办动火作业安全培训。

（四）事故教训

（1）储罐作业前必须使用气体探测器检测储罐内可燃气体。
（2）不允许在储罐内用点火方式测试可燃气体是否存在。
（3）对储罐必须进行工艺隔离。
（4）承包商工人没有按照高处作业的安全工作程序，为焊工搭设脚手架，而是使用一个梯子放在相邻的两个储罐上。这个简易的工作平台需要两名工人站在3号储罐上面来支撑梯子，以便焊工作业；另一个工人站在4号储罐顶上。如果工人没有站在3号储罐顶上，那么就可以避免两人死亡。

十六、某油料公司"5·11"汽油储罐泄漏事故

（一）事故概况

2012年5月11日9时，某油料公司发生汽油储罐泄漏事故，造成1人死亡，约1200t汽油泄漏。

（二）事故经过

2012年5月10日19时，某油料公司5号汽油储罐接收93号汽油结束，液位8.72m。20时，油库运行班班长王某在关闭5号罐罐根阀时，听到阀门内一声异响，经测试，判断闸板与阀杆脱落。随后，将此情况报告值班领导梁某。5月11日8时50分，梁某提出维修需求，油库经理、分管安全副经理均未对5号罐罐根阀维修工作提出明确的要求和安排。

5月11日9时01分，5号罐罐根阀开始维修。9时18分，93号汽油从维修阀门处少量喷出，随后突然大量喷出，无法控制。梁某立即向油库经理李某报告。9时21分，运行室主任钟某请示油库经理李某，进行5号罐向6号罐倒油应急操作。9时22分，梁某打开了

6号罐罐根阀，运行班副班长宋某打开了6号罐的操作阀。9时24分，梁某在未佩戴任何防护用品情况下，朝出事的5号罐走去。

5月11日9时28分，钟某和宋某试图用不锈钢桶盖住5号罐泄漏处，以便打开5号罐的出口阀，但未成功，随后撤退。油库经理李某查看现场后，下令停止发油、报警、打开消防水泵、紧急断电、疏散车辆，并下达了全体撤离命令。9时33分，油库员工陆续撤离油库，并在油库周边警戒。人员清点后，未发现梁某，派人多次进入油库寻找仍未发现其踪迹。

随后，救援力量赶赴现场，全面开展抢险救援工作。5月11日15时30分，5号罐液位下降到罐根阀以下，停止泄漏。据事件调查组调查，约1587t汽油泄漏到防火堤内，少量外泄到机场排污蓄水池。5月12日2时15分，经过近30h的抢险救援，外泄汽油基本回收完毕，并在5号罐操作平台旁发现梁某尸体。15时，完成现场清洗，油蒸气浓度降低到爆炸下限的3%，避免了失火、爆炸等次生事故的发生。

（三）事故原因

1. 直接原因

（1）违章操作行为。罐根阀是油库工艺系统的关键设备，罐根阀维修作业风险在该公司的相关管理程序、作业指导书中均有充分辨识，但员工依然在油罐内存有大量油料的情况下违章作业，严重违反了公司相关规定，属于典型的"三违"行为（违章指挥、违章操作、违反劳动纪律），是导致漏油事故发生的直接原因。

（2）未使用个人防护设备。泄漏发生后，梁某在没有佩戴任何防护装备的情况下，进入5号油罐油品泄漏区域进行应急处置，是导致其中毒和窒息死亡的直接原因。

（3）设备存在缺陷。罐根阀由于维护保养不足，导致阀门在正常开关时出现功能性失效。

2. 间接原因

（1）维修人员风险意识薄弱。《公司员工安全手册》已明确"若阀门为罐前第一道阀门，未提前将该油罐油料排空，维修过程导致油品泄漏"风险，并对员工进行了培训考核，员工依然存在严重的侥幸心理，违章冒险作业。

（2）上下级间垂直沟通不足，油库管理层对现场作业管理不到位。油库经理及分管安全的副经理在得到罐根阀故障报告后，没有明确强调下步工作要求，说明油库管理层风险意识不强。

（四）事故教训

（1）严格执行规章制度和作业指导书是保障安全的根本。

（2）罐根阀是油库工艺系统的关键设备，应开展以可靠性为中心的维修技术（RCM），用规范化程序确定阀门各种故障后果的预防性对策，并通过现场故障数据统计、风险评估等手段在保证安全和完整性的前提下，以最小的维修风险和最小的维修资源消耗为目标，优化阀门的维修策略。

（3）针对每一项作业开展危险辨识和风险评价，加强管控。对于常规作业，要保证规章制度的全覆盖，做到有规可依；对于非常规作业，严格执行作业许可制度，严格作业方案的制订、审核和批准，落实现场安全监督监护措施，在保证安全的基础上方可实施作业。

（4）加强对危险化学品泄漏的应急预案演练，尤其要加强对岗位个人安全防护装备使用的培训；事件发生后，应迅速启动应急预案，充分利用内外部资源，开展应急救援工作。

案例警示要点

储罐储存介质及其结构决定了储罐作业是一个包括临时用电、动火作业、高空作业、进入受限空间作业等在内的高危作业，存在着较多危险因素，是企业安全管理中现场风险防控的重点，储罐检维修作业包含范围很广，各库区储罐作业过程和场地条件差别非常大，作业人员素质也参差不齐；如果储罐作业风险防控措施落实不到位，则容易引发大的火灾、爆炸、中毒窒息和高处坠落等人身伤亡及环境污染等事故。目前，对储罐检维修作业人员进行安全培训偏重于对其进行危险性和后果的教育，但是对于作业过程中危险转化为事故的触发条件和原因却难以系统全面地掌握，因此难以做到作业人员主动适应工作环境，避免或减少事故的发生，但是通过以上事故案例分析，对储罐安全作业将是一个非常好的警示，警示要点如下：

（1）严格储罐能量隔离措施的落实。进罐作业前，与储罐本体相连的所有管道必须进行盲板隔离，仪表和电气设备必须断电、上锁挂签；确保进入罐内的作业人员不被突发进入的能量所伤害。

（2）严格对承包商和作业人员安全资质的审查。属地单位对没有安全资质的承包商坚决禁止其进入库区作业，必须对进入罐区的施工人员进行安全教育，使其了解并掌握在油气场所施工的安全基本常识。并组织施工单位进行安全技术交底，技术交底应明确施工项目存在的风险、风险管控措施和应急处置要点。

（3）严格生产交检修、检修交生产两个界面交接，确保储罐作业安全和检修质量的保证，高度重视浮盘或密封拆除作业过程中，海绵和浮筒存油泄漏到罐内导致的着火、爆炸风险，进入储罐内作业必须携带四合一气体检测仪连续检测。

（4）储罐防腐作业时，防腐漆调配不应在受限空间内实施，不同防腐漆配套专用稀释剂，不能混用，也不能用汽油等易挥发有毒易爆气体的物料替代稀释剂；受限空间内防腐必须强制通风，受限空间内施工时应有监护人员持续监测可燃气体浓度，必要时设置双表。

（5）严格储罐内脚手架的规范搭设，严禁在脚手架上和罐顶超设计载荷堆放材料，或人员过于集中造成局部超载，导致脚手架坍塌。

（6）严格现场监督和监护，尤其在首次进入储罐清罐作业、储罐拆除密封和浮盘等高危作业环节严禁使用非防爆工具和非防爆设备罐内作业，高度重视罐内作业过程中产生静电的危害。必要时宜实行安全旁站监督，确保高风险作业关键环节的安全条件确认和风险管控。

（7）加强对油品管道上加剂作业的危害因素辨识，严格加剂作业的风险管控。

（8）加强对储罐作业内容变更的审查和审批，严格对超范围施工和随意变更作业内容的现场监督检查，严肃处罚违章作业人员。

（9）作业必须满足"火灾爆炸危险区域内使用的临时用电设备及开关、插座等必须符合防爆等级要求"的规定。

第三节 静电事故

大型浮顶油品在装卸、输送、调和、采样、检尺、测温及设备清洗等各个环节都可能会产生静电，而大型浮顶油罐中储存的油品具有闪点低、易燃易爆、易挥发、易流动的特点。据统计，静电引发的储罐火灾占全部火灾爆炸的10%以上。许多企业不重视浮顶油罐静电的管理，导致了火灾、爆炸事故，本节收集整理了多起案例，以为浮顶油罐静电管理提供参考和借鉴。

一、某企业"3·21"储罐火灾事故

（一）事故概况

2002年3月21日18时10分左右，某企业化验员邵某在A罐采样过程中发生着火事故，由于采样员处理得当，消防队及时出动，事故得到控制，未造成经济损失。

（二）事故经过

2002年3月21日17时左右，油品车间白班班长通知化验室班长陈某对A罐进行采样做全分析。18时左右，化验员邵某根据班长陈某的安排到A罐采样。到达现场后，在将采样器由罐内向罐外提出邻近采样口时，发现火苗，邵某随即将采样器提出罐外，用采样口盖板盖住取样口，将采样器、采样绳用工作服上衣包住扔到罐下，并与随后赶来的操作员、化验员等人用灭火器将火扑灭。

（三）事故原因

通过调查，判定着火原因是铜质采样器带电后，对采样口放电而引起的。铜质采样器采样时，由于采样绳处于绝缘状态，此时的采样器属孤立导体。而采样时油面已经带电，所以采样器放入油内采样时，其自身也在收集油面上的电荷，采样器呈现带电状态，形成了孤立导体带电。当采样器上移至采样口并接近其内壁时，带电的孤立导体对接地导体发生放电。

（四）事故教训

（1）认真吸取教训，认真查找管理中、工作中的不足，举一反三，真正消除工作不安全因素。

（2）采样绳、检温绳应使用防静电绳，并3个月进行更换；油罐上部安装人体静电消除器及接地端子。

二、某石化公司"8·29"储罐火灾事故

（一）事故概况

2011年8月29日9时56分44秒，某石化公司储运车间八七罐区875号罐在收油过程中发生一起着火事故。事故造成875号罐被烧坍塌（图2-33），874号罐罐体过火，罐组周边地面管排过火，部分变形。东、南侧管廊上管排部分过火，没有造成人员伤亡，对周边海域和大气环境未造成污染。

图2-33 875号罐底部坍塌及翘起情况

875号罐为常压立式圆筒形钢制焊接储罐，原是第四联合车间二催化装置的原料罐，2006年改造为内浮顶罐。与874号罐、876号罐和877号罐组成罐组，直径为40.5m，罐壁高度为15.86m，罐容为20000m³，安全储存量为18000m³。事故发生时，该储罐正在收油作业，罐内储存0号国Ⅲ柴油885.135t/1061.695m³。

事故发生时，400×10⁴t加氢柴油、300×10⁴t渣油加氢柴油、部分80×10⁴t加氢柴油和二蒸馏B2、B3、C1调和组分同时向875号罐输送，油品调和工艺如图2-34所示。

（二）事故经过

2011年8月29日8时10分左右，储运车间八七罐区工段长吴某接到生产运行处调度徐某通知，将柴油馏出油从877号罐切换到875号罐。当时，877号罐液位为6.612m，温度为40℃，875号罐液位为0.969m，温度为37.6℃。

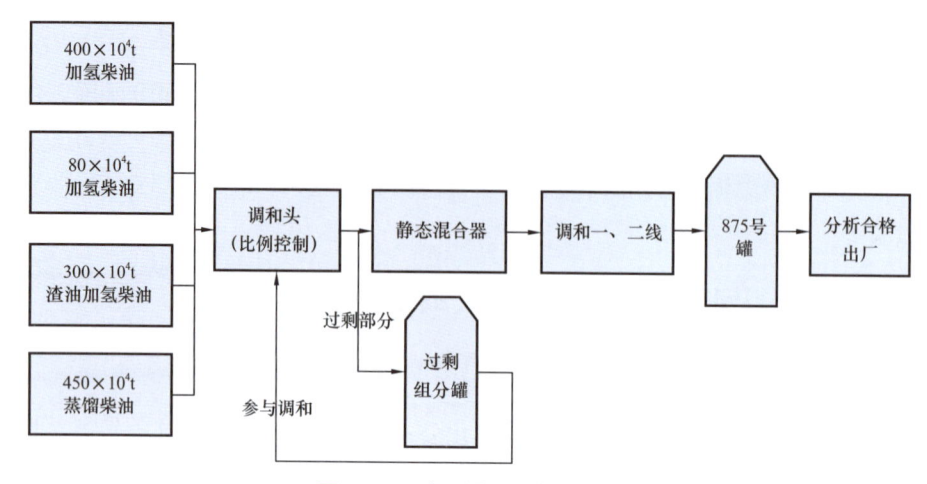

图 2-34 油口调和工艺示意图

8 时 30 分左右，吴某指令操作员刘某和多某进行转油操作，9 时 50 分左右，内操多某通过集散控制系统（DCS）将馏出油从 877 号罐转至 875 号罐，整个切换过程为自动操作。此时，班长周某在现场检查电动阀门状态是否正常，在确认 875 号罐调和一线阀门打开正常，并与多某确认 875 号罐液位上升正常后，准备确认 877 号罐调和一线是否已经关闭。9 时 56 分 44 秒左右，当周某行至 875 号罐与 877 号罐走梯位置时，听到 875 号罐"砰"的一声出现闪爆，随即着火。现场操作人立即报警，并进行转油、关阀等应急处理。

事故发生后，企业立即启动应急预案，下达调度指令，紧急切断了相关管线物料，对关联的上下游装置进行了循环处理，及时启动三级防控系统，防止污物入海。企业消防支队和市消防局出动 69 台消防车辆，对着火点周边的储罐、管排进行喷淋冷却、隔离、降温处理。13 时 06 分，现场明火全部扑灭。

（三）事故原因

1. 直接原因

（1）由于浮盘落底，空气进入浮盘与油面的空间。

（2）由于采用氢气汽提工艺，80×10⁴t 柴油加氢装置柴油中携带氢气；装置的波动及调整可能使携带的氢气量增加，但不排除其他气体窜入的可能性。

（3）由于进油流速较大（大于 1m/s），产生的静电发生放电。

2. 间接原因

（1）在最低液面的管理上，未落实相关规定。

事故发生时，石化公司在 875 号储罐最低液面的管理上，未落实"储罐在操作过程中应注意：浮顶罐和内浮顶罐正常操作时，其最低液面不应低于浮顶、内浮顶（或内浮盘）的支撑高度"的规定。

（2）在收油作业中，未重视油品流速可能带来的安全风险，未对油品流速进行有效的风险辨识。QJ/DSH 88—2007《储运车间操作规程》规定："内浮顶油罐开始投用应控制好收油速度，空罐收油初始速度不应大于 1m/s；当油品淹没过收油线后，收油速度不应大于 4.5m/s。"

API RP2003—2008《防止静电火花、闪电和漂移电流的保护措施》规定：当使用内浮顶储罐（内部或开顶）时，应遵守 1m/s 的极限速度直到顶浮起来。

事故发生前，875 号成品柴油内浮顶储罐内柴油液面高度为 0.969m，已浸没注入口 241mm，其注入流速为 4.34m/s，虽符合 GB 13348—2009《液体石油产品静电安全规程》和《储运车间操作规程》规定，但油品高速流动产生的静电，发生放电的能量大于氢气或其他可燃性气体与空气混合形成爆炸性混合气体的最小点火能。石化公司对上述风险未高度重视，未进行有效的风险辨识。

（3）对储罐维护保养不到位。据对同期使用的 874 号罐、876 号罐和 877 号罐内检查，发现罐内存在浮筒抱箍松落，浮顶压条、浮筒一端下垂的现象。石化公司储运车间未针对储罐的实际情况，对储罐进行有效的维护保养。

（4）对 80×10^4t/a 柴油加氢装置气提塔温度变化和氢气气提方式存在的安全风险，未能有效辨识，未采取有效措施。气提塔塔底、塔顶温度同步降低，造成塔底轻组分增加；气提氢气增加，塔顶压力升高，溶解氢量增加。对于上述风险，石化公司未能有效辨识；对于气提塔的异常变化，石化公司未采取有效的防止轻组分进入柴油罐的措施。

（四）事故教训

（1）加强设备、工艺管理，完善设备检维修制度，严格工艺纪律。

（2）认真执行企业油品储罐的安全管理制度，按照 API RP2003—2008《防止静电火花、闪电和漂移电流的保护措施》，修订企业操作规程，在内浮顶正常操作时，其最低液面不应低于内浮顶的支撑高度。如果低于内浮顶的支撑高度，在浮盘浮起前，应控制流速不超过 1m/s。

（3）对企业的各类油品储罐进行安全检查，重点对储罐的基础、壁厚、静电连接导线、浮盘、密封胶圈、导静电涂层、油罐附件、加热、自动脱水器等进行安全隐患排查。

（4）全面加强设备管理，针对储存介质的不同，制订针对性强的检维修周期和内容，特别是对内部易腐蚀或损坏的储油装置，应缩短检维修周期，确定合理的浮盘检查高度，并采取可靠的检查手段。

三、某石化公司"2·7"储罐火灾事故[12]

（一）事故概况

2020 年 2 月 7 日 16 时 28 分许，某石化公司 TK108 号储罐在取样过程中发生火灾事故，未造成人员伤亡，事故造成直接经济损失约 3.45 万元。

（二）事故经过

2020年2月7日，石化公司当班人员分别为班长陈某，操作工黄某、周某，地磅工廖某，于8时开始上班。16时17分许，油品中介人员陈某宣来到石化公司找黄某提出要取样了解该公司储存的油品质量情况。

16时24分许，黄某穿戴工作服和防护手套，携带两个塑料空桶（各约40L）和一个300mL的塑料取样瓶进入储罐区，陈某也手提两个塑料空桶随黄某进入储罐区，16时25分许到达TK108号储罐处。黄某在罐底导淋口部位开阀放油，盛装约半桶后关阀，并取下塑料桶，继续按上述步骤用第二个塑料空桶装了约半桶油品，然后陈某提走两个已装了半桶油品的塑料桶。16时27分许，黄某用同样方法将第三个塑料空桶盛装了约一半油品，随后黄某转动阀门手轮，转动两圈时（此时阀门未关闭）发现阀门手轮部位开始着火，16时28分火苗由小变大快速蔓延到导淋口导致火灾发生。

发生火灾后，厂区现场人员立即展开救火，同时地磅工廖某迅速报火警。16时29分许，市消防救援支队指挥中心接到火警后，调派22辆消防车，97名指战员赶往现场处置。16时45分，消防救援力量到达现场，采取"先控制、后消灭"的战术措施，17时14分关闭泄漏阀门，17时18分明火被全部扑灭，17时28分现场处置完毕。事故对周边空气环境影响轻微；救火过程中的事故消防水除少量溢出厂外水沟被堵截外，其余都被引入厂内应急水池，没有外排水体，18时30分经对下游江水体采样监测，均没有检出苯、甲苯等特征污染物，事故对下游水体环境没有造成污染。

（三）事故原因

1. 直接原因

石化公司操作工黄某未按照国家标准GB/T 4756—2015《石油液体手工取样法》的相关规定使用专用工具从TK108号储罐的取样口取样，而是违规到TK108号储罐的罐底打开仪表变送器的导淋阀，并使用塑料取样瓶在导淋口取样，塑料取样瓶产生静电放电，点燃了可燃气体混合物，引发火灾。

经委托具有资质的鉴定机构进行鉴定，TK108号储罐储存物料为低闪点甲$_A$易燃液体，该易燃液体产生的油气/空气可燃性混合物浓度为1%～6%时，遇火可燃烧。事故发生时储罐中储存约678m^{3}低闪点甲$_A$易燃液体，且现场具备以下条件：

（1）具有产生静电的条件。事发时现场操作工黄某在实际油高7.133m的TK108号储罐的罐底打开导淋阀，油品从导淋口（管径25mm）高速、喷溅式地流入300mL塑料取样瓶，取样瓶口与导淋口的距离为1～2cm。油品在输送过程由于相互碰撞、喷溅，特别是液体流速过快时，会与管壁产生很强的摩擦，从而产生静电。

（2）静电积聚并达到足以引起火花放电的静电电压。在取样过程中，带有电荷的油品与塑料瓶壁相互摩擦产生静电，因塑料为绝缘材料，导致电荷不能迅速泄放掉而积聚起来达到一定电压，导淋口快速流出的油品与取样瓶内油品的油面都具有较高的电位；在取样瓶大约装了一半样品时，黄某关闭导淋阀，由于取样瓶口与导淋口距离非常近，发生带电电位较高的静电非导体与金属导体间的刷形放电。

（3）静电火花周围有足够的可燃性混合物。黄某在3min左右的时间内先是用两个塑料空桶通过TK108号储罐的罐底导淋口取约40L油品之后，紧接着又用塑料瓶取了约150mL油品，油品蒸发、喷溅时产生的大量油雾形成油气—空气可燃性混合物，超过甲$_A$易燃液体爆炸下限。

2. 间接原因

（1）石化公司违反建设项目安全设施"三同时"规定。该公司的建设项目没有安全设施设计，在主体工程、安全设施未经竣工验收合格的情况下即投入使用，违反建设项目安全设施"三同时"规定问题突出，间接导致事故的发生。

（2）石化公司未制定储罐取样作业的规章制度和操作规程，安全生产管理混乱。其操作工黄某在事故发生前未经请示当班班长、公司领导同意，也未办理进入储罐区的登记手续，便擅自带外来人员进入公司储罐区取样，违反了公司的有关规定，导致安全生产风险增大，进而引发事故。

（3）石化公司安全培训教育流于形式，员工安全意识淡薄。该公司对员工开展的新入职三级安全教育培训和日常安全教育培训流于形式，未按照规定向从业人员如实告知有关的安全生产事项，致使现场操作工不熟悉储罐储存的物料及其安全风险，不掌握工作岗位的安全操作、应急处置技能，安全意识极其淡薄，进而导致取样时发生事故。

（4）石化公司主要负责人不履行安全生产管理职责，企业安全生产管理架构混乱。该公司的实际控制人肖某作为企业的最高决策者，指定许某担任企业法定代表人，但不授予最高管理权限，未设置安全生产管理机构，也未指定专人负责安全生产管理工作，安全生产管理架构混乱；无视安全生产法律法规规定，不履行安全生产管理职责，未健全本单位安全生产责任制，不组织制定本单位安全生产操作规程，不组织制订并实施本单位安全生产教育和培训计划，未制订并实施本单位的生产安全事故应急救援预案，督促、检查本单位的安全生产工作不力，未及时消除企业存在的生产安全事故隐患，进而引发事故。

（四）事故教训

（1）石化公司违法储存危险化学品。该公司建设项目没有安全设施设计，安全设施未经竣工验收合格，其储罐区不是储存危险化学品的专用仓库，而该公司将危险化学品储存在其储罐区，未将危险化学品储存在专用仓库内。

（2）石化公司未取得经营许可证，擅自从事危险化学品经营活动。该公司虽然持有危险化学品经营许可证（经营方式为不带有储存设施经营），但是其事发时已建成有总罐容5000m³的储罐区且储存有1624m³危险化学品，该公司危险化学品经营许可证载明的经营范围和经营方式已发生改变，超越经营许可证核准的经营方式、经营范围，从事危险化学品经营活动，且未按照《危险化学品经营许可证管理办法》第十七条规定重新申请办理经营许可证，依据《国家安全监管总局办公厅关于危险化学品经营安全违法行为法律适用有关问题的复函》（安监总厅政法函〔2015〕154号），其行为是未取得经营许可证擅自从事危险化学品经营活动。

（3）石化公司未按照标准对本单位的重大危险源重新进行辨识、管控。公司建设项目不构成危险化学品重大危险源，但是建设项目基本建成后，其储罐区的危险化学品种类、数量等已发生变化，且危险化学品重大危险源辨识的国家标准也发生了变化，然而公司还未按照标准对本单位的重大危险源重新进行辨识、管控，未落实《危险化学品重大危险源监督管理暂行规定》。

四、某石化公司"2·20"轻污油罐爆炸着火事故

（一）事故概况

2011年2月20日，某石化公司储运系统TK101A轻污油罐在进油过程中发生爆炸着火事故，爆炸造成TK101A罐浮盘"粉碎"性损坏。

（二）事故经过

2011年2月20日8时50分左右，储运操作员孙某去罐区进行当天第一轮安全巡检，9时07分，孙某开始攀登TK101A罐，准备到罐顶巡检打卡；9时09分，行至罐中部时突听罐内"噗"的异响，扶梯把手随之"抖动"，孙某感觉异常立即下罐；9时11分，遇到班长陆某，班长安排对轻污油罐进行脱水，孙某跟班长对轻污油罐进行检查，当时人工脱水口有微弱的水向外滴，班长上前重新关闭阀门；9时13分，二人一起走出罐区；9时15分，孙某进入距TK101A罐20m左右的一号机柜室，班长走到TK101A罐20m左右的303泵房中间，听到一声巨响，TK101A罐罐顶飞到空中，又落到罐区，罐顶浓烟滚滚，火焰4~5m高。

TK101A轻污油罐事故时罐内液位7.79m，介质温度39.8℃。爆炸气浪将罐顶整体从焊缝处爆裂开向北偏西方向飞出，越过相邻的TK102A罐，撞击TK102C罐上部，落到TK102A罐与TK102C罐之间偏西空地（图2-35），造成TK101A罐浮盘"粉碎"性损坏。303罐区两排罐中间三根管线被落下的TK101A罐顶撞弯（无泄漏），其他设施没有损坏。

图2-35 事故罐及飞落的罐顶

听到爆炸声后，正在召开生产交接班会议的公司值班领导立即启动应急预案，安排现场扑救、安排部分装置停工，并向市消防支队报警。储运运行部也立即开启1号泡沫泵站和相邻储罐喷淋冷却系统，9时20分，消防部4辆泡沫车、1辆水罐消防车进入现场实施灭火，9时35分成功灭火。

（三）事故原因

1. 直接原因

事故发生后，根据现集散控制系统（DCS）趋势对比及生产执行系统（MES）数据确认，自2月13日9时至事故发生时2月20日9时15分，三联合运行部污水汽提装置连续往事故罐TK101A进油，该罐回收污油通过轻污油外送泵送至事故罐。其间2月17日1时30分左右，对D-102污油水含量进行分析，小于0.2%。2月20日事故发生后调度通知停泵，关闭界区阀。污油主要为各装置酸性水回收油，经过闪蒸处理，没有轻烃组分，主要为柴油组分，实际流量为7.6m³/h。根据现DCS趋势对比及MES系统数据确认，2月13日9时至事故发生时共退污油17次，退油量146.98m³。该部分污油组分主要为油水混合物，污油主要为常减压装置回收的凝缩油、重整装置压缩机凝缩油，含有轻烃组分，主要为C_4、C_5和C_6。

一联合常减压装置地下污油罐D-111至TKA101A罐管线，为防止管线冻凝，开氮气往TK101A罐顶线防冻，事故发生后氮气阀门关闭。氮气给气线在泵出口，管径DN20mm，氮气压力为0.8MPa。

事故发生前罐内液位为7.79m，事故发生后脱尽水后余污油3.8m，除掉15min燃烧掉的污油外，罐内约有3.5m的水。水中含硫量较高，硫含量一般为3000~4000mg/kg，高值达到7000mg/kg，油分析硫含量一般为200~300mg/kg，高值超过400mg/kg。

TK101A罐主要回收全公司各联合装置污油，其组分有柴油、汽油、石脑油、凝缩油、轻烃等。根据事故前罐内温度变化情况，罐内物料温度已经超过轻烃、石脑油和汽油的闪点，油品挥发出大量可燃气体，挥发出的可燃气体聚集在浮盘与油面的空间以及浮盘上部空间，并达到爆炸极限。

2月12日17时左右，TK101A罐液位已低于200cm，并仍在持续往外输转，至2月13日9时左右罐液位为53cm，液位远低于浮盘起伏区间。浮盘落于支腿上，液位继续下降时浮盘上方的空气通过浮盘呼吸阀、密封以及其他未密封位置进入浮盘与油面的气相空间。2月13日TK101A罐开始进油，大部分气相通过浮盘呼吸阀、密封以及其他未密封位置排出，但浮盘下方浮筒仍存在气相空间，按照铝浮盘的安装及设计，DN150mm铝浮筒浸没50%时能保证浮盘浮起。因此，在浮盘铝板与油面间约有75mm由浮筒隔开的气相空间。进油过程中未排出的空气与可燃气体混合，形成爆炸性混合物。

对于点火源的分析，存在硫化亚铁自燃和静电放电引燃两种可能。事故后对现场进行勘察，罐顶内壁、罐壁防腐涂层完好，排除了硫化亚铁自燃可能性。事故发生后，检测事故油罐接地电阻为1.2Ω，符合标准要求，浮盘两根接地线与拱顶接触电阻值为1.05Ω和0.08Ω，符合标准要求。

事故前进入 TK101A 罐的物料为气、液两相物料，致使物料进罐后呈翻腾状态上升。物料进入油层时，油中会含有水珠，当物料通过约 3.9m 的油层时，水珠与油接触形成电偶层，当水珠与油做相对运动时，水珠与油就带相同符号的电荷，即沉降起电。水珠翻腾到上部后会形成水泡，其中一些水泡会在翻腾的作用下聚集到一起。由于水泡被油包裹，所以处于绝缘状态，称为孤立导体。聚集在一起的气泡孤立导体会把油品沉降起电的电荷聚集到其本体上。翻腾作用下的带电气泡孤立导体移动到接地导体附近时，如浮盘下部浮筒、雷达液位计的立管等接地导体，就会发生静电火花放电，其放电电荷转移量大于 0.1μC，放电能量大于 0.26mJ，该放电能量足以点燃最小点火能为 0.2～0.26mJ 的油气。

浮盘下部有浮筒，油盘与油面间有 75mm 的空间，事故前该空间的可燃气体达到了爆炸极限，所以静电放电点燃了浮盘下部空间的油气。

此次事故出现两次爆炸，第一次是 9 时 09 分浮盘与油面的空间爆炸，第二次是 9 时 15 分左右浮盘上部空间爆炸。第一次闪爆浮盘与油面的空间比较狭小，内部空间的可燃气体浓度达到了爆炸极限范围。由于空间存在部分氮气，氧含量相应减少，因此当遇静电火花放电的点火源时，发生的是闪爆，空间内部分油品处于类似阴燃的状态。

由于浮盘与油面间的空间油品燃烧缓慢，当持续 5～6min 时，火焰通过浮盘空洞窜至上部空间，引燃了浮盘上部空间爆炸性混合气体，出现了第二次爆炸，即听到爆炸巨响。

2. 间接原因

（1）工艺卡片控制及管理不到位，TK101A 罐液位超出车间工艺卡片控制，车间工艺卡片控制液位要求在 200～1200cm 之间，事故发生前 TK101A 罐液位最低运行至 53cm，造成空气进入浮盘下方空间。车间工艺卡片控制温度要求在 40℃以下，事故发生前在 TK101A 罐温度最高 40.7℃，可燃气体挥发量增加，为事故发生埋下隐患。

（2）风险识别不到位。由于一联合常减压装置污油罐 TK101A 罐工艺管线无伴热，外甩污油内含水较多，冬季为防止管线冻凝，使用氮气连续顶线防冻，但对风险未进行充分识别，对于氮气进入内浮顶罐易造成储罐浮盘损坏，油气携带到浮盘上方以及易产生静电等危害识别与认识不足，是事故发生的间接原因。

（3）装置设计时存在部分缺陷。三联合装置污水汽提装置至 TK101A 罐管线长 1400m、管径 DN50mm，管线全线为 1.0MPa 蒸汽伴热，石棉瓦保温。污油外甩温度为 37℃，虽然未超温，但由于流量较小（7.6m³/h）、管路较长，进油过程实际是一个加温过程（蒸汽伴热温度超过 200℃），造成罐内温度较高，而且事故前有超温情况发生。一联合装置及二联合装置含有轻烃组分（C_4、C_5 和 C_6）的轻污油设计进轻污油罐，这部分轻烃组分进入储罐后极易挥发，并与空气混合形成爆炸性气体。

（四）事故教训

（1）所有内浮顶罐运行严格执行工艺卡片，除非检修不能下浮盘。

（2）装置退油及储罐温度严格按工艺卡片控制，不能超温。

（3）不能使用氮气、净化风等压缩气体往储罐内顶线或置换。

（4）严格控制初馏点小于40℃的轻烃组分进常压储罐。

（5）对于使用过氮气、轻组分的储罐，对浮盘进行全面普查，对可燃气体进行检测，如果浮盘损坏，停用储罐进行检修。

（6）对有罐顶通气孔的内浮顶罐、拱顶罐进行全面检查，防止通气孔帽落下堵塞通气孔。

（7）对上游装置进行全面检查控制，杜绝高含硫污水进入罐区。

（8）对三联合污水汽提装置进罐区污油线伴热方式进行改造。

（9）罐顶部人体静电消除器不符合安全要求，建议更改为本安型人体静电消除器。

（10）罐顶雷达液位计、巡检刷卡器的线缆入口处要求封堵、压实。

（11）油罐检尺、采样、测温、测水作业必须在达到净置时间后方可作业。

（12）采样绳、测温绳必须采用防静电绳。

五、某企业轻油罐采样闪爆着火事故[13]

（一）事故概况

2005年春末，某企业一化工轻油罐在进行采样作业时发生闪爆着火事故，事故未造成人员伤亡和财产损失。

（二）事故经过

2005年春末，某企业采样人员携带1个样品瓶、1个铜质采样壶和1个采样筐（铁丝筐），在一化工轻油罐和罐顶进行采样作业。8时30分左右，当采集完罐下部和上部样品，将第二壶样品向样品瓶中倒完油时，采样绳挂扯了采样筐并碰到了样品瓶，样品瓶内少量油品洒落到罐顶，为防止样品瓶翻倒，采样人员下意识去扶样品瓶，几乎同时，洒出的样品瓶敞口及采样绳上吸附的油品着火，采样人员立即将罐顶采样口盖盖上，把已着火的采样壶和采样绳移至梯口处，在罐顶呼喊罐下不远处供应部的人员报警，采样绳及油品燃尽后熄灭。

（三）事故原因

闪爆着火事故发生后，经现场勘察，并向事故发生时在场人员和其他有关人员了解情况，认为静电是引起这次着火事故的直接原因，并从以下几个方面进行了深入分析。

（1）采样人员没有控制提拉采样绳速度的意识，在采样作业时猛拉快提，使采样壶在与油品及空气频繁的快速摩擦中产生静电。

（2）采样作业过程中，采样人员所戴橡胶手套与采样绳之间亦频繁摩擦产生静电，当手拿采样壶时，橡胶手套上的静电传导至采样壶，并在壶的边沿部位积聚。

（3）罐中油品表面积聚了一定数量的静电荷，在采样壶与其接触时传导至采样壶。

在采样作业过程中，静电的泄漏与消除主要是通过静电接地来完成的，即将设备（采样壶和油罐）通过金属导体和接地体与大地连通形成等电位，并有符合规范要求的电阻值，将设备上的静电荷迅速导入大地。根据 GB 13348《液体石油产品静电安全规程》及 GB 15599《石油与石油设施雷电安全规范》的有关规定，油罐设计时，不只是考虑防静电，其更主要的是考虑油罐的防雷电灾害。防雷接地、防静电接地和电气设备接地可以共用同一接地装置。规范规定的防雷电的冲击接地电阻值不大于10Ω，而规定的防静电接地电阻值不大于100Ω。

由于防雷电接地要求比防静电要求高，在每年雷雨季节到来之前，企业对所有设备（包括所有油罐）的接地电阻进行防雷防静电测试，共用同一接地装置以满足防雷要求为主。事发油罐有接地专用的断接卡4个，接地电阻值的测试数据均小于1Ω，在10^{-1}数量级上，说明该油罐接地装置良好。根据调查，此罐封罐时间为前一天的23时，至事发当日8时30分，有将近9.5h的静置时间。该罐为内浮顶罐，设有检尺井，当时满罐操作，浮顶充分接触油面，因此油品表面积聚静电荷能够充分地被导走。说明罐中油品表面即使积聚了静电荷，也不是静电积聚的主要来源。

经现场考察，有以下两点造成采样壶的前两个积累过程中静电难以消除：

（1）在罐顶采样操作平台上，操作口的两侧没有供采样绳、检尺等工具接地用的接地端子，采样人员在采样作业时，采样壶、采样绳未采取任何接地措施，导致采样壶、采样绳上的静电无法及时导走。

（2）采样壶为铜质材料，采样绳名为防静电绳，实为非金属的防静电绳，而非夹金属防静电绳，与铜质采样壶材质不同，导电性极差。两者的结合部是采样绳简单地在采样壶的提手上打了一个普通的结扣。即使采样绳可接地，采样壶上的静电荷通过采样绳在短时间内也难以及时消除。

当采样人员采完第二壶油样品，起身准备去采第三壶油样品时，采样壶与罐顶平台发生接触。由于采样壶积累了大量的静电荷，与接地的罐体相比，存在着较高的电位。在接触的瞬间，产生静电火花，引燃了样品瓶洒落的油样和采样绳。

本次事故，虽不是人体静电引起的。但罐顶采样，人体静电是一个不可忽视的危险源。有关资料表明：人体一般对地电容C为200pF，人体电位U为2000V，则人体所带静电的能量（$E=1/2CU^2 = 0.4mJ$）比石油蒸气混合物的引火极限0.2mJ高出了1倍。像这样带电的人，当触及接地导体或电容较大的导体时，就可把所带电能以放电火花的形式释放出来。这种放电火花对于易燃物质的安全操作是一个威胁。

（四）事故教训

发生闪爆着火，是可燃性气体、空气中的氧气、静电产生的放电火花三者共同作用的结果。根据火灾和爆炸理论，必须满足3个条件：一是可燃气体形成的爆炸性气体混合物达到爆炸极限；二是要有点火源；三是点火源产生的能量足以引燃爆炸性混合气体。在油罐采样作业过程中，爆炸性气体混合物是客观存在的。根据以上分析，从破坏火灾爆炸的条件着手，应采取以下预防措施：

（1）在罐顶采样操作平台上，操作口的两侧应各设一组接地端板，以便采样绳索、检尺等工具接地用，操作前根据风向决定接地点。

（2）采样绳索采用导电性优良的夹金属防静电绳，与金属采样器材质保持一致，并进行可靠连接。

（3）人体静电的消除。采样人员按规定着装，正确使用各种静电防护用品（如防静电鞋、防静电工作服等），上罐采样作业前，应徒手触摸油罐梯子、鞋靴、帽子，不梳头等。

（4）强化安全教育工作，提高职工安全素质。要有针对性地开展有关防止静电危害的安全教育活动，使职工能够掌握防止静电危害的基本知识，使他们认识到静电的危害性，增强自我防范能力。

（5）制定并完善各项安全管理制度，并严格贯彻执行。严格执行各项规章制度和操作规程，组织员工认真进行危害识别，认真落实防范措施，加强现场监护，防止事故的发生。

案例警示要点

（1）静电跨接和静电消除设施要定期检测，保持完好状态。
（2）收付油要控制流速。
（3）采样着装、检尺、采样绳、采样桶符合规范，采样操作要规范。
（4）防止浮盘落底，形成可燃气体空间。
（5）储罐内禁止存在任何未接地的浮动物。

第四节 自 燃 事 故

储罐在使用过程中必然会发生腐蚀，硫则是原油及石油产品中常见的腐蚀性介质，硫会与罐壁、罐底板等金属发生化学反应生成 FeS、FeS_2 和 Fe_3S_4 等硫铁化合物。目前，国内原油平均硫含量逐年增高，高含硫原油或油品造成的储罐腐蚀情况也越来越严重。在检修或付油过程中，进入储罐的空气与上述硫铁化合物发生氧化反应时会释放大量热，当热量聚集到一定程度便会自燃，如果储罐内存在爆炸性气体，则会导致严重的火灾爆炸事故。尤其我国目前进口了大量中东地区高硫原油，使得外浮顶原油储罐的腐蚀问题更加严重，面临的自燃风险也随之提高。

一、某公司油品车间"3·14"石脑油罐闪爆事故

（一）事故概况

2006年3月14日11时06分，油品车间汽油罐区A号石脑油罐发生闪爆。在外操作室

的班长王某立即报火警，随后消防车迅速赶到现场对该罐进行冷却，并对 A 号罐内泡沫覆盖。油品车间操作人员按事故预案迅速切断该罐油品外送，并打开消防炮对 A 号罐及相邻罐进行冷却。由于处理及时得当，未发生火灾爆炸及其他次生事故。

（二）事故经过

2006 年 3 月 14 日上午，该罐正在进行装车付油作业，此次装车作业从 7 时开始，当时液位为 9.76m，温度为 8.3℃。11 时 06 分，石脑油罐发生闪爆，液位为 4.256m，温度为 8.3℃，整个装车过程中计算机液位—温度曲线显示平稳。

（三）事故原因

浮盘上部闪爆事故发生前，正在进行石脑油装车作业，通过核查，整个作业过程是严格按照工艺操作规程进行的，未有异常情况，而且当时油罐附近没有动火作业，排除明火及作业异常引起事故的可能。

罐内的石脑油，初馏点为 26℃，干点为 132℃，石脑油通过浮盘周边的浮动橡胶与器壁缝隙弥漫在浮盘上，在石脑油付油装车的过程中浮顶下降，空气通过呼吸孔进入罐内，浮盘上部空间即形成可燃性混合气体（石脑油的爆炸极限为 1.6%～6.0%）。

经过调查及计算，装车过程中的油品流速、浮顶的下降速度小于安全限值，产生静电的可能性很小。油罐的静电接地连续 3 年的检测值和 G4 防腐材料的电阻率符合规范。事故发生后对 304 号罐的静电接地再次进行检测，3 组接地电阻分别为 2.56Ω、1.58Ω 和 1.34Ω，符合规范要求。进罐检查，内浮盘的静电铜导线完好。油罐的导静电性能良好，排除了静电引发事故的可能性。

储罐内的石脑油主要是常减压装置初顶油、二部加氢石脑油和重整轻石脑油，含硫量为 300～600mg/kg，存在硫腐蚀。304 号罐内壁虽然采用了 G4 防腐，但在事故后进罐检查发现有局部脱落，并发现硫化亚铁的残留物，推断是由罐壁腐蚀产生的硫化亚铁自燃引发油罐闪爆。

对石脑油中活性硫危害认识不足，也是引起事故的原因之一。

（四）事故教训

（1）从源头上控制活性硫含量。从生产工艺上采用水洗处理，降低石脑油出装置活性硫的含量，从而降低硫化氢在油罐中的单位体积浓度，减小腐蚀程度，有效地防止硫腐蚀。

（2）采用惰性气体保护技术。在油罐内部充入惰性气体氮气，降低氧含量，避免爆炸空间的形成以及硫化亚铁在有氧环境下的氧化、自燃。

（3）加强工艺和设备防腐管理及设备的全过程管理。完善设备和工艺防腐管理制度。机动部要完善储罐尤其是石脑油罐防腐管理制度，提高防腐要求，定期监测检查，由 3 年检测期改为 1.5 年检测一次；生产部要完善硫腐蚀的工艺管理制度；油品车间要制定石脑油罐安全管理规定，加强石脑油罐的管理，保证安全生产。

二、某石化公司"5·9"石脑油罐火灾事故[14]

(一)事故概况

2010年5月9日11时20分左右,某石化公司炼油事业部储运2号罐区石脑油储罐发生火灾事故,事故造成1613号罐罐顶掀开(图2-36),1615号罐罐顶局部开裂,此次事故没有造成人员伤亡,经济损失625535元。

1613号油罐为重整原料罐,罐容5000m³,直径21m,高度16.5m,内浮顶结构,储存介质为石脑油。油罐设有固定消防喷淋设施和半固定泡沫产生器。火灾发生时储存约1345t石脑油。1613号罐1998年制造投用,为铝制内浮顶罐。罐体内部整体涂刷导静电防腐涂料,罐壁上部有8个罐壁通气孔,顶部有1个罐顶通气孔。

图2-36　1613号罐破损情况

(二)事故经过

2010年5月9日,按照调度安排,1613号罐开始收蒸馏三装置生产的石脑油,以及1615号罐的转油物料,如图2-37所示。

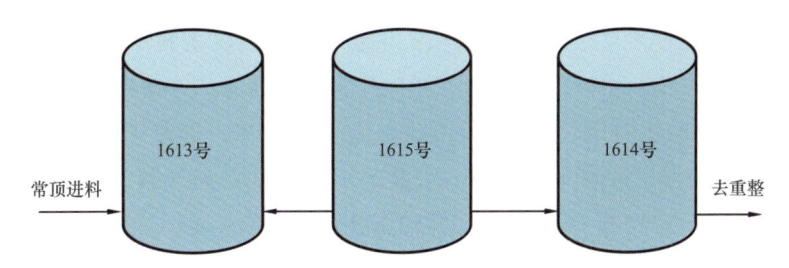

图2-37　10时至11时25分各储罐物料的进出情况

10 时左右，在继续收蒸馏三装置生产的石脑油的同时，开始自 1615 号罐向 1613 号罐转罐，此时 1613 号罐液位为 5.09m。11 时 20 分，1613 号罐液位为 5.62m，储存石脑油 1345t（表 2-2）。

表 2-2　10 时至 11 时 25 分 1613 号罐、1615 号罐液位变化情况

项目	1613 号罐	1615 号罐
10 时液位（mm）	5085.32	5920.11
11 时 25 分液位（mm）	5617.73	5329
液位变化（mm）	+532.41	-591.11
吨位变化（t）	130.866	145.294

11 时 30 分左右，1613 号罐发生闪爆，罐顶撕开，并起火燃烧。现场操作人员立即停泵，启动各个储罐冷却水喷淋，并进行转油、关阀等应急处理。作业人员发现 1615 号罐冷却喷淋管线损坏，在火灾初期无法对 1615 号罐进行冷却保护。

企业消防队接警后迅速调派 15 台消防车赶赴现场灭火，并通知蒸馏、重整等有关装置降量生产。上海市先后调动 50 多台消防车赶赴火灾现场。14 时左右，火势得到控制。14 时 37 分，火被扑灭。14 时 47 分，罐内发生复燃，因罐体严重变形，消防泡沫很难打到罐内，彻底扑灭罐内余火难度较大。18 时 40 分左右，现场指挥部在确保安全前提下，组织消防人员沿油罐扶梯爬到罐上部，将消防泡沫直接打到罐内。19 时 10 分左右，余火完全扑灭。

（三）事故原因

1. 直接原因

1613 号罐铝制浮盘腐蚀穿孔，导致石脑油大量挥发，油气在浮盘与罐顶之间聚集，罐壁腐蚀产物硫化亚铁发生自燃，引起浮盘与罐顶之间的油气与空气混合发生爆炸。

浮盘与罐顶之间形成油气空间的原因有：

（1）油罐付油过程中随着液面下降，浮盘顶部形成了一定的负压，黏附在油罐内壁上的油品汽化挥发。

（2）当油面降到浮盘支撑高度以下时，在浮盘下形成一个浓度较高的油气空间，油气通过浮盘的检尺孔、通气孔等扩散至浮盘上方，充满了整个油罐空间。

（3）浮盘密封圈不严或浮盘腐蚀。1613 号罐内浮顶铝皮表面不均匀分布着一些白点，除去上面白色的氧化物，某些白点下面已经穿孔，直径在 1~3mm 之间，如图 2-38 所示。靠近罐壁位置的浮盘铝皮白点较多，中间较少，内浮顶约 20% 部位有此情况。

部分石脑油罐的浮盘存在不同程度的泄漏，1654 号罐浮盘与罐顶之间的油气浓度已经达到 1.0% 以上。发生爆炸的 1613 号罐浮盘的腐蚀穿孔现象严重，导致油气挥发，在浮盘与罐顶之间形成油气和空气的爆炸性混合气体。

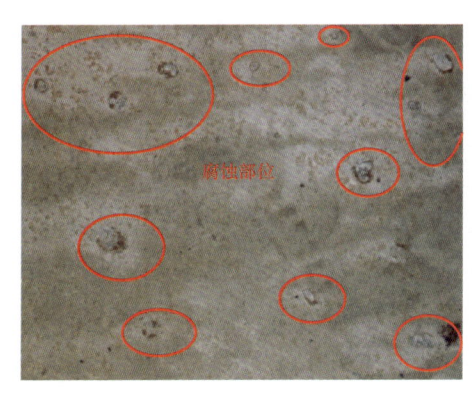

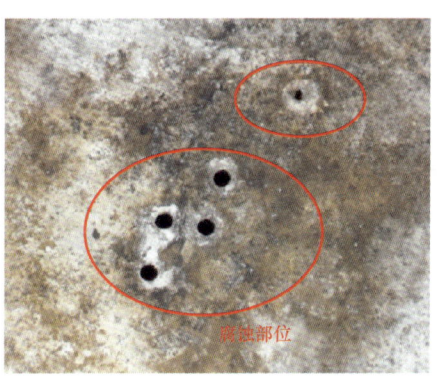

图 2-38　浮盘腐蚀情况

5月12日，对1613号石脑油罐内油品进行硫含量分析，检测结果为436mg/kg，硫含量偏高，对罐壁造成严重腐蚀。5月11日，抽尽1613号罐油水后，打开1613号罐底人孔，发现1613号罐浮盘已经沉到罐底，观察1613号罐内浮盘上有大量腐蚀产物，厚度在1cm以上。5月12日，在1615号罐内石脑油倒空后，打开1615号罐底人孔，发现浮盘已经落底，浮盘支撑完好，经测量，罐底腐蚀产物厚度在20cm左右。

事故调查组分别对1613号罐底人孔盖、浮盘边缘、1615号罐底腐蚀产物进行取样，经经验分析，1613号罐底人孔处由于与空气不接触，硫化亚铁未被氧化，硫含量偏高，1613号罐浮盘边缘长期与空气接触并经燃烧，硫含量偏低。对样品中的硫铁化合物进行射线分析，样品中硫铁化合物的结构形式主要为Fe_3S_4和FeS_2。

在浮盘上形成的呈多孔间隙状的厚堆积层，硫化亚铁与空气中的氧接触后发生氧化反应放出热量，某处过厚的、具有较大比表面积的堆积层的散热速度不足以使其内部放热反应所产生的热量及时散发，热量逐渐在堆积层累积，内部温度升高，超过硫化亚铁自燃点，发生自燃。

2. 间接原因

设备腐蚀和监督检查不到位，2003年至今只做过一次内壁防腐，石脑油罐壁和铝制浮盘严重腐蚀。

（四）事故教训

（1）严格控制进罐油品硫含量，从源头上消除事故隐患。加强工艺管理，以原油评价作为指导，制订优化加工方案，对原料的硫含量进行控制，控制硫腐蚀。

（2）加强含硫油品内浮顶储罐的防腐，采用涂料保护、渗铝、化学镀等技术防止硫腐蚀。

（3）加强油罐腐蚀监测，定期进行清罐检查，定期清理罐内形成的硫化亚铁，减少自燃概率。

（4）加强对内浮顶储罐浮顶上方气相空间气相的监控，避开燃爆区间操作。

（5）探索罐区气相连通采取惰性气体保护的可行性，在减少氮气消耗的情况下，防止气相形成燃爆混合气体。

（6）按一般观点，内浮顶储罐储存甲$_B$、乙$_A$类液体可减少储罐火灾发生概率，根据设计罐内基本没有可燃气体空间，一旦起火，也只能在浮顶与罐壁间的密封装置处燃烧，火势不大，易于扑救。但在实际中，浮顶与罐壁之间的密封不可能做到非常严密，浮顶上下浮动时，附着在罐壁上的油挥发，必然会在浮顶与罐顶间产生油气空间。并且，由于石脑油中硫含量较高，罐壁和罐顶的腐蚀较为严重，产生的硫化亚铁积存在浮盘上，成为潜在点火源，一旦发生自然，必然会引起油气和空气的混合物发生火灾或爆炸。

按照 GB 50160—2008《石油化工企业设计防火规范》，储存甲$_B$、乙$_A$类的液体应选用金属浮舱式浮顶或内浮顶罐，对于特殊要求的物料，可选用其他类型储罐。第 6.2.3 条要求，储存沸点低于 45℃的甲$_B$类液体宜选用压力储罐或低压储罐。石脑油沸点为 35～156℃，并且石脑油硫含量高，对罐体腐蚀严重，产生的硫化亚铁易发生自燃，根据上述规范，应选用压力储罐或低压储罐。

建议按照《石油化工企业设计防火规范》，对新建石脑油罐采用固定顶压力储罐，但从目前的情况来看，有很多企业石脑油储罐使用内浮顶罐，短期更换为固定顶储罐的难度较大。

建议对在用石脑油储罐进行检查，调查罐体腐蚀情况以及硫化亚铁沉积情况，对浮顶上方气相空间气相组成进行监控，对浮盘进行检查，针对检查情况采取必要的防范措施。在没有条件采用压力储罐的情况下，采取向罐内通入氮气等惰性气体保护的措施，避免硫化亚铁与空气接触。

三、某石化公司"7·12"石脑油罐火灾事故

（一）事故概况

2009 年 7 月 12 日 9 时 50 分，某石化公司炼油厂建北罐区岗位人员巡检发现 13 号石脑油罐（罐容 5000m³）在装车过程中出现轻微冒烟并起明火，车间人员立即进行灭火处置并报警，石化公司消防队接警紧急出动，半小时后火被扑灭。

（二）事故经过

2009 年 7 月 12 日 9 时 50 分，正在建北汽油主操室交接班的操作人员及管理人员听到汽油罐区有异常响声，车间工艺管理人员、大夜班班长等立即到室外查看，发现正在销售中的 13 号罐罐顶有白色烟雾冒出，随即有黑烟升起，罐顶出现火苗，立即报火警，消防支队的 9 台消防车 4min 内赶到现场实施灭火，在全力扑救 13 号罐火势的同时，现场架设移动式消防炮对相邻的 14 号、11 号油罐进行喷淋降温。于 10 时 30 分火被扑灭。

在火灾扑救过程中，13 号内浮顶罐的固定式泡沫灭火系统在两条泡沫线受损的情况下，仅有的两个完好固定泡沫线持续向罐内打入消防泡沫，在半个多小时内完成灭火战斗中发挥

了不可替代的作用，而受损的两条消防泡沫线喷出的泡沫对罐壁的直接冷却也对罐壁的保护起到重要的作用。

（三）事故原因

13号罐由于长期储存硫含量较高的石脑油，罐内壁腐蚀严重，内防腐层部分脱落，罐壁被腐蚀，形成一层较厚的、柔性很强的胶质膜，罐顶及长期处于气相空间的罐壁因硫腐蚀产生大量硫化亚铁。在事故发生前的油品转输过程中，由于液位下降，大量空气被吸入并充满油罐的气相空间。原来浸没在浮盘下和隐藏于防腐膜内的硫化亚铁逐渐暴露出来，与空气结合发生氧化反应，迅速发热。由于胶质膜对硫化亚铁的保护作用，氧化反应释放的热量不易及时扩散，使局部区域温度急剧上升，造成罐内浮船上部油气闪爆，从而引发火灾事故。

（四）事故经验教训

（1）加强危险化学品储罐压力、温度和液位等检测仪表的检查和校验，防止出现误指示。对于罐区泡沫发生器、消防阀门、消防水炮（栓）等消防设施定期检查，确保事故状态下完好。

（2）在炼油装置生产过程中，应严格控制石脑油中碳四和碳五等轻组分的含量，防止在储存过程中由于气温高轻组分物料挥发产生危险。

（3）加强对储存石脑油和汽油等轻组分内浮顶储罐浮盘和罐内壁防腐的检查，防止浮盘倾斜，确保设备防腐层完好。

（4）按照有关规定与规范要求，定期对常压储罐进行全面检查与检验，尤其是避雷针等防雷设施。静电接地系统要保证完好，并按照要求定期检测接地电阻。

（5）对于关键高危险部位按照规范设置电视监控探头，及时发现问题。

四、某炼油厂轻污油罐闪爆事故 [15]

（一）事故概况

2012年5月，某炼油厂一台5000m³内浮顶轻污油罐，在检修作业时发生着火爆炸，该污油罐罐顶被炸飞，罐壁被炸塌。事故造成一台轻污油罐被炸毁，1人轻伤，直接经济损失8.05万元。

（二）事故经过

某炼油厂油品车间151号轻污油罐是一台5000m³的内浮顶罐，罐体材质是A3F普通碳素钢，上一次刷罐是在2008年4月，将原来的钢制浮船改造为单盘式不锈钢（0Cr13）浮筒双蒙皮形式。该罐接收来自炼油厂南区各装置与罐区的轻污油和含硫污水，经沉降分离，污油回收至装置回炼，污水并入南区含硫污水管网，送至双塔处理。

此次刷罐处理是因为油罐底部积存油渣较多，经常造成机泵堵塞，且储罐周围气味较大，判断是内浮盘或密封损坏需要更换，车间组织对该罐进行处理。首先将罐内油品倒走后，往罐内注入了 50t 消防水，清洗、稀释罐内残渣，然后用机泵抽走，罐内还留有部分残渣无法抽出。

5月16日到17日进行蒸罐。5月17日，又往罐内注入了大约5t左右的钝化剂，对罐内油渣进行钝化中和。5月21日开始，由清污单位从脱水阀接胶管抽出罐底钝化残渣拉走后处理。到5月25日，剩余残渣也无法抽动，钝化施工单位准备再往浮盘上部注入钝化剂，对浮盘上部进行钝化处理。16时20分左右，清污单位的施工人员将高位人孔打开后，罐内有大量瓦斯涌出，钝化单位的施工人员没有在意，开始向罐内浮盘上部喷射钝化剂。

16时40分左右，车间监护人员发现高位人孔内有火苗闪动，连忙呼叫钝化人员撤离，两名钝化人员刚刚离开，该罐就发生了爆炸并起火燃烧，直径22m的罐顶被炸飞近10m远，撞到东北侧的灯塔后掉落在管线上。消防队员赶到现场后，立即进行扑救，半小时左右将火扑灭。

（三）事故原因

从该罐的处理情况分析，稀释罐内残渣、蒸煮罐内油气、中和罐内硫化亚铁等基本的处理步骤是正确的，该罐进行处理前也制订了处理方案，但是在方案执行和现场的安全管理上存在较大的漏洞，事故的直接原因是罐内的硫化亚铁氧化自燃引燃了罐内的油气。

（1）该罐收储的介质中含有大量的汽油组分，闪点很低，装置生产不正常排放时，还会有大量的轻烃进入罐内，火灾危险属于甲类易燃液体。该罐在蒸罐过程中使用一根 DN20mm 的蒸汽胶管插到罐内进行蒸罐，胶管没有进行很好的固定，蒸汽量严重不足，罐内油气没有得到有效蒸发，高位人孔打开时，曾有瓦斯大量逸出，随后空气从高位人孔进入罐内形成对流，造成罐内硫化亚铁氧化自燃，引燃了罐内油气，造成爆炸。

（2）该罐收储上游装置来的轻污油中含硫等杂质较多，含硫油气与储罐罐壁、输油管线内壁等设备发生反应，形成大量的硫铁化合物沉积在罐底的油渣和浮盘内，在高浓度油气和油渣的环境下无法接触空气，没有氧化。事故后检查发现，该罐的内浮盘多处已经腐蚀呈筛网状，无法有效隔离油气，在内浮盘的上部空间实际上充满高浓度的油气，高位人孔的打开，使得油气外溢、空气进入，造成硫化亚铁氧化自燃。

（3）清罐间隔时间长，罐内积聚了较多的油渣。上游常减压装置减压塔塔顶轻污油的油渣、焦化装置来的轻污油携带的石油焦粉末以及催化装置的催化剂粉末也都进入该罐，沉降在罐底，该罐倒完油后，局部尚有约 600mm 厚的油渣无法抽出，油渣内存有大量的可燃油品和硫铁化合物。

（4）处理作业方案不够完善，对罐内残余油渣的危害认识不足，对钝化作业盲目乐观，认为已经注入过钝化剂，没有考虑到油渣和铁锈数量过多，钝化剂量不足，无法充分有效中和罐内的硫化亚铁；同时，对蒸罐效果没有进行确认，上人孔打开时，罐内油气浓度远高于爆炸极限范围。

（5）施工作业人员安全意识不强，车间安全管理不到位。上人孔打开后，作业人员发现罐内有大量油气外溢，没有意识到蒸罐未达到应有的效果，此时应及时关闭人孔，重新对储罐进行蒸煮，而施工人员却继续作业，导致空气进入罐内，失去了控制事态发展的最后机会。

（四）事故教训

（1）加强对蒸罐效果的控制。从事故原因分析中可以看出，用DN20mm的胶管蒸罐，使蒸罐这个关键步骤流于形式，没有起到蒸发油气的功效，罐内大量的油气成为起火爆炸的主要原因之一。应该使用带扩散管的入口管线进行蒸罐，同时保证充足的蒸罐时间和蒸汽量，使罐内油气彻底挥发，消除罐内的燃烧、爆炸条件；一般应保证罐顶见汽72h以上。蒸罐时要注意，因罐内油气和硫化氢挥发到大气中，需通知附近单位职工注意加强自我保护意识。

（2）采用耐腐蚀的罐体材料或采用喷砂除锈、喷铝等先进的罐内防腐技术，对罐内进行整体防腐，或采用氮封系统，向罐内注入保护氮气，减少罐壁与含硫介质的反应，从根本上减少腐蚀产生的硫铁化合物。

（3）缩短清罐间隔时间，减少油渣、铁锈的积聚。中国石化《轻质油储罐安全运行指导意见》中要求，对加工高硫和含硫原油的企业，当轻质油储罐未采取氮封或内防腐处理等特殊安全措施时，全面清罐检查周期不应超过两年。上游生产装置也应严格工艺操作管理，减少轻烃、石油焦粉、催化剂粉末的携带量。

（4）完善轻污油罐的处理作业方案并严格执行，熟悉掌握钝化剂的钝化原理，合理计算、使用相应数量的钝化剂，保证钝化效果。内浮盘上部钝化操作时，应注意做好钝化设备的接地，控制钝化剂的喷射速度，防止流速过快产生静电。

（5）打开人孔前，应做好罐内可燃气体浓度的确认工作，可以从罐顶通气孔或者采光孔取样分析可燃气体浓度，当可燃气体浓度不大于0.2%（体积分数）时为合格，可以打开高位人孔。从脱水阀处采样分析内浮盘下面的可燃气体浓度，合格后可以打开低位人孔。如果可燃气体浓度超标，需重新进行蒸罐处理。

（6）低位人孔打开后，清罐人员佩戴正压式空气呼吸器进入罐内清理油渣，此时要随时注意罐内油气浓度变化，防止搅动罐底油渣使沉积的油气和硫化氢气体挥发，造成着火、爆炸或人员中毒事故。如果可燃气体和有毒气体浓度升高，应立即组织人员撤出罐外，关闭人孔，再次进行蒸罐。

（7）加强施工管理和施工监护，发现异常情况应及时汇报并采取相应措施，控制事态发展，而不能漠然视之或冒险蛮干。车间管理人员、施工组织人员及作业人员要熟知施工方案，严格按照方案执行。

五、某海洋平台"4·8"储油罐闪爆事故

(一)事故概况

2013年4月8日8时12分,在对某海洋平台储油罐顶涂敷环氧树脂以粘补玻璃钢加强过程中,储油罐发生闪爆,造成2人死亡,1人受伤。事故储罐如图2-39所示。

图2-39 发生事故的原油储罐

(二)事故经过

2013年4月8日上午,施工队伍准备对储油罐顶涂敷环氧树脂以粘补玻璃钢加强。办理完冷工作业许可证后,3位作业人员经由原油B罐到达D罐罐顶,准备进行D罐顶部涂敷环氧树脂作业。8时12分,当前面两个作业人员到达D罐罐顶时,D罐发生闪爆(现场突然出现较大的声音,D罐顶部鼓起,冒出黑烟),一位人员掉落在D罐和B罐中间的甲板上,头部旁边是一处凸出甲板面的电缆护管和B罐与D罐间的管线法兰连接处,所在甲板有一摊血迹;另外一名在附近蹲着受轻伤;第三位失踪,直到13时值班船在平台西侧约3n mile❶处找到落水身亡的第三位作业人员。

(三)事故原因

1.直接原因

技术组认为事故最可能的主要原因之一为硫化亚铁自燃引起罐内混合气体闪爆,但检验结果不足以完全排除静电火花引发闪爆的可能性:

由于作业人员的工作服、工作鞋及使用的压缩风胶管均不具备防静电性能,其在移动时会摩擦产生静电,由于静电不能及时导除而积聚,在身体部位或手持的胶管前端的金属短管靠近或接触金属物件时,可能发生静电放电,引燃泄漏的可燃气体,进而通过破损点、呼吸阀(因阻火器失效)等进入事故储罐内。

---

❶ 1n mile=1852m。

由于罐顶腐蚀较为严重，腐蚀物会形成结片，在施工人员经过时，可能由于振动使结片剥离掉落，静电放电产生火花。

2. 间接原因

（1）对硫化亚铁自燃的风险认识不足。由于油品含硫量低，因此一直未充分认识到硫化亚铁的风险，也未系统地识别出硫化亚铁可能自燃导致储罐内混合气体燃烧和爆炸的风险，是导致事故发生最主要的系统管理原因之一。

（2）设备本质安全存在缺陷。由于设计年代较早，虽然该设计符合常压储罐的设计标准，但这种固定顶储罐加呼吸阀的模式可能导致罐内存在爆炸性混合气体，存在一定的隐患。而在日常使用过程中，对于老旧原油储罐操作及检修未做系统的检测和评估，导致长期腐蚀，罐内存在硫化亚铁。此外，经本次修复的罐顶黏结处可能仍然由于修补存在缺陷导致仍有破损，在呼吸阀阻火器失效的情况下由于外部静电释放火花并与罐内少量外散的气体产生了较大火花，火花通过黏结处的破损或呼吸阀阻火器返回罐内，引起罐内存在的可燃气体混合物闪爆。

（3）个人保护设备和工具有缺陷。工人使用的工服和工鞋在事故发生时已不具备防静电性能。压缩空气胶管带钢制喷头不符合防静电要求；胶管本体不具备防静电性能。现场管理人员对于作业人员的劳保用品、工具等已经不具备防静电性能的状况缺乏判断和管理，且缺少有效的判断依据及管理手段。

（4）罐内存在爆炸性混合气体。由于该罐属于原油储罐，事故前一天外输作业后，空气由呼吸阀进入罐内，与原油挥发的可燃气体混合后，达到爆炸极限范围。但作业人员未能识别出油罐内的可燃气体混合物达到爆炸极限的爆炸风险，作业现场的管理制度执行不到位。在各原油储罐内存有油气并实施倒罐、外输等作业，在罐内存在可燃气体混合物的情况下，平台管理不严格，作业过程控制不到位，人员持续在罐顶作业，暴露于风险环境。

（四）事故教训

（1）加强现场人员使用的防静电劳保用品的管理，在检验手段和标准不明确的情况下，建立强制更换制度，确保现场使用的防静电工作服及工具有效。

（2）针对静电和硫化亚铁的认识不足，组织全员培训。

（3）规范和加强储罐（尤其是使用时间较长的）的检测和清理。按照行业标准对相关设备进行检测和评估，根据评估结果，制订相应措施和设备管理制度。

（4）加强储罐作业前的风险分析，尤其对储存含硫油品储罐要注意硫化亚铁自燃的风险分析和控制措施，要完善管理制度，补充相应的管理要求。

（5）加强人员资质管理。及时安排人员参加换证培训，确保合规。

（6）考虑增加惰性气体保护装置，确保原油储罐的本质安全。

（7）事故单位应举一反三，全面排查类似的原油储罐，对于排查出来的隐患组织专项治理，避免重特大恶性事故的发生。

> **案例警示要点**
>
> （1）防止可能产生的硫化亚铁长期暴露在空气中。
> （2）存在硫化亚铁的储罐按要求进行钝化处理。

第五节　泄漏事故/事件

外浮顶储罐在使用过程中，由于材料的腐蚀、老化、维护保养不当以及操作等原因，时常发生泄漏事故/事件。如果泄漏事故/事件不能得到及时有效处理，可能会引发严重的火灾、爆炸以及环境污染事故。本节收录了多种类型的外浮顶储罐泄漏事故/事件，并对事故/事件原因进行了详细分析，以期对大型外浮顶储罐泄漏预防及应急处置提供参考。同时本节还收录了其他类型储罐的典型泄漏事故/事件，尽管储罐结构形式不同，但对大型外浮顶储罐泄漏管理同样具有借鉴作用。

一、某企业"7·27"原油罐基础泄漏事件

（一）事件概况

2016年7月27日，某企业原油外浮顶储罐在进行自压付油作业时，发现基础泄漏，经快速有效处置，未导致严重后果。

（二）事件经过

2016年7月27日21时50分，操作员在现场巡检过程中发现T204罐基础漏油（图2-40）。204罐于2010年3月23日投产投用，发生泄漏时，罐内储存俄罗斯原油64500t，液位为13.3m，正在向T204罐进行自压付油作业。

图2-40　基础泄漏现场

当班操作员立即启动应急预案，公司领导、管理人员及公司相关单位的领导与人员及时赶到现场组织进行了以下应急处置：

（1）停止库区其他油罐的收付作业。

（2）检查确认T204罐的雨水阀门、雨污切换阀门全部关闭，并打开罐区外雨水井盖，监督雨水系统没有污油外漏。

（3）组织人员对流淌在地面的原油进行围挡、清理。使用沙袋围堵罐组内地面的流淌原油，然后使用吸油毡、锯末、沙土等吸附原油。用吸油车在现场抽油。

（4）调整库区生产流程，将T204罐内的油品向罐区其他储罐紧急倒油，以便迅速降低储罐液位，减少泄漏量。

（5）利用库区消防稳高压系统，向T204罐内注水，减少泄漏量。

（三）事件原因

1. 直接原因

罐底板腐蚀导致原油泄漏，腐蚀坑如图2-41所示。

图2-41 罐底板腐蚀坑

2. 间接原因

（1）油罐设计采用内壁防腐金属热喷铝、外加封孔涂层保护的方式，没有充分考虑该方案在储罐储存高含硫原油和罐底部沉积水工况下的可靠性和实际使用效果。

（2）油罐的设计、采购、制造、安装、验收这些环节当初在建设期就把关不严，留下了安全隐患。

（3）风险辨识不到位。没有充分认识到油罐腐蚀如此之快而带来的风险。

（四）事件教训

（1）对大修油罐采用牺牲阳极阴极保护系统，保护年限至少为一个检修周期，保护范围为油罐底板上表面和罐底以上2m罐壁内表面。对大修油罐防腐设计时，应充分考虑劣质原油腐蚀介质和罐底部沉积水的因素。

（2）罐底上表面及罐壁下部2m采用无溶剂环氧涂料。

（3）严格控制防腐施工过程，从喷砂除锈、防腐蚀涂层涂刷遍数、各层厚度，干膜厚度到牺牲阳极块的安装,确保过程质量保证体系和责任落实。

(4)大修油罐清理后进行全面检验,对存在的设备问题进行全面整改。

(5)加强设备管理基础工作,定期对油罐进行检验和检查。

(6)油罐的检测和防腐蚀工作应引起高度重视,设备管理要紧跟规范,根据原油品种复杂程度以及实际收付频次等情况而导致的腐蚀程度,甚至要严于规范的要求。

二、某库区中央排水装置漏油事件

(一)事件概况

2019年4月,某库区1号罐西侧中央排水管下端排水阀及地面有原油渗漏痕迹,排水阀无原油流出,如图2-42所示。库区组织中央排水管厂家、该储罐原大修施工队伍现场反复多次确认,经确认,该储罐西侧中央排水管已损坏,导致排水阀有原油放出,如图2-43所示。

图2-42 高液位时无原油流出

图2-43 低液位排水阀开度3扣时漏油情况

(二)事件经过

该储罐2008年12月投产,2015年9月发生过东侧中央排水管漏油事件,考虑到该储罐即将到达大修周期,随后安排清罐检修,并于2016年9月投产。自大修完至储罐再次出现中央排水管漏油事件,共两年半时间。

为确保该储罐安全运行,对该储罐进行了清罐检修工作。清罐后,发现存在以下问题:

(1)西侧中央排水管已从支架上掉落至罐底板,落底位置距离支架约2060mm,浮船立柱紧贴下折管,中央排水管压住罐底牺牲阳极块。

(2)西侧排水管下铰链支座下方利旧的方形加强板已从原位脱焊滑移,并发生120~220mm位移(图2-44),方形加强板四周角焊缝焊高低于加强板厚度(10mm),目视检测焊高4~5mm(由于角焊缝沾满原油,无法用焊接检验尺准确测量)。该方形加强板未在2015年大修内容中体现。

(3)经充水打压试验表明,西侧中央排水管下复合软管内的波纹管与硬管连接处6~8点钟位置泄漏,如图2-45所示。

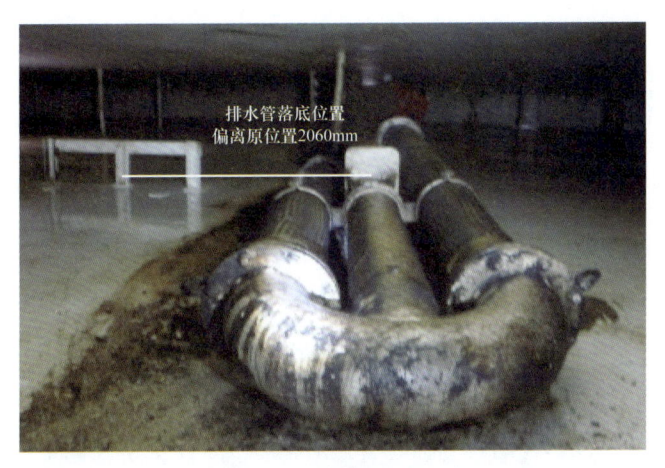

图 2-44　现场偏离位置

图 2-45　中央排水管下复合软管内波纹管与硬管连接泄漏处

（三）事件原因

（1）经查，发现 2015 年大修时，应对方形加强板进行焊接，但在实际施工过程中，原方形加强板进行利旧处理，未识别出可能存在脱焊现象。

（2）经对方形加强板进行受力计算，发现当方形加强板焊脚高度不小于 8.64mm 时，焊缝强度才能满足现有使用工况，但现场焊缝的实际焊脚高度仅约 4mm。

（3）经建模分析，在不满焊条件下，在低于 7m 开启罐内旋转喷射搅拌器时，焊缝撕裂的可能性较大，当条件更加苛刻时，焊缝撕裂进而整体会受到破坏。

（4）利旧的方形加强板中间没有用于焊接加强的方形孔，实际情况比建模的情况更严重、更恶劣。

（四）事件教训

（1）对于使用该类型中央排水管的储罐，旋转喷射搅拌器的开启液位提升至 7m。

（2）储罐大修时，对于该类型中央排水管，更换下铰链方形加强板施工时，严格按照规范焊接角焊缝，并将该部位焊接列为关键点控制。委派专业人员负责焊缝质量检查工作，确保焊接作业符合要求。

（3）强化变更管理。对需要利旧、变动的工程内容履行相应手续，经审批通过后实施。

三、某库区中央排水管疲劳开裂事件

（一）事件概况

2015年9月，某库区7号储罐西侧中央排水管漏油，经及时有效处置，未造成严重事故。

（二）事件经过

2015年9月，某库区7号储罐西侧中央排水管漏油。该储罐内部装有旋转喷射搅拌器，使用频率较低，开启高度为4m，在可查到的记录中，很少有低于4m进行搅拌的情况。

为避免原油泄漏，该库区制订了临时管控措施：一是变更了西侧中央排水管下端中央排水阀状态，由全开变更为全关；二是由专人管控该储罐中央排水管下端的排水阀，下雨时迅速到达该储罐，打开中央排水阀，让浮顶雨水及时通过中央排水管流出；三是下雨时，密切关注该储罐浮顶情况，避免雨水流通不及时出现浮盘倾斜、卡盘等现象。

（三）事件原因

该储罐使用分轨式中央排水管，储罐在运行过程中，存在过低液位搅拌现象。排水管软管在搅拌器的作用下，呈现简谐运动；排水管软管接头的应力状态非常复杂，在不同的时间点上会同时存在拉伸和压缩状态；旋转喷射搅拌器喷射的原油压力不直接作用于软管接头位置，而是通过软管的变形再回作用于接头；储罐低液位时，排水软管靠近旋转喷射搅拌器喷口，喷射速度较高，对软管冲击作用更为强烈。

综合上述分析，长时间的简谐振动使排水管软管处于动态的拉伸、压缩、扭曲和剪切作用力状态之下，导致排水管软管内部刚性波纹管与法兰连接处疲劳开裂。

（四）事件教训

为延长该类中央排水装置使用寿命，将旋转喷射搅拌器开启高度提升为6m。

四、某库区储罐加强圈部位漏油事件

（一）事件概况

2015年9月，某库区员工巡检时，发现该库区2号罐外壁保温板有漏油现象，如图2-46所示。为查清漏油原因，对漏油部位进行了拆解检查。

（二）事件经过

该储罐为钢制单浮盘内浮顶储罐，储存介质为柴油。2014年3月，员工巡检时发现该储罐外壁保温板有漏油现象。考虑到该储罐已到大修周期，于是进行了清罐检修。检测时发现漏油部位壁板存在腐蚀穿孔现象（图2-47），于是进行了贴板处理。但由于检测不全面，未发现已腐蚀穿孔部位对面壁板也存在腐蚀坑现象，2015年再次发生壁板腐蚀穿孔漏油事件。

图 2-46　罐外壁泄漏痕迹

图 2-47　腐蚀孔

（三）事件原因

该储罐外保温骨架落在加强圈上，保温棉与保温板和加强圈紧密接触（图2-48），雨水不能及时从加强圈部位排出，同时保温棉存在吸水现象，导致加强圈部位罐壁腐蚀穿孔，发生漏油事件。

图 2-48　储罐加强圈与保温棉和保温板紧密接触

（四）事件教训

检测时，打开靠近盘梯部位加强圈处保温板，对于保温骨架落在加强圈、保温板吸水现象的储罐，在大修时上移保温骨架。大修时，对于保温骨架未落在加强圈但保温板落在加强圈的储罐，切割 5cm 保温板，让加强圈部位罐壁直接外露，便于雨水快速挥发（图 2-49、图 2-50）。

图 2-49　改造后的外保温骨架

图 2-50　改造后的加强圈部位保温骨架

五、某库区集水坑漏油事件

（一）事件概况

2018 年，某库区 4 号储罐底部中央排水装置下端放水阀漏油，经及时处理，未发生严重事故。

（二）事件经过

2018 年，某库区员工综合巡检时发现该库区 4 号储罐底部中央排水装置下端放水阀漏油（图 2-51），泄漏原油排放至含油污水处理装置。经查，发现上部中央集水坑内存有原油（图 2-52）。

图 2-51　中央排水阀漏油

图 2-52　中央集水坑漏油

该储罐为某公司当年计划检修罐，清罐队伍正在办理进场手续。发生漏油事件后，该库区立即组织清罐处理。

（三）事件原因

该储罐在建设时期，中央集水坑底部"托盘"偏小，且焊接质量差，仅焊接一遍。在建设完成后，未检查出该问题。随着该储罐投运，"托盘"上部填充物与集水坑边出现缝隙，雨（雪）水沿着缝隙到达焊缝边缘，随着温度降低，雨（雪）水成为冰，体积膨胀导致焊缝开裂，如图 2-53 所示。春天时气温升高，冰融化后罐内原油从开裂焊缝溢出，导致中央排水装置下端中央排水阀漏出原油。

图 2-53 中央集水坑开裂焊缝水阀

（四）事件教训

（1）大修时检测中央集水坑焊缝，并进行加固处理。
（2）所有储罐集水坑进行防水及坡度处理，如图 2-54 所示。

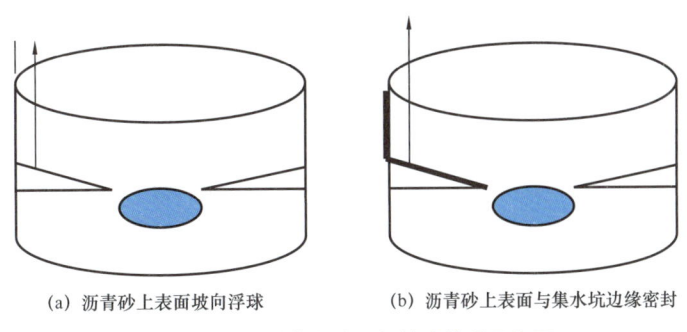

(a) 沥青砂上表面坡向浮球　　(b) 沥青砂上表面与集水坑边缘密封

图 2-54 中央集水坑上部坡度处理示意图

六、比利时油品储运罐区"10·25"储罐泄漏事故[16]

（一）事故概况

2005 年 10 月 25 日 18 时 9 分左右，比利时一座油品储运罐区原油储罐大约 37000m^3

原油几乎在 15min 之内全部泄漏，有少量原油冲出堤坝泄漏到罐区外。直到 2005 年 11 月 18 日，这次事故处理才正式结束。

（二）事故经过

比利时一座油品储运罐区的外围是一个土质的大型堤坝，内部包含 7 座储罐。在这些储罐之间设有较小的内部围堰。4 个罐体容量均是 40000m³ 的原油储罐，代号分别为 D1、D2、D3 和 D4。2 个罐体容量均是 24000m³ 的盛装原油或含有原油的雨水和不合格油品的多功能储罐，代号分别为 D10 和 D11。1 个罐体容量是 730m³ 的废弃小型储罐，代号为 D26。

原油从荷兰鹿特丹港口由管道输送到这个储运罐区，在这个位于斯凯尔特河左岸的储运罐区停留一段时间之后，油品再通过管道由机泵输送到位于斯凯尔特河右岸的炼油厂，进行进一步的加工生产。

2005 年 9 月 12 日，D3 储罐发生了原油从罐底泄漏的小事故。因为发生事故的 D3 储罐底部没有被完全清理出来进行事故调查，所以直到 2005 年 10 月，这个事故的准确原因仍然不被人们所了解。当 D2 储罐发生大型事故时，才进行了 D3 储罐的清理作业，检查 D3 储罐的问题。

2005 年 10 月 25 日 18 时 9 分左右，D2 储罐发生较大泄漏。炼油厂中心控制室的操作人员收到了 D2 储罐的低液位报警信号。泄漏之前，D2 储罐装有大约 37000m³ 原油。位于炼油厂中心控制室的控制系统的液位记录显示，在一段时间的快速泄漏之后，D2 储罐几乎所有原油在 15min 之内全部泄漏。

D2 储罐泄漏时，各储罐的运行状况为：D2 储罐的原油液位达 75%；D4 储罐的原油液位未满；D1 储罐和 D3 储罐是空罐，处于维修之中；D10 储罐装满不合格的油品；D11 储罐是空罐。

D2 储罐内的原油在如此短时间内完全泄漏产生一个巨大的冲击波，冲击波冲向几米高的土质大型堤坝。由于堤坝较高，仅有少量原油冲出堤坝泄漏到罐区外边。泄漏的原油充斥在整个罐区的内部围堰（40000m²）之内，油层厚度达 1m，如图 2-55 所示。

泄漏发生后，储罐向前倾斜，一部分储罐的基础无法看到。炼油厂消防队、附近社区和城市消防队开始了大规模的应急行动，利用消防灭火泡沫覆盖整个油品储运罐区。214t 灭火泡沫从炼油厂、其他石油化工公司、社区和城市消防队汇集起来，计划利用这些泡沫覆盖这个巨大的油品储运罐区。然而，由于当天傍晚强劲的大风和罐区面积较大，没有成功实现整个储运罐区的灭火泡沫全覆盖。另外，大风阻止了泄漏区域上空形成爆炸性空气云，挥发性气体没有被引燃。

在事故发生后，立即以安全的方式进行罐区原油清理作业，所有储存在罐区的原油立即通过油泵输送到炼油厂，并且罐区围堰之内的原油也利用现有的排水机泵系统回收到 D4 储罐、D10 储罐和 D11 储罐。2005 年 10 月 27 日下午，罐区围堰内的大部分原油已经处理干净。随后通过卡车和推土机铺设沙层，利用沙子覆盖整个罐区围堰，气味得到了有效降低。在储罐之间的区域，通过吹沙的方式铺设沙层，并对全部储罐的稳定性进行检测。基础受损的 D2 储罐通过 4 台大型吊车进行稳定。直到 2005 年 11 月 18 日，这次事故处理才正式结束。

图 2-55　事故之后罐区围堰情况

（三）事故原因

1. 直接原因

对 D2 储罐的调查表明，由于储罐底板的内部腐蚀，在距离储罐罐壁大约 1.5m 的储罐底板小圆上的长条形区域的底板厚度几乎减到零，长度大约 35m，宽度大约 200mm。这个区域的储罐底板形成一个沟槽，沟槽上发现了内部腐蚀。储罐底板在上述的长条形区域上没有外部腐蚀，其他底板上没有严重的腐蚀。由于这个沟槽的形成，罐内存水不再流向排水系统。

沟槽中水的不断积累导致了储罐底板的严重腐蚀，腐蚀大大地减小了储罐底部钢板的厚度。由于小型泄漏，储罐底板下面密实的沙子充满了石油，因而形成了一种石油和沙子组成的流沙体。因为碎石圆环形基座具有许多小洞，它们最先充满了泄漏出来的石油，所以 D2 储罐最初的小型泄漏没有被发现。

在事故的第二阶段，储罐底板基础的支撑力大大地降低了（由于沙床的流体化作用）与储罐底板承受原油静压的共同作用，储罐底板上的整个腐蚀沟槽发生了纵向破裂。泄漏石油的冲击力冲毁了部分储罐底板和部分储罐基础。

2. 间接原因

罐底沟槽距离罐壁 1.5m 的区域正处于罐底环形板边缘之外，罐壁焊接在这个环形板之上。事故期间，罐底环形板边缘之外正常罐底钢板发生了撕裂现象。由于含有密实沙子的储罐基础发生了沉降作用，罐底沟槽可能形成于储罐建成后的首次静压试验时。

在含有粗糙石块的碎石环形储罐基础的附近区域，储罐在建造时难以用合适的方式夯实这个沙床。这时，储罐第一次承受重力负荷，这些沙子变得更加坚实，但是因为在环形碎石储罐基础中存在小型空隙，一部分沙子将被压进这些小型空隙。因此，在靠近环形碎石基础的罐底钢板附近，形成了一个罐底钢板的沟槽。

在 1990—1991 年完成的储罐内部检查期间，这个罐底钢板的沟槽没有被检测到，这可能是因为检测方是在储罐没有卸载的情况下完成的，这种情况下弹性变形可能部分隐藏了罐底钢板的沟槽。所有的罐底钢板都进行了目视的点腐蚀检测，并且对罐底两个垂直直径上的全部钢板进行了超声波检查。罐底钢板存在点腐蚀的地方都进行了维修。罐底钢板厚度超声波检查结果合格。

在罐底钢板的沟槽中，积存的水不能流向排水系统。沟槽中的滞留水加速了沟槽的腐蚀，导致罐底钢板破裂。事故发生之后，对该油品储运罐区所有其他储罐的罐底钢板都进行了细致的检查。检查表明，所有储罐在距离罐壁 1.5m 的罐底钢板处都形成了一个沟槽。

部分储罐沟槽的长度为几米，沟槽的超声波测厚检查表明沟槽附近的罐底钢板厚度发生了减薄现象。某些罐底钢板发现存在较小的穿孔现象；相反，D1 储罐的罐底钢板沟槽附近的钢板厚度从未低于 4mm，最初 D1 储罐罐底全面的厚度检测并没有检查到沟槽附近的钢板厚度发生了明显的减薄现象。而是在一名检查员做了一个罐底钢板超声检测后，才发现了一个小型沟槽。

超声波测厚检查表明，沟槽的钢板厚度减薄到 4mm。这些检查证明，2005 年 9 月 12 日发生的 D3 储罐的泄漏与 D2 储罐破裂具有相同的原因。与 D2 储罐不同，D3 储罐的沟槽长度要短些。在泄漏一段时间之后泄漏停止了，这可能是因为原油沉降堵死了罐底钢板的穿孔区域。

（四）事故教训

（1）在这次事故之后，公司检查了整个储运罐区内的所有储罐。检查表明，D2 储罐破裂的主要原因是罐底板形成沟槽，沟槽附近钢板严重腐蚀。

（2）对厚度和变形没有满足 API 653 质量要求的其他储罐的罐底钢板进行维修处理。检测其他储罐的基础，确认其是否具有足够的稳定性。

（3）在投运之前，所有的原油储罐都要涂装控制罐底钢板内部腐蚀的保护层。原油储罐罐底的沉降水要定期清除，分析化验沉降水的 pH 值。

（4）调整全部储罐的检查计划。在两次内部检查期间增加一次声波探测。基于声波探测的结果调整下次内部检查日期。在储罐内部检查期间，罐底板采用目视方式检查。只要罐底钢板存在任何可疑问题，就要进行罐底的全面检测。

（5）为了探测到早期的泄漏情况，在原油储罐上安装非正常液位变化报警监测器。

七、美国某公司"11·12"液体肥料储罐灾难性破裂事故[17]

（一）事故概况

2008 年 11 月 12 日 14 时 20 分，位于美国弗吉尼亚州的某终端公司的一个额定容量约 7570m^3 的液体肥料储罐（201 罐）发生灾难性失效，储罐垂直方向裂开，近乎瞬间释放了大量液体肥料，如图 2-56 所示。储罐坍塌破裂时，一名焊工及其助手正在储罐的另一侧作业，两名工作人员均受到严重伤害。液体肥料几秒钟内迅速漫过了储罐周围设置的二级围堰，涌入街道，阻断了邻近商业设施的 100 多名员工的出入，当地消防部门紧急疏散了附近社区的 43 户居民。此次事故中，至少有 757m³ 的液体肥料没有成功回收，部分液体肥料流入了 Elizabeth 河分支。

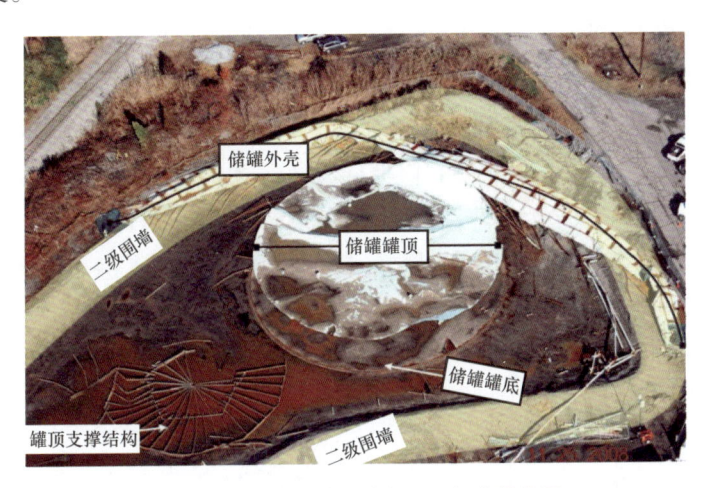

图 2-56 储罐外壳从底部和顶部直接分裂

（二）事故经过

2008 年 11 月 11 日，某公司在对 201 储罐外壁进行涂漆作业前，开始向储罐内充装液体肥料，试图找到并修复储罐外表面上形成的铆钉漏点。11 月 12 日约 14 时，充装 201 储罐至液位高度 7.9~8.2m，一名焊工及其助手开始对发现的铆钉漏点进行密封处理。焊工站在离地面约 4.6m 高的载人梯子上作业，助手位于附近的地面上。

14 时 20 分左右，201 储罐液位达到 8.1m 时，在两名作业人员另一侧的储罐外壳中部位置突然出现垂直方向裂缝，并迅速扩展到储罐底部和顶部。储罐内液体肥料形成的高压导致裂缝扩大，最终导致储罐外壳从底部和顶部直接分裂，储罐内部液体肥料迅速泄漏（图 2-56）。

坍塌的储罐外壳碰撞载人梯子，造成焊工严重受伤。同时储罐斜梯从储罐上脱落，刺伤地面上的助手。两名工作人员均短时间浸没在液体肥料中，附近工厂人员目睹了事故经过，并迅速救出两名受伤人员。液体肥料漫过二级围堰，造成一间设备维修厂房破坏，并导致附近社区大范围疏散。根据美国环境保护署估算，至少有 757m³ 液体肥料没有成功回收，一部分流入了距离事故储罐约 300m 的 Elizabeth 河。

（三）事故原因

201 储罐最初设计和建造于 1929 年，用于储存石油产品，直径约 35m，高约 9m。储罐外壳由大量相互覆盖的铆接板组成，每一块铆接板高约 1.8m，长约 4.3m。铆接板首尾互相连接形成 6 个环形路径，堆叠在一起组成储罐外壳。储罐环形路径水平方向上都是单排铆钉，而储罐底部两组环形路径上的铆接板端垂直方向上是三排铆钉，储罐上部四组环形路径上的铆接板端垂直方向上是两排铆钉，如图 2-57 所示。Allied 公司收购该设施之前，201 储罐内部增加了一个储罐底板。

201 储罐原设计是用于储存密度约 719kg/m³ 的石油产品，而 201 储罐现在储存的液体肥料 UAN32 密度约 1320kg/m³。为了提高储罐的可用容量，根据 API 653 的要求，该公司委托施工单位拆除储罐上约 0.46m 宽的外壁板（包括垂直方向上的铆钉接合点），替换为对接焊接板（对接焊接点强度能够达到和材料本身一样，铆钉接合点通常相对较弱），如图 2-58 所示。改造 201 储罐的目的是提高储罐接合点强度，增加储罐允许的最大液位高度，并委托施工单位对相似的 3 个储罐（202、205、209）进行了相同的改造。该公司对 201 储罐、202 储罐、205 储罐和 209 储罐的改造，没有按照 API 653 的要求得到有资质的检查员或有储罐设计经验的工程师的认可。

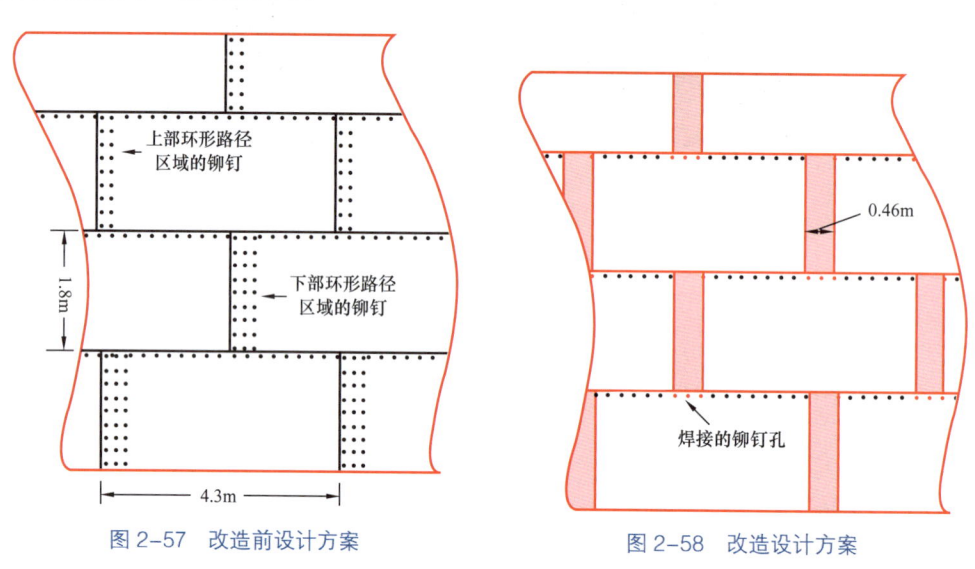

图 2-57　改造前设计方案

图 2-58　改造设计方案

API 653 要求焊接工艺和焊工应通过正式的性能试验的认可，符合《美国机械工程师协会锅炉和压力容器规范第九部分：焊接和钎焊资质要求》的要求。API 653 还要求，当钢材类型不确定时，应对服役储罐采用钢材的焊接性能进行验证，焊接性能测试涉及从储罐上取得焊接样品，并对其进行机械强度测试。Allied 和 G&T 公司都没有准备符合这些要求的合格的焊接程序。另外，虽然 G&T 公司的一些焊工之前有资格焊接相似的材料，但没有人有资格焊接 201 储罐钢材。

改造完成后，该公司委托一个无损检测公司采用局部射线照射技术检查储罐焊缝缺陷，但是只对 202 储罐和 209 储罐下部的两组环形路径进行了检测，并发现了多个焊接缺陷（根据文件记录，不确定这些焊缝缺陷是否都得到了修复）。202 储罐和 209 储罐上部环形路径以及 201 储罐、205 储罐整体在重新投入使用前都没有进行射线检测。

在该公司委托施工单位采用对接焊接板代替垂直方向铆接接合点方式实施改造前，另一家公司在 2000 年底和 2001 年初对储罐进行了检测评估，作为评估的一部分，基于 API 653 关于不确定材料类型采用铆接结构的规定，根据储罐最底部环形路径上的最小测量壁厚确定了储罐的最大液位高度。

2004—2007 年，某检测机构对储罐进行了检测，基于 API 653 关于不确定材料类型采用对接焊接垂直接合点的局部射线照射的要求，根据储罐最底部环形路径上的平均测量壁厚计算了 201 储罐、202 储罐、205 储罐和 209 储罐的安全充装高度。2007 年 9 月，检测评估报告发布后，检测公司根据从各储罐上获得的材料样品的测试结果（化学组分和机械强度测试），选择了一种已知材料类型重新计算，增加了 201 储罐、202 储罐和 209 储罐的安全充装高度（表 2-3）。

表 2-3 计算的最大液位高度

储罐	最大液位高度（m）		
	改造前	改造后	2007 年 9 月
201	5.7	7.8	8.2
202	5.2	8.0	8.4
205	7.9	10.7	—
209	5.9	9.3	9.8

垂直方向上铆接接合点的板材焊缝的失效原因是焊接点不满足关于储罐建造的广泛可接受的行业质量标准，焊接点没有穿透板材的全部壁厚。此外，焊接存在缺陷（焊缝中气泡形成的孔洞）和焊接材料不足问题，导致焊接点强度严重降低。如果按照 API 653 要求对焊接点进行射线照射检查，这些焊接缺陷很可能被发现并得到修复。此外，企业针对储罐建造或重大改造完成后储罐上作业以及储罐周围作业没有制定相应的安全程序和策略。

（四）事故教训

（1）建议公司委托有资质的、独立的审查员验证所有储罐的最大液位高度是否满足 API 653《储罐检验、维修、改造和重建》的要求。审查应验证关于焊接、焊缝检测、在役 / 停用储罐检测的所有要求是否满足，并把完整的储罐审查报告提交给有关组织和机构。

（2）建议公司针对储罐重大改造或服务变更后初始充装作业，建立并执行相应的工作人员安全操作程序，至少应要求储罐初始充装过程中所有人员撤离到二级围堰以外区域。

（3）建议检测公司执行肥料协会的检测指导规范，作为储罐检测人员培训和肥料储罐检测程序的内容。

（4）建议检测公司修订公司程序，要求储罐检测人员核实作为计算最大液位高度要求的射线检测是否得以实施。

（5）肥料协会应建议所有的会员企业把肥料协会储罐检测指导规范引用到终端的液体肥料储存承包合同中。

八、美国某公司"1·9"化学品储罐泄漏污染事故[18]

（一）事故概况

2014年1月9日，西弗吉尼亚州环境保护部（WVDEP）的检查人员到达西弗吉尼亚州查尔斯顿的某工业公司，检查人员发现396号储罐正在发生化学物质泄漏，泄漏的化学品为甲基环己烷甲醇（MCHM）原料和聚乙二醇醚的混合物。化学品从储罐底板两个腐蚀孔泄漏进入396号储罐周围的碎石和土壤中，由于防火堤存在裂缝和孔洞，化学品通过防火堤流入河流。泄漏的部分化学品从位于邻近储罐底部的地下涵洞进入了河流。事故导致公共饮用水被污染，约30万居民饮用水受影响，大范围商业、学校等公共部门停业。事故平面图如图2-59所示。

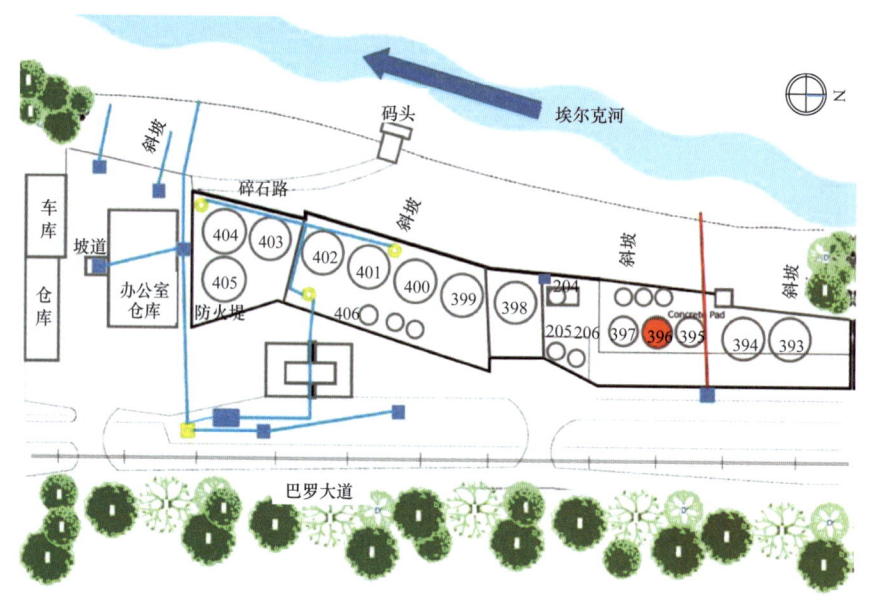

图 2-59　事故平面图

（二）事故经过

2014年1月9日，WVDEP收到投诉，怀疑西弗吉尼亚州查尔斯顿的某工厂有异常气味。当天10时左右，卡纳瓦郡"911"呼叫中心在距厂区约1.5mile❶的地方也收到异常化学气味的报告。WVDEP检查员大约在11时05分到达现场，并与工厂总裁会面，讨论气味投诉。大约在同一时间，一名员工报告MCHM原料储罐发生泄漏，随后总裁与WVDEP到达396号储罐附近的可疑泄漏点。发现泄漏如"泉水喷出状"，形成37.2m²的液池，7~10cm

---

❶ 1mile=1609.344m。

深。液池西北角位置化学品正在不断地流入一个直径约 30.5cm 的地下涵洞，同时从储罐防火堤下面和内部孔洞渗流至旁边的埃尔克河。

工作人员使用煤渣块和吸附剂进行处理，但吸附剂浮起，无法起到吸附作用，且企业现场没有额外的泄漏防护用品。WVDEP 检查员确定泄漏事件威胁到位于下游约 1.5mile 处的当地公共供水处理设施，命令该公司对其进行修复。11 时 56 分，WVDEP 通知水质和环境合规监督员（WVAW 监督员），有未知数量的 MCHM 泄漏到埃尔克河。13 时 05 分左右，一辆卡车抵达工厂，收集汇集的液体和剩余的罐内物品。13 时 30 分，公用水处理站认识到 MCHM 是一种起泡剂。14 时，公用水处理站河水样本中检测到异常气味。16 时，公用水处理站过滤器下游检测到异味。18 时，公用水处理站发布禁止使用的通知。21 时 30 分，州长宣布进入紧急状态。

（三）事故原因

API 储罐检查员对 396 号事故储罐进行了内、外部检查，确定泄漏源是位于 396 号储罐底板上的两个孔洞，直径分别约 1.9cm 和 1.0cm，如图 2-60 所示。通过对储罐材料样品进行结构检查，确定泄漏孔是由于点蚀造成的。点蚀从罐底板介质侧向土壤侧逐渐发展，最终形成穿透性孔洞，邻近的 MCHM 储罐底板上也存在类似的点蚀问题。

点蚀是一种局部腐蚀，通常沿重力方向发展，且腐蚀孔洞可能被腐蚀产物所覆盖，所以较难检测。从图 2-61 和图 2-62 中还可以看出，土壤侧腐蚀为均匀腐蚀，且腐蚀程度较轻。

图 2-60　396 号事故储罐底板腐蚀孔洞和腐蚀点

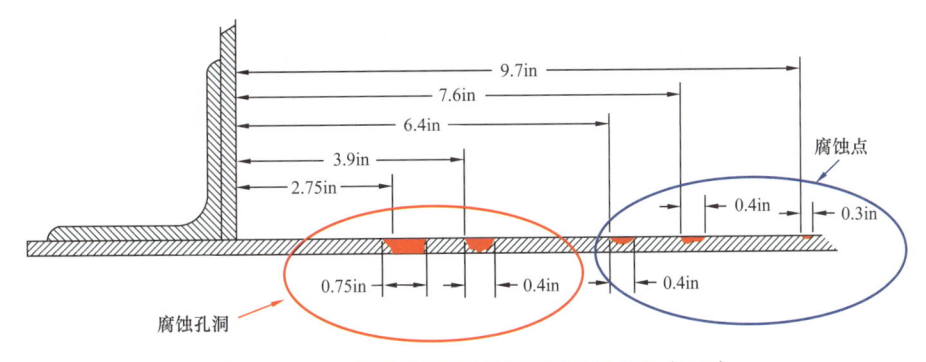

图 2-61　396 号事故储罐底板腐蚀孔洞和腐蚀点尺寸

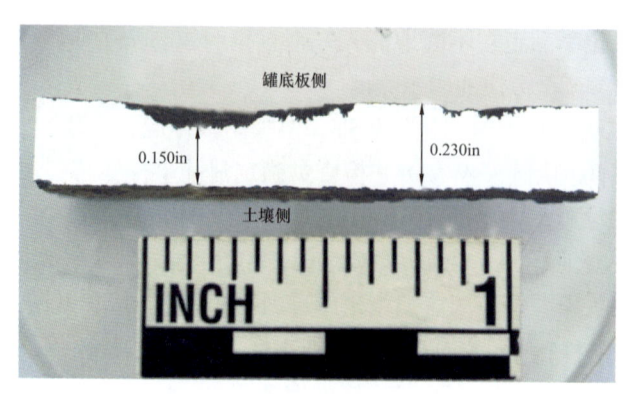

图 2-62 396 号事故储罐底板两侧腐蚀对比

CSB 调查组委派一名地质分析师对 MCHM 储罐下面的土壤特性和渗透性进行检查，分析认为储罐底部 10~15cm 厚的碎石基础具有很强的渗透性，MCHM 能够快速渗透碎石基础。碎石基础下面的土壤属于黏土类，地表黏土的最小渗透系数小于 10^{-7}cm/s，属于中等渗透性。碎石具有很强的渗透性，对流体流动阻力很小。根据 396 号储罐泄漏孔大小，CSB 调查组估算 MCHM 从储罐底部泄漏进入土壤的速率为 0.0038m^3/min。因此，396 号储罐泄漏事故应该可以从周边地表或泄漏储罐周围的土壤观察到。但是，接受 CSB 调查组访问的公司员工没有人表示在事故发生当天之前发现任何 MCHM 泄漏迹象。

396 号储罐防火堤由砖块、混凝土砌块和浇灌混凝土建成，即使储罐发生完全破裂，也能够容纳所有物料，但由于防火堤年久失修，致使泄漏的 MCHM 从防火堤西北角破损处通过，破损的防火堤如图 2-63 所示。

图 2-63 破损的防火堤

罐区雨水排放系统包括一个直径为 30.5cm 的地下波纹钢管涵洞，起于罐区东北边，横穿防火堤区域到罐区西北边，到达埃尔克河，如图 2-64 所示。涵洞从 394 号储罐和 395 号储罐中间穿过，距离 396 号储罐北约 9m，涵洞入口起点的准确位置不确定。泄漏的部分 MCHM 渗流到涵管，并沿涵管流动直至到达位于防火堤区域外部的涵洞排放位置或出口，排放进入埃尔克河。

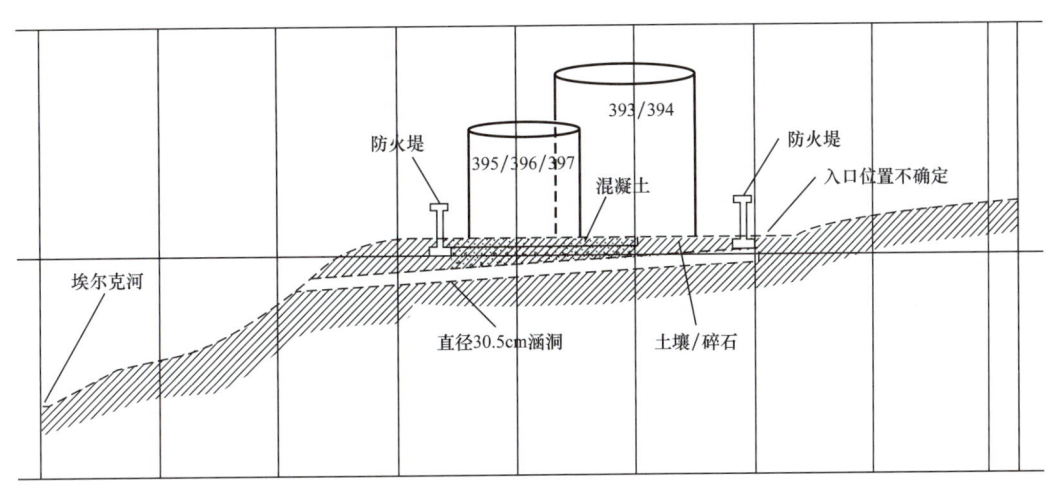

图 2-64　涵洞示意图

（四）事故教训

（1）靠近饮用水源区域的地上储罐应定期进行检测，并对防火堤进行检测，以保证储罐的完整性和防火堤的隔离能力。

（2）应安装储罐和防火堤监控系统以及泄漏监控系统。

（3）应制订并严格执行储罐和防火堤泄漏应急预案，与用水机构建立联动应急响应机制，一旦发生泄漏事故，要保证用水机构及时获取泄漏化学品信息。

九、某石化公司"5·29"柴油罐泄漏跑油事件[19]

（一）事件概况

2008年5月29日，某石化公司销售车间323号罐发生罐底板泄漏跑油事件，由于巡检工及时发现并紧急启动应急预案处理，未造成重大损失。

（二）事件经过

323号罐（$1.0 \times 10^4 \mathrm{m}^3$）于2001年10月建成投产，储存介质为0号柴油，闪点为60～65℃，温度为30～40℃。罐内1.8m以下罐壁板和罐底板采用了环氧导静电涂料防腐蚀，罐底板外壁采用沥青防腐和牺牲阳极保护。由于近年来该公司加工能力从不足$200 \times 10^4 \mathrm{t/a}$ 到 $500 \times 10^4 \mathrm{t/a}$，造成油品储运紧张，该罐长期投用。2008年5月29日发生罐底板泄漏事件。

（三）事件原因

323号罐清罐后，宏观检查发现罐底板有一处腐蚀穿孔，原来的防腐层局部出现鼓包，清除鼓包后发现多处局部蚀坑，蚀坑最深9.5mm，直径30mm（图2-65）。罐壁防腐涂层以上部分存在氧化锈蚀现象。

图 2-65　罐底腐蚀穿孔 / 罐壁防腐层以上腐蚀状况

清罐后委托该公司设备研究所对罐底板进行了超声波测厚检查，主要针对涂层破损的罐底板，这些钢板基本存在蚀坑现象，没有蚀坑的部位测厚数据基本在 7.4mm 以上，说明其他部位腐蚀速率较低。对储存同类介质的储罐底部取水进行化验分析，结果见表 2-4。

表 2-4　水分析结果

分析项目	327 号罐底水	330 号罐底水
pH 值	9.68	8.2
电导率（μS/cm）	114500	90850
碱度（mg/L）	7955	3693.7
碳酸根（mg/L）	2399	726.1
碳酸氢根（mg/L）	3157	2241
总硬（mg/L）	69.01	63.47
总铁（mg/L）	5.326	11.82
氯离子（mg/L）	33804	31354
硫化物（mg/L）	8.04	9.819
硫酸根（mg/L）	88	51.02

上述腐蚀调查结果表明，罐底板是由于电化学腐蚀快速腐蚀穿孔，罐底含盐污水的氯化物集中在涂层薄弱处和局部缺陷处，并发生氯化物腐蚀。由于该罐内部涂层本身存在薄弱部位，再加上 8 年的长期使用，造成涂层针孔、鼓泡和局部剥离，不但起不到防护效果，反而为电化学腐蚀形成小阳极创造了条件。

腐蚀检测中发现，罐底板和罐壁板涂层完整部分没有产生锈蚀，而涂层损坏的罐底板作为局部阳极，而涂层完整部分则作为阴极，形成大阴极、小阳极的钝化电池，加速了阳极的腐蚀，导致罐底板穿孔。

（四）事件教训

（1）将罐底板全面检测，对于存在蚀坑的局部减薄区域进行粘补、局部更换。

（2）重新进行罐底板及罐壁 2m 以下涂层防护。

（3）加强上游生产装置油品脱水管理。

（4）加强销售车间储罐脱水管理，尽量将罐底板的水及时脱出，避免罐底板水中腐蚀性离子大量聚集。

（5）加强储罐定期检验，严格按照《常压立式圆筒形钢制焊接储罐维护检修规程》的规定执行。

十、某油库"5·14"金属软管断裂事件

（一）事件概况

2018 年 5 月 14 日，某油库 $10×10^4m^3$ 储罐抽底油管线与储罐连接处金属软管断裂引发原油泄漏，经紧急处置，未造成严重后果。

（二）事件经过

2018 年 5 月 14 日 15 时 30 分，某油库当班员工在工作途中发现储备库 4 号储罐（$10×10^4m^3$）罐前阀组区及罐壁有原油泄漏，立即上报站库领导，站库迅速启动原油泄漏应急预案，组织站库应急小组成员进行原油泄漏应急处置，同时上报处领导及生产、安全主管部门。

站库应急小组到达现场后，原油已经停止泄漏，经现场确认为 4 号储罐抽底油管线与储罐连接处金属软管断裂引发原油泄漏。金属软管前端与储罐连接的罐根轻型平板闸阀为关闭状态，金属软管后端工艺控制平板闸阀为开启状态，应急人员立即关闭后端的工艺控制平板闸阀。

站库应急小组在现场设置警戒隔离带，对泄漏原油进行围堵、收集，对原油污染部位进行清理，同时安排计量岗员工对库区内所有管线、阀门进行整体排查。经排查，与浮顶罐至倒罐泵连接的管线有多处发生泄漏，1 号储罐和 6 号储罐抽底油管线工艺控制阀、泄放罐出口控制阀、北罐区末端吹扫阀组区等多处发生泄漏，如图 2-66 和图 2-67 所示。

抽底油管线的作用为：当储罐实施清罐、排空作业时，启动倒罐泵，通过抽底油管线和浮顶罐至倒罐泵管线将罐底原油输送至其他储罐。抽底油管线规格为 L360-ϕ323.9mm×5.6mm，一端与储罐底部连接，连接处距罐底板高度为 450mm，距离罐壁 400mm 处安装一台 DN300mm、PN25MPa 轻型平板闸阀作为储罐罐根阀，阀门作为固定端与 BXJRD-PN25/300×2200-F3 型（DN300mm，PN25MPa，长度为 2200mm）金属软管进行连接，金属软管另一端作为滑动端在固定支墩上自由滑动，金属软管后端安装一台 DN300mm、PN25MPa 钢法兰平板闸阀作为工艺控制阀，阀后经弯头下翻埋入地下与浮顶罐至倒罐泵管线（L360-ϕ813mm×9.5mm）连接，然后连接到倒罐泵的进口。

图 2-66　1号储罐抽底油金属软管两端发生泄漏

图 2-67　4号储罐金属软管断裂

（三）事件原因

通过对事件现场进行实地勘察，对金属软管爆裂事件进行分析还原爆裂过程：在管内压力急剧增加和管线自身应力作用下，金属软管内波纹管与其法兰接头处顶部首先开裂，原油发生刺漏，在内压作用下管内原油瞬间喷出，巨大的冲击力将金属波纹管本体拉裂，金属软管断裂后向上方甩起，撞向罐根阀金属平台，使得金属软管继续向上弯曲，将管内原油喷洒到 $10\times10^4m^3$ 储罐罐壁后，金属软管在重力作用下落到地面，如图 2-68 所示。

1. 直接原因

管线内原油热胀，超压导致金属软管断裂。通过分析可知，抽底油管线与浮顶罐至倒罐泵管线在边界阀全部关闭的情况下，形成了一个由 12 具储罐罐根阀为隔离，包含金属软管在内的密闭系统，该系统地上 $\phi813mm$ 管线长度为 930m，$\phi323.9mm$ 管线长度为 150m，总容积约 $480m^3$，该段管线在全密闭状态下无任何呼吸阀或泄压阀，地上 $\phi813mm$ 管线 570m 和 $\phi323.9mm$ 管线 150m 位于地面阳光直射区域，密闭环境下管线原油受热膨胀，管线内压力因温差变化造成管线内部压力持续上升，迫使该系统中承受耐压力最薄弱的 4 号储罐金属软管断裂，释放系统压力。

图 2-68　事件原因示意图

由于该系统无压力表或压力变送器进行压力监测，生产运行过程中无法获知管线内压力值，泄放前压力值无法确定。通过将原油的膨胀率和管材的压缩系数比对，计算出原油在密闭状态下压力随温度变化，得到如下结论：原油在密闭容器内，温度从 10℃升至 15℃，容器内压力上升 4.05MPa；温度从 10℃升至 28℃，压力上升 14.58MPa，而储备库工艺系统包括金属软管的设计压力只有 2.5MPa。结合前面多处发生泄漏，可以证明管线内存在超压现象。

2. 间接原因

（1）管线安装时可能存在强拉、强扭、强推，致使金属软管长期受力，疲劳老化。金属软管设计长度为 2200mm，通过测量现场配对法兰内侧间距为 2300mm，超出设计长度 100mm，且滑动端翘起 50mm，金属软管轴向长期处于受拉状态，金属波纹软管与其自身法兰连接处，尤其是软管顶部长期受到拉力作用产生疲劳损伤，耐压强度降低，在系统压力作用下迫使金属软管顶部承受了超出其临界值的拉力，使得波纹软管与其焊接法兰连接顶部先开裂，在冲击力的作用下将波纹软管本体拉裂。

（2）金属软管存在无法检测的质量缺陷，长期使用后从薄弱点断裂。由于金属软管已经投运了 8 年，没有找到其产品合格证、质量证明文件、检测检验报告，但通过对断裂的金属软管本体进行检查，上部约 1/4 环向出现焊口断裂，不排除存在焊接质量缺陷可能。

（3）在日常生产运行过程中未对管道进行定期循环。由于油库储罐容积大，倒罐流程很少用，没有定期对不常用的管道进行定期循环，使得管道内原油冬季冻凝，夏季膨胀憋压。

（4）阀门开关状态存在问题。金属软管前端与储罐连接的罐根手动轻型闸阀为关闭状态，金属软管后端工艺控制闸阀为开启状态。正常情况下应将罐根阀常开，用工艺控制闸阀实现日常流程倒改。

（5）站控工作人员确认报警信息流于形式。在未经过现场确认核实的情况下，在站控室对报警信息进行确认，导致现场泄漏未及时发现，延误了抢险时间。

（6）存在隐患排查不及时、不彻底，停留在表面的问题。站库内发生多处泄漏，而且有的泄漏不是第一次，未对泄漏现象从深层次分析原因，也未采取有效措施加以控制。

（四）事件教训

（1）对站内所有输油管线、设备进行大排查，排查是否存在可能因高温憋压的死油管段，是否存在因憋压造成局部渗漏的阀门、法兰及连接部位，及时治理，消除潜在隐患。

（2）随着站库运行年限延长，管线、阀门等设备、设施由于老化均进入事件多发期，站库应严格加强日常的巡回检查工作，重点针对罐根阀、金属软连接等薄弱环节的巡查，发现隐患等异常情况要及时上报并整改处置，防止小的隐患造成大的事件。

（3）重新进行流程倒改，正确控制阀门开关状态。确保罐根阀常开，用金属软管后控制阀控制流程倒改，使金属软管与储罐作为一个系统，不会使金属软管承受较大的系统压力。

（4）在高温天气下开启 1 号泵的倒罐进口阀门，通过泵进口压力表实时监测倒罐出口汇管内压力值，或在该系统中增加压力变送器，监测系统压力，当压力超过 0.2MPa 时，及时开启低液位储罐的倒罐出口阀门，进行泄压操作，时刻保证倒罐出口汇管内压力不超过 0.2MPa，从根本上杜绝出现超压泄漏的可能性。

（5）持续做好来油进罐汇管、罐外输出口汇管及倒罐进口汇管的压力监测及超限泄压工作，确保所有地面管线内压力稳定不超。

（6）将夏季高温天气下的压力监测及泄压要求写入站库《夏季安全生产措施》内，形成制度规范，并积极开展员工安全培训教育，确保所有员工了解高温天气下存在的安全风险及预防措施，杜绝高温憋压引发泄漏的可能性。

（7）对 4 号储罐抽底油管线与储罐连接处，以及入地后弯头焊缝进行无损检测，确保储罐及工艺管网焊口完好。

（8）定期循环站库内输油管道，防止冬季管内凝油和夏季膨胀憋管现象再次发生。

（9）认真分析季节变化对生产运行的影响，如春夏交替季节停炉造成温度突变的影响，并及时采取有效措施加以控制。

（10）加强站控工作人员责任意识培养，认真处置每一个报警事件，要相信科学，确保异常事件及时发现。

（11）严格执行每 2h 一次的巡回检查制度，按时对计量间、泵房、加热炉、罐区以及进出站阀组区等易发生泄漏的关键部位和重点区域进行巡检确认。

（12）认真对待日常运行过程中每一个异常事件。

十一、某罐区"10·15"原油切水线地井冒油事件

（一）事件概况

2013 年 10 月 15 日凌晨，原油罐区切水线至隔油池地井冒油，在采取罐壁罐区切水、封堵等措施后，事件得到有效控制。

（二）事件经过

2013年10月15日0时13分，原油罐区操作员发现操作室前地井冒油。经检查是切水线至隔油池地井冒油，事件现场如图2-69所示。操作员立即向班长和值班人员汇报，班长安排岗位操作员2人到现场将 $1.0×10^4m^3$、$2.0×10^4m^3$ 和 $5.0×10^4m^3$ 罐区切水全部关闭，同时将地沟用毛毡和土封堵，并打开隔油池排水阀向污水系统排放。

之后隔油池液位下降地井停止冒油，值班人员安排班组进行排查，当晚并没有进行切水操作，只有401A南侧切水器排污管线热，其他切水器出口阀和排污线都是凉的。

图2-69 切水线至隔油池地井冒油现场

（三）事件原因

1. 直接原因

隔油池液位超高，造成地井冒油。

2. 间接原因

（1）操作人员误将切水器排污阀打开。

（2）巡检不到位，操作后员工未认真进行巡检确认。

（3）监盘不认真，岗位没有认真监盘，没能及时发现隔油池液位超高。

（四）事件教训

（1）对长期停用设备进行操作，风险辨识不足，没有制订有效预防措施。

（2）技术人员向班组安排工作只进行口头交接，未做纸质操作确认表和指导说明。

（3）隔油池液位情况缺少有效报警手段。

（4）部分阀门开关指示不清，影响员工操作和检查。

案例警示要点

（1）强化中央排水管、积水坑、浮舱等易泄漏部位日常检查。

（2）定期开展储罐沉降监测。

（3）储罐远传液位、高低液位报警、联锁等处于完好投用状态。

（4）有预防管线胀压的管控措施。

（5）检查外保温加强圈处的腐蚀情况，发现罐壁泄漏及时处理。

第六节 溢罐事故

溢罐是大型外浮顶储罐事故中最为严重的一种,溢流事故不仅后果严重,现场处置也很困难,溢油的清理、回收代价巨大,溢罐事故需要引起高度重视。本节列举了多个储罐的溢罐事故,总结出易发生冒罐事故的原因,并提出了相应的预防措施,以防止冒罐事故的发生。

一、英国邦斯菲尔德油库"12·11"火灾爆炸事故[20]

(一)事故概况

2005年12月11日6时左右,邦斯菲尔德油库发生了一起猛烈的爆炸,随后又发生了一连串的爆炸以及火灾,爆炸和火灾摧毁了油库的大部分设施,包括23个大型储罐,以及油库附近的房屋和商业设施,事故现场如图2-70所示。英国政府动员了1000多名消防队员、20多辆消防车,以及多名志愿者参与了应急救援,大火持续燃烧了大约5天才完全扑灭。整个事故没有造成人员死亡,但43人受伤,2000多名居民撤离,救火时的油料和消防水对附近区域造成污染。事故经济损失大约为10亿英镑。

图2-70 邦斯菲尔德油库爆炸后现场

(二)事故经过

2005年12月10日19时,英国邦斯菲尔德油库A罐区的912号储罐开始接收来自T/K管线的无铅汽油,油料的输送流量为550m³/h。12月11日凌晨(0时),912号储罐停止收油,工作人员对该储罐进行了检查,检查过程大约在11日1时30分结束,此时尚未发现异常现象。

从12月11日3时开始,912号储罐的液位计停止变化,此时该储罐继续接收流量为550m³/h的无铅汽油。912号储罐在12月11日5时20分已经完全装满,由于该储罐的保护系统在储罐液位达到所设置的最高液位时，未能自动启动以切断进油阀门，因此 T/K 管线继续向储罐输送油料，导致油料从罐顶不断溢出。

溢出的油料受罐体加强圈、罐顶边缘板的阻挡，在储罐周围形成巨大的油料瀑布。由于汽油的挥发性很强，储罐周围迅速形成大量油气混合物，同时，溢出的油料在防火堤内大量聚集。防火堤内装满油料后，油料又从防火堤溢出向低洼处流动。很快，整个罐区内弥漫着高浓度的油气混合物。6 时 01 分，发生了第一次爆炸，紧接着更多爆炸发生。爆炸引起大火，超过 20 个储油罐陷入火海。大火持续燃烧 3 天，油库 50% 以上设施被破坏。12 月 13 日晚上，大火被扑灭。

（三）事故原因

1. 直接原因

1）独立高液位开关（IHLS）

2004 年 7 月 1 日，912 号储罐安装了一个独立的高液位开关。该开关由 TAV 工程公司设计、生产及供应。依据开关的设计方案，其部分功能需定期进行检查。由于安装和使用开关的人员不太了解开关的工作原理，或对其进行挂锁所起的作用，在测试完成后，该开关就不能使用。在经过定期测试后，不知是否是有意，检核杆被置于非作业位置，如图 2-71 所示。

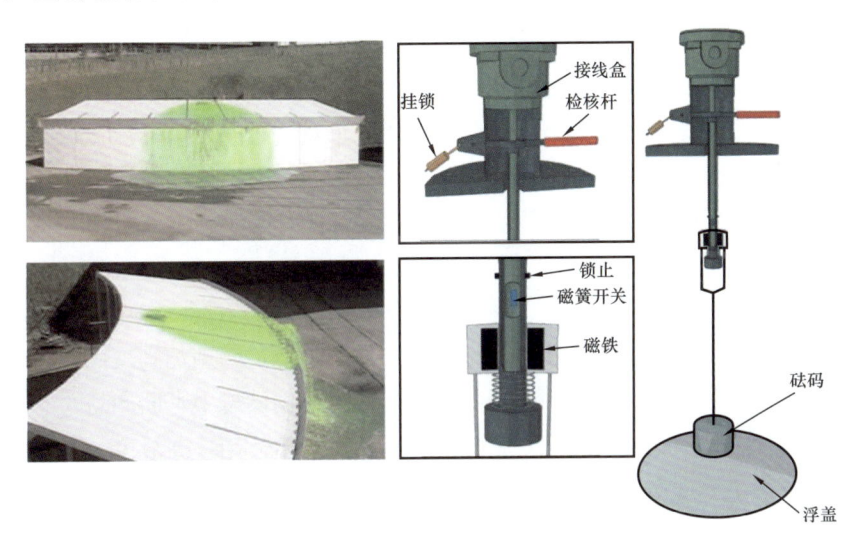

图 2-71　开关进行定期测试后未将检核杆置于正确的位置

除了 IHLS 生产商和安装商的问题外，库区操作人员对订购、安装及测试程序也没有进行足够的监督。在对开关进行定期测试时，HOSL 库区没有人意识到需要更换一把锁，以将检核杆置于正确的位置。

2）自动储罐计量（ATG）系统

ATG 系统失效是导致事故发生的另一个直接原因。液位计卡住的情况已经不是首次出现了。有时主管在发现系统出现问题后会采取一些纠正措施，如把仪表移到较高的位置后再恢复到原位，有时还会请马瑟韦尔公司的相关人员来帮助解决，但导致仪表卡住的原因却始终未能确定，并且仪表问题记录也不全。未能建立有效的故障记录程序及能够可靠解决这些问题的维修制度，是导致事故发生的两个重要的管理及组织根源问题。

3）其他缺陷

整个 ATG 系统只有一台计算机在运行，多个储罐 ATG 系统提供的数据都在一个显示屏上显示，因此每次只能看到一个储罐的完整状态。ATG 系统中的安全措施存在不足，该系统内置的安全系统允许控制室内的所有员工对其参数（包括报警设置值）进行修改。

2. 间接原因

1）入库燃料的控制

Finaline 管线是由管理员控制的，UKOP 管线是在其他地方控制的，这些管理员获得的有关 3 条管线的相关信息也都矛盾重重。对于两条 UKOP 管线，管理员只能使用 ATG 系统，无权进入 SCADA 监控系统，无法了解 UKOP 管线是否在用，也无法知道在用管线的流量。UKOP 管线流量的变化幅度很大，有时连 HOSL 的管理员都不了解具体的变化情况，信息的缺乏影响了管理员对燃料管理的计划和控制能力。要想紧急关停 UKOP 管线，只能通过给另一个油库打电话、IHLS 动作或按下附近 BPA 库区的手动报警按钮才能实现。

2）吞吐量的增加

自从该油库于 20 世纪 60 年代末投入使用以来，其吞吐量已经增加 4 倍，使管理员的工作负担大幅增加。有证据显示，在事发当晚，管理员们甚至都不知道哪条管线在充装哪个储罐。Finaline 管线和 UKOP 南线都在接收大量的无铅汽油。出现这种局面主要是因交班程序问题及 ATG 系统的屏幕所导致。管理层试图招募新的管理员，但由于薪资原因每次招到新员工后就会有别的员工提出辞职。

3）储罐充装程序不完善

通常，在计算机屏幕上会一个挨一个地堆叠三四个窗口，管理员必须谨慎地决定所要看的屏幕。该系统为液位测量设计了一系列的视听报警，根据储罐中不同产品的不同液位对管理员发出警报，使其采取相应的行动。高液位报警一般包括，用户高液位、高液位和高高液位。该油库共有 8 个管理员，每人使用的报警液位都不同。少数情况下，考虑到储存空间的压力，储罐中的液位会达到甚至高于高高液位报警值。该油库关于充装作业的操作规程也缺乏细节要求，没有说明如何选择被充装的储罐，以及如果可能的话，在什么情况下可以使储罐的充装高度超过高液位或高高液位。

4）工作压力大

管理员们不仅不能预测 UKOP 管线的工作参数，也无法预测管线中所输送燃料的性质。这些因素给他们带来了额外的压力，加上油库吞吐量增加后的储存压力，所有这一切都让管理员们处于巨大的压力下。工作压力也是造成事故的重要原因。管理员每班的工作时间为 12h，而且要不停地监测储罐的装卸作业。他们一般要连上 5 个班，加上加班的时间，7 天的工作时间大约为 84 h，并且没有固定的休息日，只有在操作条件许可的情况下才会休假。

5）故障记录不当

调查显示，HOSL 关键设备和工作实践相关的故障记录不当。该油库交接班时间为 15 min，并且这 15min 没有任何薪水，在较短的交接班时间内，信息交接不充分。交班文件主要用于记录 Finaline 管线，而关于 UKOP 管线的记录一般都是临时要求的。

6）承包商工作不到位

马瑟韦尔控制系统公司负责 IHLS 的供应和安装及对 ATG 系统的维护工作，马瑟韦尔公司从事关键设备作业人员是否称职及其培训情况应经过评估，但这些工作基本没有开展。

7）防火堤无法阻挡油品流出

HOSL 有很多防火堤的墙壁和地板都有管线贯穿，防火堤无法阻挡住油品流出。出现的问题共有 3 种类型：管线热膨胀引起管线贯穿处墙壁倒塌；一些储罐出口管线爆裂泄漏，造成其中的燃料通过防火堤墙壁及未被隔离区域的管线流出；管线与墙壁间的密封胶被烧毁。

8）系杆孔无法抵住大火的冲击

导致 BPA 防火堤在火灾中被严重烧毁的另一个原因是其施工阶段遗留的问题。施工时，混凝土成型前，要用系杆（或系紧螺栓）将其模板固定。好的模板技术一般都不使用系紧螺栓或系杆止水带。而 BPA 在进行防火堤施工作业时，系杆穿透了防火堤，尽管穿孔处后来都被堵住且已灌浆，但其仍无法抵住大火的冲击。系杆孔被烧开后，成了防火堤内液体向外泄漏的通道，导致更多的液体被泄漏出去。

9）缺乏三级围护

邦斯菲尔德实际上并未建立三级围护措施。防火堤之外的围护系统实际上只是油库的排水系统，仅用于雨水和少量泄漏产品的排放，之后这些液体将流入油库的隔油池和污水处理厂。排水系统无法接收从防火堤中泄漏出来的大量液体。

10）风险评价不到位

在进行风险评价时没有考虑到多个储罐着火后可能造成的影响。没有对爆炸及（或）更严重的情况下大量燃料和消防水会泄漏的情况进行评价，事发前操作人员都应该知道会有此类情况发生。此外，风险评价也没有考虑到防火堤可能会发生结构性破坏（因着火影响）超出其围挡能力的情形。

11）库区管理存在问题

HOSL 库区的日常作业由道达尔公司的员工负责管理。因此，道达尔公司的管理层应该对其员工提供日常支持。但对 HOSL 库区总的管理监督责任仍归 HOSL，因为按 COMAH 法规的规定，该公司是运营商。尽管 HOSL 可以选择如何行使 COMAH 职责，但是不能将其作为运营商的责任委托给他人。道达尔的沃特福德总部对 HOSL 库区的工作制度有很大的影响，应该向其提供必要的工程支持及其他专业技术支持，但实际工作中的情形却并非如此。

（四）事故教训

（1）提高安全仪表系统（SIS）的可靠性。所有油库应设置安全完整性等级高的自动溢油保护系统，该保护系统必须完全独立于储罐液位监测系统。该系统的仪表安全等级（SIL）应满足相应的等级要求。SIS系统的设计、运行和维护都应达到相应的SIL等级的要求。SIS各个元件应进行周期性测试，以满足处于相应SIL等级的安全要求。确保SIS系统处于不断的技术更新中，与设备制造商和供货商应具备顺畅而及时的沟通渠道。

（2）改进所有有利于罐顶溢油时油品挥发的设计，对于储罐和管道应设置有效的视频监控系统，对于异常情况应进行报警；在储罐和管道附近应设置可燃气体探测报警装置；对于储罐的异常情况报警应有自动的反馈；对于监控系统、气体探测系统、报警系统等均应由业主和管理当局定期进行检查，确保处于正确的工作状态，并对于任何的异常情况进行全面的调查分析。

（3）油罐的防火堤可以用来抵御任何形式的泄漏与消防废液，是否需要在任何情况下都应阻止它们流出防火堤。防火堤的设计容量是罐区内最大储罐容量的110%，还是罐区内所有储罐容量和的25%，需要对规范及标准进行讨论和修订。

二、某炼油厂"10·21"轻质浮顶油罐火灾爆炸事故

（一）事故概况

1993年10月21日，江南某炼油厂轻质浮顶油罐发生重大火灾，扑救过程长达17h，直接经济损失38.96万元，造成2人死亡，两个生产装置停产，损失巨大。

（二）事故经过

1993年10月21日，江南某炼油厂发生较大火灾爆炸事故，该炼油厂始建于20世纪50年代，最初设计加工能力为$100×10^4$t/a，目前已达到$750×10^4$t/a，该厂的主要产品是汽油、航空煤油、柴油和轻质石脑油等。

发生火灾的310号罐属该炼油厂油品分厂六油槽岗位，共有储罐11座，分为东西两个罐区，中间由一条13号路相隔。东罐区位于山坡上，有4座6000m³的70号汽油罐。西罐区分为东西两排，东一排由2座10000m³的90号汽油罐和1座3000m³的石脑油罐组成，西一排由4座90号汽油浮顶罐组成，在310号罐与311号罐间设有隔堤。11号路西侧山坡上有2个10000m³的原油罐。

11号路、20号路和13号路与罐组防火堤间有一条宽约1.5m的排洪明沟，排洪明沟与罐组防火堤间有很多沿地面或低支架敷设的工艺管道，占地宽度2m左右，防火堤内有一条排水明沟贯通隔堤和防火堤。310号罐距11号路55.15m，距13号路55.10m。六油槽岗位如图2-72所示，调和工艺流程如图2-73所示。11号路和13号路很窄，不能满足错车要求，罐区没有环形车道和回车场地。

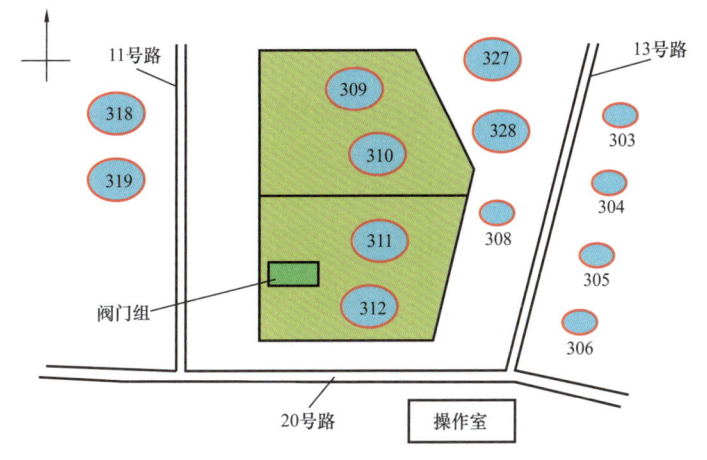

图 2-72 六油槽岗位示意图

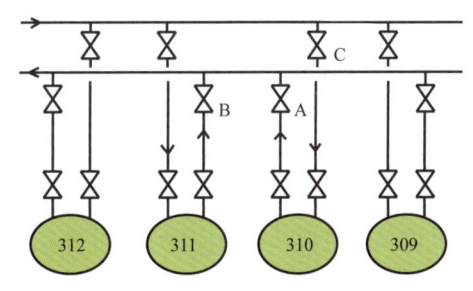

图 2-73 调和工艺流程图

1993 年 10 月 21 日 13 时 03 分 310 号罐收油结束，油池高度为 14.26m，白班操作工关闭了 310 号罐的进油阀门 C，15 时 310 号罐开始进行加剂自循环，这时需打开 310 号罐的进出油阀门 C 和 A，但操作工误将 311 号罐的出油阀门 B 当作 310 号罐的出油阀门 A 打开，使得 311 号罐中的油泵入 310 号罐。15 时 41 分，310 号罐液位达到 14.302m，已超过 14.30m 的安全高度，操作室内超高液位报警器开始报警。中班操作工认为是仪表报警，未查找原因就关闭了报警器。1min 后，报警器又发出声光报警信号，中班操作工竟然置之不理，致使高液位警报一直持续到爆燃发生后，18 时 10 分，距罐区南侧 100m 半成品油车间操作工闻到刺鼻的汽油味。

全班人员出外检查，一名工人在返回更衣间时被汽油味熏倒（能致人昏迷的油气浓度为 2.2%）。18 时 15 分，一民工开着拖拉机路经 11 号路穿越罐区，拖拉机排气管排出的火星引发了 310 号罐外溢汽油蒸气发生爆燃。同时 11 号路西侧山坡上的树木、防火堤及隔堤上的树木也被引燃，排水沟及排洪明沟内的汽油燃烧成一条火龙，310 号罐浮顶边缘处形成了汽油的稳定燃烧。3 名工人冒火进入罐区，关闭 310 号罐在阀门组处的进出油阀门时，却发现 310 号罐出油阀门 A 处于关闭的状态。这从一个侧面说明是白班操作工误开了阀门 B。

燃烧发生后 2min，炼油厂消防队赶到现场。因当时油罐浮顶的密封圈还没有完全烧坏，罐顶火势并不大。炼油厂消防队首先扑灭了 20 号路周围的流淌火，随即进入 11 号路，使用设置在罐组西侧半固定式泡沫灭火系统扑救罐顶火灾。但由于在加宽修缮防火堤的施工过程中，泡沫灭火管道被挪用并留有缺陷，这样从泡沫接口打入的泡沫都在地下流失了，没有通过管道到达罐顶，因而错过了灭罐顶火灾的最佳时机。炼油厂消防队又将1台大功率奔驰泡沫车布置在310号罐西侧的11号路上，但由于距离较远，再加上罐本身的高度，泡沫只能到达罐顶边缘，不能进入罐顶发挥灭火作用。

18时36分，市公安消防支队及其他企业专职消防队陆续赶到现场，此时油罐浮顶的环形燃烧面积已经形成。消防支队组织一部分人扑灭流淌火，另一部分人集中力量冷却310号罐罐壁，50min后地面流淌火被彻底扑灭。

由于长时间的高温作用，310号罐罐前阀的法兰垫片被烧坏，一股强大的汽油柱直往外冲，立即燃起了熊熊大火，对310号罐体构成强大的威胁。23时左右，长达4～5h的燃烧使汽油温度升高，310号罐顶结构受损，溢出的汽油顺着罐壁下流，形成片火帘，火势更大了。灭火指挥部决定组织一次进攻，用泡沫枪和2台奔驰泡沫炮压制罐顶，但泡沫枪打不到罐顶上，布置在13号路上的奔驰泡沫炮车距离310号罐55.10m，泡沫无法全部打到罐顶上，加之使用的普通泡沫析水速度快，不能有效地覆盖环形油面，火势不仅没有被压下去，泡沫中析出的水反而使得罐中汽油漫流出来，形成了更大范围的流淌火。罐前阀门火曾一度被扑灭（使用了8只25kg的1211灭火器），但泄漏出的汽油蒸气又瞬间被引燃，迅速在罐前阀门处形成稳定燃烧，灭火计划没有成功。

22日凌晨，各路增援力量赶到，7时15分，火场指挥部确定了油罐火灾的总攻方案，从江都紧急调运40t氟蛋白泡沫，从上海空运25门泡沫炮。9时20分，灭火总攻开始。4门200L/s的移动式泡沫炮和2支50L/s的泡沫管枪直射310号罐顶部。30min后，尽管大量的泡沫喷在罐顶，但仍压不住熊熊火势，又过了10min，罐顶火势才开始减弱，10时20分，310号罐顶火被彻底扑灭。310号罐前阀门火在大量的泡沫堆积覆盖下也终于淹熄。

（三）事故原因

作业人员在进行310号罐加剂自循环作业时错开阀门，误将311号油罐中的汽油输往310号油罐（容量为10000m^3，已储有6500t汽油），液面限位装置发出报警信号，值班员却误认为是报警装置误报（以前多次发生过），未采取任何措施。汽油不断地从油罐溢出，在油罐区附近积聚了约$5×10^4m^3$爆炸性混合气体。此时，一民工驾驶一辆四轮拖拉机行驶至310号油罐65.6m的马路处，排气管喷出的火星点燃了爆炸性混合气体，引起着火爆炸。

（四）事故教训

（1）提高工人作业素质及安全意识。导致这起事故发生的原因很多，如操作工缺乏消防安全意识和应有的责任心，不到现场进行交接班，不进行巡回检查，在液位超高发出声光报警的情况下，操作工没有采取任何措施等，而最关键的原因是操作工误开阀门致使串油事故发生。为了减少或尽量避免人为误操作，应加强管理，科学地制定和严格执行操作规程，提高业务素质及操作技能。此外，应从技术上减少失误的机会，对于极易造成人为过失的机械设备和操作方法，要有相应的技术处理措施。

（2）油罐区改建和扩建时必须按规范要求设计和建设，并满足消防操作的要求。罐区无环形消防车道，也未设供消防车调头的回车场，且道路宽度不足，给火场指挥带来了极大困难。310号罐所在罐组防火堤原为土堤，改建时只对土堤进行了混凝土处理，但土堤上种的树依然留存，违反了防火堤必须用非燃烧材料建造的要求，发生爆燃时树木全被引燃。因此防火堤必须要用非燃材料建造且满足不附带任何可燃物的要求。

罐组雨水排出口未设置封闭装置，310号罐溢流的汽油顺着排水沟穿越隔堤和防火堤流入排洪沟，形成了大面积流淌火。建议雨水排放采用排水管穿堤，平时阀门处于关闭状态，下雨时开启阀门保证雨水顺利排放。

（3）油罐区采用（半）固定式泡沫灭火系统时，可配备一些移动式泡沫炮。移动式泡沫炮具有流量大、机动性强、可近距离使用的优点，能够弥补其他移动式泡沫灭火设备的不足。因此，大型罐区除应设置（半）固定式泡沫系统外，还建议配备一定数量的大功率移动式泡沫炮。

三、美国某石油公司"10·23"油库爆炸事故[21]

（一）事故概况

2009年10月23日，美国海外领地的某石油公司油库发生爆炸。当时该油库正在从油轮上向其罐区中卸汽油，其中1台容量为$1.9\times10^4m^3$的地上储罐发生溢流，泄漏出的汽油流入二级围堰后雾化，形成大量蒸气云，在污水处理区遇到点火源后发生爆炸。此次爆炸及二次爆炸造成的大火导致17个储罐、现场及周围居民区和商业区其他设备损坏，3人受轻伤。大火持续燃烧约60h，爆炸后罐区如图2-74所示。成品油渗入土壤、附近的湿地及通航水道。

（二）事故经过

2009年10月21日，货轮抵达码头，准备将$4.4\times10^4m^3$无铅汽油卸到油库。油库中只有容量为$8\times10^4m^3$的107号储罐可以装下整船的汽油，但该储罐已经装有油品，因此，码头公司计划将汽油装入405号、504号、409号和411号4个稍小的储罐中，剩余部分则送入107号储罐，整个卸油时间预计超过24h，其间1名码头操作员在码头监督输油作业，另一人则在油库罐区监督作业。

根据码头的记录，10月22日中午刚过，411号储罐的阀门就被完全打开。由于504号储罐液位计卡住，操作人员将504号储罐的输入阀门关闭，之后将409号储罐的阀门完全打开，以26t/min的速率向罐内输入汽油，同时411号阀门改为部分打开，仅允许少量汽油流入罐中。

18时30分左右，该操作员手动算出409号储罐将在交接班前后装满。为防止换班期间出现问题，他将411号储罐上的阀门完全打开，并几乎完全关闭409号储罐阀门。22时，

411号储罐达到最大容量后被关闭，操作员将409号储罐上的阀门完全打开。其中1名操作员将409号储罐液位计上的液位读数报告给了班长，按当时的液位估算，该储罐将在23日1时充满。午夜时分，罐区操作员开始对409号储罐进行巡检，尚未到达储罐时，就闻到了很浓的汽油味，其赶紧联系码头的操作员停止卸运，同时通知污水处理操作员和班长在油库西端集合。

班长让一名操作员先到安全门处，他则与另一名操作员在油库区寻找泄漏源。根据码头及附近设施的摄像头录像，10月23日0时23分，蒸气云在污水处理区发生燃烧，7s后爆炸，产生的冲击波使上百座民房和商业建筑受损，最远的受损建筑距事发现场约2km。火势顺着蒸气云蔓延，导致多个储罐接连发生爆炸。爆炸发生后，应急人员采取措施控制了火势，但受损储罐中的燃料仍然持续燃烧了两天多。

图2-74 爆炸后罐区

（三）事故原因

1. 直接原因

409号储罐发生汽油溢流，形成的蒸气云通过打开的围堰阀门漂移到罐区的低洼处及污水处理区域的雨水池中，在污水处理区域发生着火。

409号储罐溢流的原因包括：储罐充装过程中，液位计发生故障导致储罐液位记录值不精确；计算充装时间时，无法在流速和压力不断变化的情况下，将流速实时变化值计算在内；因湍流及其他因素造成储罐内浮顶受损也可能导致溢流；液位控制和监测系统不可靠，无法为操作员及时提供精确信息；易出现故障的浮子式钢带液位计及不可靠的液位变送器不方便使用，液位变送器常因雷电损坏；未采取独立的防溢流措施，如高液位报警器及自动防溢流系统；罐装程序欠缺；自动储罐计量系统的液位控制和监测系统经常发生故障。

事发当天，出现故障的液位变送器未将409号或107号储罐的数据传送到计算机中；

未设立自动防溢流系统，无法在溢流前迅速停止传输或切换流量，使该公司的安全方案大打折扣；储罐装备不良，液位监测和控制系统或高液位报警系统不可靠；储罐未配备独立的高液位报警系统；储罐未配备自动防溢流系统；围堰阀门系统的设计缺陷，很难判断阀位开关情况；罐区内光线不足使操作员无法观测到 409 号储罐的溢流情况及后来形成的蒸气云。

2. 间接原因

1) 安全管理体系存在问题

此次事故是由码头公司安全管理体系一系列技术问题造成的，主要表现在液位控制和监测系统的多层防护措施均存在问题，以及未设置独立安全设备（如独立的高液位报警器和自动防溢流系统）。

码头的系统问题主要包括：油库作业维护不良；出于经济考虑，在规定时间内完成灌装作业与安全相矛盾；该油库未从以往充装事故中吸取教训；浮子式钢带设备不便于使用，自动储罐计量变送器未事先维修；计算储罐充装时间的计算机不可靠；未设立溢流预防安全设施作为独立报警；未制定正式的储罐充装作业程序；关键安全设备的机械完整性方案存在缺陷。

2) 油库维护不良

码头一直未对油库进行良好的维护。该公司主要存在的问题包括传输阀门泄漏；产品管线泄漏；二级防控系统有缺陷，可能导致泄漏的阀门未锁定；围堰内有油光等。码头在 1992—1999 年曾发生 15 起涉及各种规格储罐的事故，原因包括阀门处于打开状态，储罐计量表不好用，管线或储罐壁受腐蚀等。

3) 常规做法与安全矛盾

事后调查发现，除计算机无法显示储罐液位外，充装作业时码头的操作员按照计划处的指令将储罐装到了最大液位，进而导致事故的发生。计划处与燃油供应商协调燃油供应情况，并指示操作员将燃油充装到哪个储罐及充装量，卸油过程中也会确定罐装进度安排。协议规定的罐装时间或速度与安全充填作业存在矛盾。

4) 关键安全设备不可靠

码头采购的液位计量系统本身效果不佳，且维护不当。液位控制和监测系统中的关键设备（包括储罐侧计量表和浮子式钢带设备）存在问题，使操作员在储罐充装的过程中无法判断液位。

5) 浮子式钢带液位计容易发生故障

浮子式钢带液位计在地上储罐行业已经使用数年，但由于设计缺陷，很容易出现故障。

6) 缺乏正规程序

码头的标准操作程序未包含油库作业。2009 年 8 月，该公司更新了需要工作许可证的作业程序，但未编写油库操作程序。

7）缺乏像高液位报警器及自动防溢流系统之类的其他安全措施

码头未采用可以预防储罐发生溢流的有效安全措施，409号储罐上未安装独立的高液位报警器，既没有安全报警器，也没有相关的关键响应程序，该公司的罐区操作员不得不使用不可靠的液位控制和监测系统来监测溢流。

8）内浮顶的结构及其局限性

由于409号储罐的内浮顶在爆炸中受损，无法确定其是否在充装过程中已经出现问题，但内浮顶的故障很可能是储罐溢流的原因。该储罐固定的锥形顶带有一个铝制内浮顶，出水高度为3.65m。铝制内浮顶适用于石油和有机物，但湍流、没顶、密封、磨损等因素都会导致内浮顶出现问题。

9）通往储罐的管道压力及流速不断变化

多变燃油的输送流速仅由船上人员控制。码头和船主必须要在计划处签订的协议时间内完成储罐充装作业，否则将会被罚款，这导致充装燃油的流速不断变化，同时码头又无法通过实时流量监测器获得输油线的流速信息，因此也就无法精确地计算出储罐的充装时间，这也可能是导致409号储罐溢流的原因之一。

10）围堰阀门的设计不统一

蒸气云之所以能够移动并蔓延，主要是由于围堰阀门打开后使燃油进入污水处理区域的雨水池中。此外，各种不同类型的手动阀门及光线差也使操作员在事发当晚无法观测到围堰阀门的状态，未能确定409号储罐的围堰阀门是否关严。

11）油库内光线不足

事发当晚，由于光线太暗，操作员看不到储罐溢流和蒸气云。另外，操作员不得不用手电筒监测罐区的活动以及从储罐侧液位计上获得液位读数。用手电筒根本无法监测不正常行为。

12）卸油作业人员不足

在装卸作业过程中，每个卸油班有两名操作员在罐区，一名操作员在码头进行作业。但该公司经常需要将油品卸到多个储罐中，要在各个储罐间手动切换油品。当油品对阀门的压力增大时，通常需要两人共同完成手动切换任务。由于人员缺乏，操作员向一个储罐输送燃油时，常将另外一个储罐的阀门也稍稍打开，这样便于在第一个储罐装满后，将燃油流量转换到另一个储罐。但当两个阀门同时打开时，进入每个储罐中的流量也会随之发生变化，确定充装时间会更困难。

（四）事故教训

（1）增加独立的高液位报警系统及自动防溢流保护系统，并定期进行测试、检查以及风险评价。

（2）制定油库操作程序，严格按照标准操作程序进行作业。

四、印度某石油公司油库"10·29"火灾爆炸事故[22]

(一)事故概况

2009年10月29日19时30分,印度西部的某石油公司油库发生火灾爆炸事故,事故造成11人死亡、45人受伤,当地政府连夜疏散撤离近50万人。

(二)事故经过

油库已投入运行12年,占地面积105acre❶,共有11个储罐,总容量约11000m³。储存油品主要包括汽油、煤油和柴油。该油库由K油品运输管道补给,接收K炼油厂生产的油品。油库用油罐车运输石油产品到各个零售点,同时也为当地市场提供润滑油。

每个储罐有3种转运模式,即管道接收模式、储罐之间转运模式和通过油罐车或管道的转运模式。特别是后者,原设计一次只能实施一种转运模式,不是接通灌入油罐车的管道,就是接通油品运输管道来实现转运。

为了实现由一种转运模式转运油品,利用了两个隔断阀(闸阀)以及它们之间的一个落锤式盲板阀,由此完全隔断储罐与其他运行模式之间的联系。储罐的第一个隔断阀是一个电动闸阀(MOV),第二个隔断阀是手动闸阀(HOV)。电动阀门可以在控制室远程关闭阀门,也可以现场操作。为防止断电,阀门可以自动关闭。事故发生前几年内,远程控制室内阀门关闭和断电自动关阀一直没有被启动过。落锤式盲板阀根据是否断开管线中的流动,分别用到一个实心槽楔(实眼)和一个空心槽楔(开眼)在两个隔断阀之间,起盲板作用的就是这种落锤式实心楔形块。

2009年10月29日10时,B石油公司发出一份订单,要求在10月30日通过管道往自己的储油设施输送1567m³汽油和850m³煤油。

14时30分,双方商定在10月29日17时30分油罐车加油设施作业完成以后开始管道转运作业。

17时10分,当班班长带领两名操作工进行转输作业,首先完成了煤油储罐的转输操作,包括检查阀门、计量、打开出口管线的阀门。

17时50分左右,班长与操作工来到汽油储罐区,打算采取与煤油储罐区相同的操作完成转输作业。

18时10分左右,班长正在储罐顶部进行计量作用,听到其中一个操作工大喊,说汽油正在大量泄漏,班长当即喊道"关闭阀门",并迅速跑到储罐边,看到汽油像喷泉一样喷射出来,该操作工全身被汽油浸透,即将窒息。

18时10分至18时30分,班长试图拯救该名操作工,但也难敌汽油蒸气。他不得不放弃营救熏倒的操作工,立刻离开现场,并用对讲机求救,然后他也晕倒了。第二名操作工试图拯救倒下的第一个操作工,也被汽油蒸气熏倒昏迷在现场。

---

❶ 1acre=4046.86m²。

18 时 30 分，门卫拉响了警报。

18 时 30 分至 19 时 15 分，控制室打电话向外部应急救援队报警，整个罐区停止作业并进行人员疏散，同时营救昏迷的操作工，但由于没有自给式空气呼吸器，没能成功营救。

19 时 20 分，从其他地区带来两个空气呼吸器，进入现场进行营救。

19 时 35 分，高浓度的汽油蒸气遇点火源发生了第一次爆炸，随后又发生了一系列小爆炸，11 个储罐中 9 个被点燃，如图 2-75 所示。

图 2-75　正在燃烧的罐区

（三）事故原因

火灾发生后，印度石油和天然气部成立了一个独立的调查委员会。调查委员会通过火灾爆炸现场勘察、人员访谈、证据和数据采集、事故模拟、安全管理系统审查等手段和方法，得出以下事故原因。

1. 直接原因

事故的直接原因是没有遵守安全操作规程，主要包括管线连接中阀门的操作顺序和允许使用落锤式盲板阀的工程设计。落锤式盲板阀用来单向隔断管道，设计允许在每次改变阀门位置时阀门顶端阀盖处完全与大气相通，在油罐管道已经被接通时由于落锤式盲板阀在转换位置，而储罐出口的电动阀被打开，液体汽油通过阀门顶盖处喷出，这是造成事故的直接原因。

2. 间接原因

（1）现场没有书面的操作规程。

（2）风险管理存在缺陷，缺少远程遥控关闭泄漏的设施，缺少对事故后果的评估。

（3）机械完整性存在缺陷，电动控制阀无法远程关闭。

（4）应急预案与应急反应缺失，没有处理重大事故的应急预案和应急装备，在汽油泄漏的 85min 中，没有采取有效的措施制止泄漏，没有采取相应的控制措施，导致爆炸。

（5）培训存在缺陷，没有提供专业的安全培训，操作工没能在第一时间控制汽油泄漏。

具体表现如下：

（1）在罐区操作时，没有要求操作工佩戴防护眼镜，在泄漏油料喷到眼镜后，因失明无法关闭出口阀门。

（2）所有储罐出口阀门按设计都有从控制室控制的功能。但由于未知原因，遥控功能从2003年起全部取消。

（3）应急预案没有考虑大量泄漏和蒸汽云的事故情况。

（4）罐区操作工盲目抢救其他受伤员工，在缺氧环境下没有佩戴个人自给式呼吸器。

（5）罐区3个消防池中的一个没有投入使用，在此之前没有进行评估。

（6）罐区风险评估没有考虑由于大量泄漏导致的不可控蒸汽云爆炸的风险。

（7）公司内部审核时没有发现上述缺位的控制措施。

（四）事故教训

该油库火灾爆炸事故被认为是一场"难以置信"的事故，为预防此类事故的发生，建议采取以下措施：

（1）改进设计和布局，采用先进的油库自动化技术，设计具有双液位报警特性的报警设备，提高操作的安全性和可靠性，减少失误机会。通过设计，避免发生油罐溢油、罐底部腐蚀和泄漏等潜在的泄漏风险。

（2）对于大型储罐区，特别是在人员高密度地区，必须进行HAZOP分析和定量风险评估，建立对应的风险应对措施。

（3）确保按规定完成对管道和设备的检查以及相应的预防性维修工作，保证设备的机械完整性。

（4）对于高度危险的设施，应采用冗余的安全仪表系统，并确保系统在任何情况下都能有效工作。

（5）应编制针对泄漏的应急响应程序，确保消防设备和个人防护装备的配备，并针对应急预案进行演练。

五、某化工公司"10·10"硝酸储罐冒顶泄漏事故

（一）事故概况

2019年10月10日14时19分左右，南京某化工公司综合罐区硝酸储罐发生冒顶泄漏，事故未造成人员伤亡，未对周边大气、水体造成影响，直接经济损失约46万元。

（二）事故经过

2019年10月10日12时53分左右，陈某驾驶丙酮槽罐车在杨某引导下到达卸料区，槽罐车到达现场后，杨某误将硝酸储罐进料阀当成丙酮储罐进料阀打开。12时57分左右，陈某误将硝酸储罐卸料软管（红色）当成丙酮储罐卸料软管（绿色）接到丙酮槽罐车卸料口

上，杨某虽然在场，但并未发现异常。13时02分左右，杨某在丙酮卸料泵手阀排空发现异常后回到卸料区，发现陈某连接了错误的软管，立即关闭硝酸储罐卸料阀，随后让陈某关闭槽罐车卸料阀门，并关闭硝酸卸料管线上的其他阀门，换接丙酮储罐卸料软管后开始往丙酮储罐卸料。14时13分左右，丙酮卸料结束，槽罐车离场。14时18分左右，与硝酸储罐顶部相连的硝酸洗涤塔放空管有棕色烟雾冒出；14时19分左右，硝酸储罐顶部有黄色烟雾冒出，随后储罐超压后发生冒顶。

接报后，江北新区立即启动突发生产安全事故应急处置预案，组织公安民警及化转办卡口大队保安对事故企业周边道路进行封控，对无关人员进行疏散；组织企业开启现场消防炮，用雾状水吸收酸雾；消防官兵利用消防车由罐顶向罐内注水至罐容的80%，稀释罐内硝酸，消防炮开启5min后，现场黄色烟雾消除。罐区内污水全部进入事故应急池，无外排。经环保部门对相关水体及企业厂界上风向、下风向环境监测点监测显示，事故没有对周围环境造成影响。

（三）事故原因

1. 直接原因

进入硝酸储罐进料管线的丙酮与管线内的硝酸混合后发生反应，产生二氧化氮和二氧化碳气体，并放出热量。产生的气体将管线内的丙酮压入硝酸储罐，继而与罐内的硝酸混合后发生反应，产生大量的二氧化氮、二氧化碳气体和热量，导致硝酸储罐超压后冒顶。

2. 间接原因

（1）操作人员违章操作，发现异常后也未及时上报处理，是造成这起事故的主要原因。

（2）事故发生单位卸料作业现场安全管理缺失，未督促从业人员严格执行本单位的安全生产规章制度和安全操作规程，履行危险作业管理职责不到位，未确定专人对装卸作业现场统一指挥和监督，是造成这起事故发生的重要原因。

（3）运输单位驾驶员在连好卸料软管和槽罐车卸料口后未和操作人员进行检查确认，也是造成这起事故的原因之一。

（四）事故教训

（1）加强生产作业全过程安全检查，开展从业人员违章作业、违章指挥及违反劳动纪律等"三违"行为整治，强化现场管控力度，促进员工养成良好行为规范和职业道德，自觉远离"三违"、抵制"三违"、纠正"三违"，采取有效管理措施，督导员工严格执行各项安全生产规章制度和安全操作规程。

（2）认真排查梳理安全生产体制机制和现场管理中存在的各类隐患，紧盯关键岗位和薄弱环节，重点排查安全生产规章制度建立及执行情况，安全生产重要设施、装备的完好状况及日常管理维护、保养情况，对存在较大危险因素的作业场所及重点环节、部位警示标志设立和风险辨识制度建立及措施落实情况，一旦发现隐患要跟踪落实整改，实现隐患排查治理工作的制度化、经常化、规范化。

（3）加强事故警示教育，认真剖析事故发生的过程、原因和症结所在。建立企业安全文化，强化危险化学品装卸环节从业人员的安全教育培训，通过动漫、现场示范及集中培训等方式，教育引导装卸从业人员熟悉装卸安全技术操作规程和各项安全管理制度，充分了解危险化学品装卸过程中存在的危险有害因素，以及可能发生的泄漏、火灾、爆炸事故，熟练掌握预防和处置事故发生的措施和方法，有效预防事故发生和降低装卸环节事故危害程度。

（4）根据《省安监局关于开展重点化工（危险化学品）企业本质安全诊断治理专项行动的通知》（苏安监〔2018〕87号）精神，加强重大隐患治理、安全设施设计治理、全流程自动化控制系统治理、装卸作业环节治理，全面提升企业安全风险管控能力和本质安全水平，在保证安全的前提下，进行装卸设施改造提升，根据企业实际情况优化装卸区域卸料管道布置，对同一装卸区域不同的物料管道采用不同连接方式的接口，防止发生误接。装卸现场张贴操作规程和物料标识，装卸岗位设立醒目的安全警示标志，对物料特性、危险因素、应急措施现场公示。

（5）完善化学品装卸作业安全操作规程，建立装卸作业管理制度，加强现场人员管理，实行企业人员"双人操作"，一人作业、一人监护，两人共同确认后方可操作，装卸作业必须在装卸管理人员统一指挥和监控下进行。严格装卸前车辆安全检查和挂牌管理，装卸过程中必须严格执行企业安全管理制度，按照责任分工，严守工作岗位，严格遵守操作规程，严格控制进场车辆数量，严禁超装、混装、错装。

（6）提高突发情况应急处置能力。针对罐区储存设施及装卸环节可能发生的泄漏、火灾等各类事故，制订并完善专项事故应急救援预案或现场处置方案，集中所有岗位人员学习和演练，提高从业人员的安全意识和应急处置能力，确保每名岗位人员熟练掌握应急救援和逃生技能，并在实际工作中不断补充和完善。配备必要的应急救援器材，操作人员必须正确使用劳动防护用品和应急防护器材，具备应急处置能力，特别是初期火灾的扑救能力和中毒窒息的科学施救能力。

案例警示要点

（1）加强人员培训，防止误操作。
（2）确保液位计、高液位开关、高高液位联锁完好。
（3）远程液位计、高液位开关不得共用一套过程连接接口。
（4）防火堤高度、事故油池容量应满足规范要求。
（5）围堰外部雨排阀门平时处于关闭状态。

第七节 其他事故/事件

一、某库区内浮顶钢制单盘储罐单浮盘存油事件

(一)事件概况

某库区储罐在进行现场检查检测时,发现该储罐单浮盘上部存在大量油迹,如图 2-76 所示。该储罐为 $2×10^4 m^3$ 成品油储罐,盛装柴油。该事件未造成严重损失。

图 2-76 单浮盘漏油情况

(二)事件原因

该储罐有一根量油管和两根导向管,分别按 0°、90°和 270°方向设置,三点结构对浮盘的移动存在约束,在运行过程中,某个时间点出现了浮盘卡顿现象,油品从浮盘边缘密封部位喷出,导致浮盘上部出现大量柴油。

(三)事件教训

储罐建设时,不宜采用三点位的固定结构,严重限制了浮盘的自由运行,存在浮盘卡顿的风险。

二、英国某港口"8·30"外浮顶油罐火灾事故

(一)事故概况

1983 年 8 月 30 日,英国某港口一座 $9.5×10^4 m^3$ 外浮顶油罐发生火灾。事故造成储罐被烧毁,大火持续约 60h 后才被扑灭。

(二)事故经过

1983 年 8 月 30 日,英国某港口一座 $9.5×10^4 m^3$ 外浮顶油罐发生火灾,当时罐内存有

55348m³ 原油，储罐高 20m，直径 78m，发生火灾时液位高度为 13m。

该油罐为单盘式浮顶，浮顶有 24 个浮仓，浮顶与罐壁之间滑动密封良好。储罐未安装固定灭火系统和火灾自动报警系统，着火时储存的原油为北海低硫原油，闪点低于 38℃。

事故当日上午，$9.5×10^4 m^3$ 外浮顶油储罐发生泄漏，原油从罐顶裂缝处泄漏出来。10 时 45 分至 53 分，泄漏的原油被引燃引发火灾。11 时 05 分，消防员开始对储罐进行灭火时，火灾已覆盖 50% 的罐顶，大火将着火区域的密封装置完全破坏。

15min 后，工作人员发现现有的消防车（$1.9×10^4 L/min$ 泡沫车）不足以对罐壁进行有效降温，液压升降塔的泡沫液被消耗殆尽，大火进一步蔓延到浮顶的其他区域。当日下午，参与灭火的人员和车辆达到了 150 人、26 台泵、7 辆泡沫车、6 座液压升降塔和 4 台其他特殊设备。工作人员开始对着火储罐及邻近的两座储罐内的原油进行排空，原油燃烧速率约为 300t/h，抽出速率约为 1700t/h。23 时 30 分，一些原油溢流到防火堤中。几分钟后突然开始沸溢，火焰高达 90m，覆盖了 90m×90m 的防火堤。现场两台消防车被引燃，暴露在着火范围内的软管被烧毁。在大约 2h 后，发生了第二次沸溢事故，持续约 30min。次日 8 时，消防员使用 3 台消防车扑灭防火堤中的火灾，将火焰与储罐分离后进行扑灭，直至 9 月 1 日 23 时 30 分，大火才被完全扑灭。

（三）事故原因

火灾事故后，当地消防部门和炼油厂管理人员经过调查研究，认为引起火灾的原因是来自炼油厂火炬带火星的焦炭颗粒飘落至罐顶，引燃了密封圈与罐壁附近的油气。

火炬高约 76m，距离储罐约 100m。这一距离虽然符合相关规范安全要求，但由于当时风速较大，导致带火星的焦炭颗粒飘落至罐顶。

（四）事故教训

（1）对原油储罐周边环境进行安全隐患排查，对于存在产生点火源的危险因素必须进行风险评估，并采取风险管控措施。

（2）储罐进行灭火时，消防应急处置不能有丝毫松懈，必须投入充足的消防力量控制住火情；否则，火情会不断升级。本次储罐起火 1h 后，储罐顶部火灾升级为全表面火灾；起火 12.5h 后，储罐发生沸溢；起火 15h 后，储罐再次发生沸溢。

（3）早期灭火对控制火势极为重要，如第一次沸溢事故后，邻近储存有瓦斯油的储罐表面保温层着火，储罐结构发生变形。第二次沸溢后，储罐出现了裂缝，泄漏出来的油品蒸气被引燃，但由于已经覆盖了泡沫，火焰很快被扑灭。

三、某库区牺牲阳极内有气孔事件

（一）事件概况

2019 年，某库区 $5.0×10^4 m^3$ 原油储罐进行大修前检测时发现，该储罐内牺牲阳极消耗严重，但底部溶解不均匀。为确保牺牲阳极块能在下个大修周期继续有效保护储罐底板，对该牺牲阳极块进行了送检化验。结果见表 2-5 和表 2-6。

表 2-5 某库区牺牲阳极成分检测

单位：%

化学成分		标准要求	实测值	结论
Zn		2.5～4.5	4.00	合格
In		0.018～0.05	0.019	合格
Cd		0.005～0.02	0.017	合格
杂质	Si	≤0.1	0.050	合格
	Fe	≤0.15	0.14	合格
	Cu	≤0.01	<0.005	合格

表 2-6 某库区牺牲阳极电化学性能检测

性能	标准要求	实测值	结论
开路电位（V）	−1.18～−1.10	−1.12	合格
工作电位（V）	−1.12～−1.05	−1.11～−1.04	不合格
实际电容量（A·h/kg）	≥2400	2613	合格
电流效率（%）	≥85	91.1	合格
消耗率［kg/(A·a)］	≤3.65	3.35	合格
溶解情况	产物容易脱落，表明溶解均匀	产物容易脱落，表明溶解不均匀	不合格

从检测结果来看，送检样品化学成分合格，电化学性能不合格。

（二）事件原因

1. 直接原因

采购部门把关不严，采购了质量不合格的牺牲阳极。

2. 间接原因

（1）牺牲阳极电化学性能中，开路电位、实际电容量、电流效率和消耗率合格，工作电位比标准要求略低，导致表面溶解不均匀。

（2）厂家在生产过程中把关不严，导致内部存在大量气孔，如图 2-7 所示。

（三）事件教训

（1）开罐后，应随机抽取牺牲阳极送检，检测其组成成分与电化学性能。

（2）新采购的牺牲阳极，送达使用现场后随机抽检。

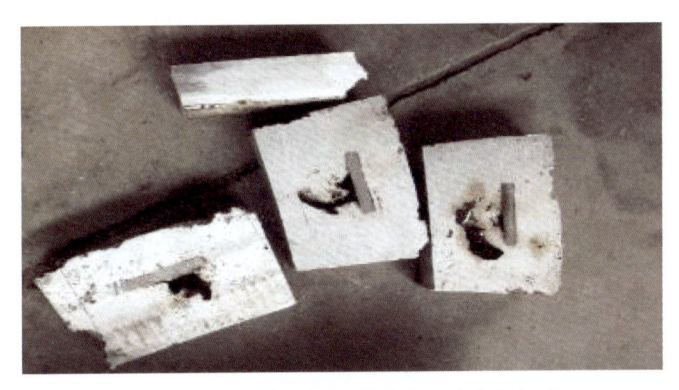

图 2-77 送检牺牲阳极块内部存在大量气孔

四、某库区原油罐牺牲阳极失效事件

（一）事件概况

2018 年 7 月，对某库区 5.0×10⁴m³ 原油储罐进行大修前检测时发现，该储罐内牺牲阳极完好，外部有部分表面粘有防腐漆，使用寿命 10 年，基本无消耗，而罐底板局部可见明显腐蚀坑。经送检发现，该牺牲阳极不合格。

（二）事件原因

1. 直接原因

采购部门把关不严，采购了质量严重不合格的牺牲阳极；现场施工质量管控不严，未清理牺牲阳极表面防腐漆。

2. 间接原因

（1）厂家把关不严，生产过程未对铟含量进行管控，使得铟含量远低于国家标准要求（表 2-7），牺牲阳极工作电位过低，导致牺牲阳极在使用时驱动电位过低（表 2-8），活性较小，表面的电化学反应难以发生，而且反应生成的腐蚀产物不易脱落，更进一步阻止了反应的进行。

（2）表面防腐漆阻止了牺牲阳极发生溶解反应。

表 2-7 某库区 5.0×10⁴m³ 储罐牺牲阳极合金成分

单位：%

化学成分	标准要求	实测值	结论
Zn	4.0～7.0	4.68	合格
In	0.02～0.05	<0.005	不合格
Mg	0.5～1.5	1.12	合格
Ti	0.01～0.08	0.048	合格

续表

化学成分		标准要求	实测值	结论
杂质	Si	≤0.1	0.081	合格
	Fe	≤0.15	0.11	合格
	Cu	≤0.01	<0.005	合格

表 2-8　某库区 $5.0\times10^4\text{m}^3$ 储罐牺牲阳极电化学性能检测

性能	标准要求	实测值	结论
开路电位（V）	−1.18～−1.10	−1.01	不合格
工作电位（V）	−1.12～−1.05	−0.92	不合格
实际电容量（A·h/kg）	≥2600	1678	不合格
电流效率（%）	≥90	60.1	不合格
消耗率［kg/(A·a)］	≤3.37	5.22	不合格
溶解情况	产物容易脱落，表明溶解均匀	产物不脱落，表明溶解不均匀	不合格

（三）事件教训

（1）储罐大修开罐时，应抽检牺牲阳极质量，检测其组成成分与电化学性能。

（2）罐内防腐时，应包裹牺牲阳极，牺牲阳极体任何表面不应有防腐漆。

五、某库区储罐一次密封失效事件

（一）事件概况

2019 年 5 月，某库区储罐在巡检时发现有 3 处密封胶带存在 4～6m 长度不等的破损，一次密封内的海绵在破损部位浮盘边缘板上露出，使得储罐一次密封失效。

图 2-78　外露于浮盘上表面的碎块海绵

（二）事件经过

2019 年 5 月，某库区人员巡检时发现 4 号储罐东北侧有聚氨酯海绵碎块外露于二次密封挡板处，碎块海绵如图 2-78 所示。再次排查，发现该储罐有 3 处密封胶带存在 4～6m 长度不等的破损情况，如图 2-79 所示。

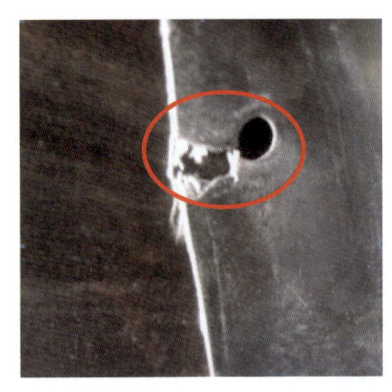

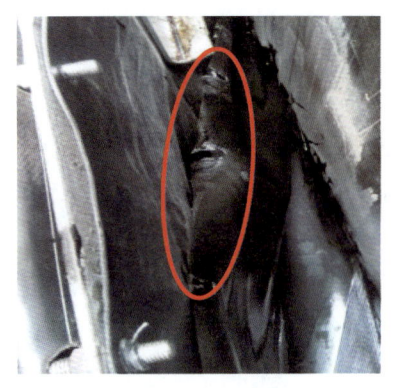

图 2-79　一次密封橡胶袋固定螺栓孔部位被撕裂、胶袋脱开

该储罐罐容为 $5.0×10^4m^3$，于 2013 年完成建设并投产，2018 年计划检修。建设期使用囊式一次密封。随后组织对现场密封进行拆解，发现一次密封多处有割裂现象。查阅该储罐工程初设图、施工图及竣工资料，发现该储罐初步设计及施工图设计均有密封托板，但竣工图无密封托板，建设期实际安装过程也无密封托板，无任何相关变更资料。该储罐在 2018 年大修时要求使用三芯结构一次密封，并增设密封托板。而实际大修时，只增设密封托板，但仍安装单芯密封。

（三）事件原因

1. 直接原因

现场人员在了解现场到货密封与设计方案中密封不一致情况下，仍组织安装，导致一次密封损坏失效。

2. 间接原因

（1）厂家人员在焊接密封托板前现场实测储罐环形间距，但库区人员与施工队伍在后续焊接密封托板时未与厂家进行沟通。

（2）设计人员依据经验确定密封托板长度，缺少实际验证数据，密封托板设计过长，导致一次密封受挤压破损。

（3）库区未将厂家密封安装图纸提交设计人员复核。

（4）厂家供应的密封到达现场后，现场人员发现与图纸不一致的密封结构，未办理变更就进行安装。

（5）厂家提供间隔式压板结构，一次密封橡胶袋上部的限位不连续，橡胶袋固定不牢靠，如图 2-80 所示。一次密封装置中的固

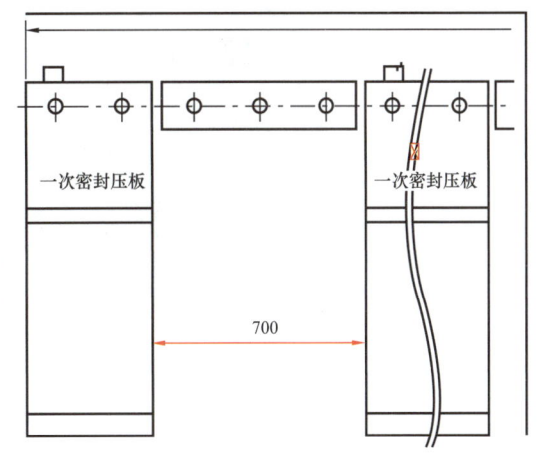

图 2-80　实际使用一次密封压板不连续

定板等金属件边角尖锐，割破了橡胶带。

（四）事件教训

（1）严格现场设备变更管理。按要求履行变更审批手续，进行充分的危害辨识后，经批准后方可实施变更。

（2）密封到达现场后，应组织相关人员验收，检查到达物资是否与设计要求一致，同时检查固定板等金属件边角是否已进行圆滑过渡、锐角钝化处理。

（3）厂家提交的密封图纸应交由设计院复核后再组织安装。

六、委内瑞拉某炼油厂"8·25"爆炸事故[23]

（一）事故概况

2012年8月25日1时11分，委内瑞拉某炼油厂储油区由于静风天气，外泄的丙烷气体在该区域不断聚集，遇到火种后发生爆炸。事故造成48人死亡，超过80人受伤。

（二）事故经过

2012年8月25日1时11分，委内瑞拉某炼油厂储油区由于静风天气，外泄的丙烷气体在该区域不断聚集。1时15分左右，遇到火种发生爆炸事故，并引发两个石脑油储罐起火。火势蔓延到了炼油厂周边地区，爆炸产生的冲击波导致炼油厂对面的委内瑞拉国民警卫队营房、200幢民房和10家商店遭到破坏。炼油厂爆炸引发的大火产生了巨大的黑色烟柱，在10km以外都能清晰地看到，事故现场如图2-81所示。事故造成48人死亡，超过80人受伤。

图2-81 爆炸现场

爆炸发生后，委内瑞拉政府调集222名消防队员前往救援，消防队员和大批国家石油公司的志愿者一起全力控制火势。8月28日，炼油厂火灾彻底扑灭。

（三）事故原因

1. 直接原因

丙烷和丁烷泄漏，形成蒸气云团，遇点火源发生爆炸。

2. 间接原因

1）事故应急处置

发现炼油厂的现场事故应急处置存在缺失，应急预案未能发挥作用。

在8月24日24时进行的巡回检查中，工人们检测到丙烷和丁烷气体泄漏，发现已形成蒸气云后，工人们迅速进行了应急响应，1名工人当即调转车头报告了国民警卫队，通知他们对快车道实施交通管制。但应急处置没有启动事故应急预案及人员撤离预案。

在事故发生前几天，曾经有若干工人和国民警卫队官员报告，闻到了易燃气体的气味。该地区易燃气体累积至少经历了一整天，该厂安装了很多易燃气体监测装置，在这些储罐周围巡查的若干工人也带有这种装备。因此，有可能实际上已经上报了泄漏，但生产装置依然在运行，直到逐渐累积的易燃气体与某些组分混合，引发了爆炸才停产。

2）检维修情况

委内瑞拉两家国家级报纸还公布了一份文件。文件表明，在事故发生前几个月，工程师们已经发现了炼油厂欠缺维护保养。

3）裁员

除了因炼油厂大修推迟导致的设备完好率低以外，大批解雇工人也对炼油厂造成不利影响。该公司在2003年解雇了近18000名工人，占该公司员工总数的大约45%。

4）安全管理与安全文化

2003年以前，公司实施综合风险管理体系等严格的安全管理制度。2003年以后，管理全面恶化，完全不能确保安全、可靠运行。根据保险公司数据，炼油厂2011年发生了222起事故，其中100起是火灾事故，60起是易燃液体输送管道破裂和泄漏事故，公司完全丧失了企业安全文化。

案例警示要点

储罐区是油品储运的枢纽，设备集中，储存的油品易燃、易爆、有毒，并具有腐蚀性，火灾危险性较大，是事故多发场所之一，以上案例为我们提供了如下警示要点：

（1）抽检储罐建设、检修期关键物资质量，尤其是要确保新采购的牺牲阳极块的质量，对送达使用现场后的牺牲阳极块要随机抽检。

（2）严格新到现场设备的变更管理，凡是与设计不符的设备，一律实施变更审批，经过开展风险辨识和评估审批后后方可实施。

（3）定期开展储罐泄漏和爆炸，特别是储罐初期灭火应急演练，锻炼员工对事故报警和初期着火应急处置的技能。

（4）储罐基础的不均匀沉降会加剧罐底板的腐蚀。应定期对储罐泄漏检测孔进行检查，确保原油泄漏时能及时发现。

（5）定期对阴极保护进行检查维护，对阴极保护测试桩检测，确保罐底板处于被保护状态。

（6）持续监控储罐基础沉降速率，及时分析监测结果；对累计沉降量大、沉降速率快和油罐基础的不均匀沉降重点监控。

参 考 文 献

[1] 徐志有.对一起原油储罐雷击爆炸火灾的反思[J].水上消防，2012（2）：38-41.

[2] 任常兴，安慧娟.油储罐火灾事故回顾及对策[J].现代职业安全，2015（6）：17-21.

[3] 张海峰，刘全桢，王海明，等.某炼油厂125#原油罐火灾事故原因分析及预防[J].化工劳动保护，2001，21（12）：430-432.

[4] Chang J I, Lin C C.A study of storage tank accidents[J].Journal of Loss Prevention in the Process Industries，2006，19（1）：51-59.

[5] 国务院安全生产委员会.国务院安委会办公室关于中国石油天然气集团公司在大连所属企业"7·16"输油管道爆炸火灾等4起事故调查处理结果的通报[EB/OL].（2011-11-25）.http：//www.110.com/fagui/law_388551.html.

[6] 国务院安全生产委员会办公室.关于新疆独山子在建原油储罐"10·28"特大爆炸事故的通报[EB/OL].（2008-06-28）.https：//doc.docsou.com/b15de9c89b7557c0324f44213.html.

[7] 上海市人民政府关于同意《上海赛科石油化工有限责任公司"5·12"其他爆炸较大事故调查报告》的批复[EB/OL].（2018-08-28）.http：//cms.yjglj.sh.gov.cn/gk/xxgk/xxgkml/sgcc/dcbg/31587.htm.

[8] 洋浦安监局.中国石化海南炼油化工有限公司"5·13"一般高处坠落事故调查报告[EB/OL].（2019-08-13）.http：//yangpu.hainan.gov.cn/yangpu/sgbb/201908/f5566fd05d1242f8a746ad10156376d2.shtml.

[9] 大连市长兴岛港口"9·24"原油库区5号罐组坍塌较大隐瞒事故调查报告[EB/OL].(2016-12-17).http：//www.safehoo.com/Case/Case/Collapse/201612/467213.shtml.

[10] 黄岛区"3·8"天津华浮石化设备工程有限公司一般火灾事故调查报告[EB/OL].（2020-01-08）.http：//www.huangdao.gov.cn/n10/n5978/n6491/n7050/n7153/n7334/n8216/200210095658812225.html.

[11] 唐彬.Partridge Raleigh储罐动火作业爆炸事故给我们的启示[OL].https：//wenku.baidu.com/view/1c0a1650240c844769eaeef6.html.

[12] 茂名高新区茂名市润东石油化工有限公司"2·7"火灾事故调查报告[EB/OL].（2020-07-02）.http：//ajj.maoming.gov.cn/ztzl/aqscxxgk/sgdcbg/content/post_789347.html.

[13] 曹文东.一起油罐采样闪爆事故原因分析及其预防[J].化工安全与环境，2005（24）：6-7.

[14] 上海高桥石化"5·9"石脑油罐火灾事故通报[EB/OL].（2010-07-12）.https：//max.book118.com/html/2018/0127/150810733.shtm.

[15] 曾一斐.轻污油罐闪爆事故分析及对策措施[J].石油化工安全环保技术，2014，30（1）：40-42.

[16] 高吉峰.一起大型油品储罐破裂泄漏事故[J].安全、健康和环境，2009，9（11）：5-7.

[17] CSB.Allied terminals fertilizer tank collapse[EB/OL].（2009-05-26）.https：//www.csb.gov/allied-terminals-fertilizer-tank-collapse/.

[18] CSB.Freedom industries chemical release[EB/OL].（2017-05-11）.https：//www.csb.gov/freedom-industries-chemical-release-/.

[19] 向长军，项永良，程涛，等.10000m³柴油罐跑油事故调查[J].石油化工腐蚀与防护，2010，27（1）：47-49.

[20] 王梦蓉.邦斯菲尔德油库火灾爆炸事故反思[J].现代职业安全，2015（2）：102-106，108-113.

[21] 王梦蓉.美国加勒比石油公司储罐火灾爆炸事故[J].现代职业安全，2016（1）：94-98.

[22] 翟良云，赵祥迪，王延平，等.印度斋普尔油库火灾事故原因分析与建议措施[C].科学发展和安全健康——中国职业安全健康协会2011年学术年会，2011.

[23] 李然，宁军.委内瑞拉Amuay炼厂爆炸事故案例分析[J].化工安全与环境，2014（20）：9-10.

第三章 风险防控对策

本章在对每类事故关键要素总结的基础上,针对引起外浮顶储罐事故的不同原因,提出了针对性的管控对策,并从消防应急管理角度介绍了大型储罐事故的应急救援流程和关键技术。

第一节 防雷管理对策

一、雷击电流路线

(一)直接雷击

1. 雷击油罐顶部罐壁

当雷电直击油罐的边缘、护栏、泡沫发生器、量油孔、照明灯和罐顶的其他物体时,快速高电流脉冲沿壳体内侧向下流动,并经过边缘密封和浮顶流动。闪电通往储罐壳体顶部的电流路线如图 3-1 所示[1]。

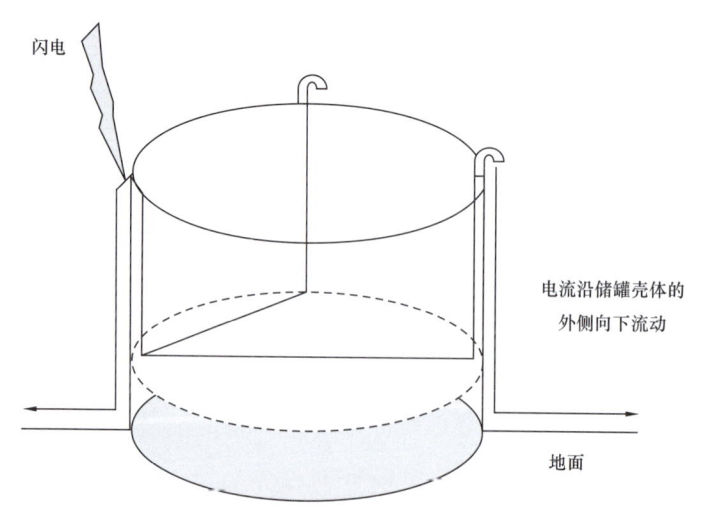

图 3-1 闪电通往储罐壳体顶部的电流路线

2. 雷击浮顶

当雷击浮顶时,快速高电流脉冲沿所有方向经浮顶流向边缘密封和分路,然后向上并在壳体上流向地面。只有在浮顶较高时,浮顶才有可能遭受雷击。电流路线如图3-2所示。

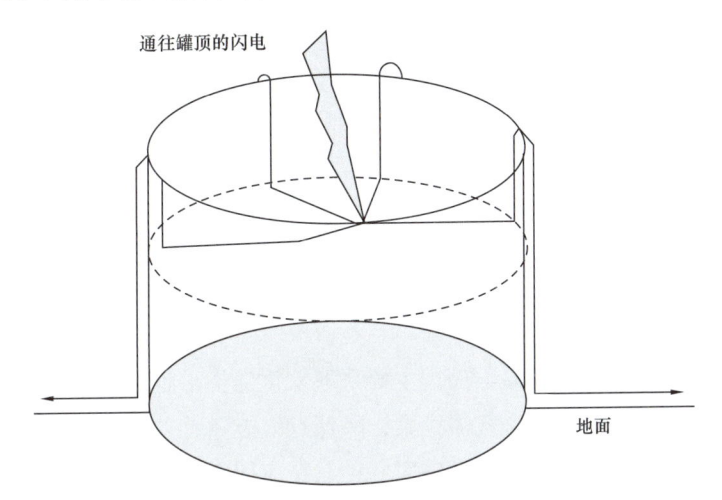

图3-2 闪电通往浮顶的电流路线

(二)间接雷击

如果雷击在邻近储罐的地方,部分电流会在储罐壳体的外表面经过浮顶向下流到储罐壳体另一侧的地面。与直接遭受雷击的储罐相比,此时经过储罐的放电电流的能量要小得多,电流路径的任何不连续都会在间隙处产生电弧。

电流从雷击连接点处展开,包括向储罐、向上和在储罐上展开,并沿远侧向下展开,如图3-3所示。图3-3仅适用于快速高电流脉冲。连续电流仅沿地面和罐底流动。

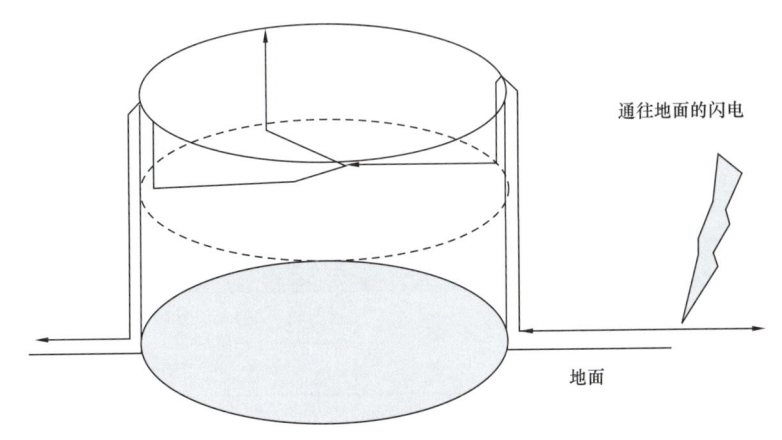

图3-3 闪电通往浮顶储罐附近地面的电流路线

在储罐上或紧靠储罐的驱动电流流过浮顶时,如果存在金属间隙,就有可能产生火花。外浮顶油罐浮顶可能存在的金属间隙有以下几个位置:

（1）二次密封导电片与罐壁间。

（2）机械密封金属滑板与罐壁间。

（3）机械密封内部金属构件间。

（4）浮顶上部呼吸阀、强制呼吸阀。

（5）浮顶扶梯4个连接点处。

（6）二次密封挡板处。

（7）浮顶和罐壁之间形成接触的任何其他金属。

当浮顶出现火花打火，并且易燃混合物处于爆炸极限时，能量高于0.2mJ的气隙火花足以引燃油品的蒸气/空气混合物。特别是机械密封空腔和二次密封空腔，最易引起火灾。

二、防雷措施

大型外浮顶储罐在防雷击风险方面，主要采取六重保护措施防控雷击风险：一是推进无油气密封系统应用，减少空间可燃气体集聚，降低点火能量；二是定期进行专业检测，保障分路器和伸缩式雷电流释放器等防雷设施完好；三是应用新一代光纤光栅，减少误报，提高探测精度；四是完善火焰探测仪、光纤光栅、视频监控和泡沫系统四重联动，提升应急处置速度和能力；五是应用本地雷电预警专家系统和闪电定位平台，指导库区作业和操作；六是突出1min应急响应，强化初期火灾登罐灭火演练，抓住黄金救援10min。

（一）无油气密封应用

大型浮顶金属油罐的雷击事故较多，虽然雷击是主要原因，但设备的本体缺陷也是重要原因。因此，提高密封性能的技术措施和对策，以减少油气聚集达到爆炸极限，消除密封间产生火花的条件是预防雷击事故的重点[2]。

1. 密封结构技术要求

（1）外浮顶油罐应设置一次密封和二次密封。在雷雨多发区域，一次密封宜采用软密封。

（2）油罐罐壁与浮顶之间的环形密封间距宜按表3-1的规定选取。

表3-1　环形密封间距

储罐公称容量 V（m³）	环形密封间距（mm）
50000≤V<100000	200~250
100000≤V≤150000	250~300

（3）在浮顶外边缘板与罐壁之间的环形密封间距偏差为±100mm的条件下，一次密封和二次密封的密封件应保持与罐壁良好接触。

（4）应尽可能减小一次密封和二次密封之间的油气空间。

（5）一次密封的橡胶包带、橡胶充液管应符合HG/T 2809—2009《浮顶油罐软密封装置橡胶密封带》要求，除具有良好的耐油性能外，还应满足强度、耐老化、防静电等要求。

（6）一次密封带、二次密封刮板表面电阻值不得大于300MΩ。苯类、硫化氢含量高的轻质油储罐的橡胶包带宜选用氟橡胶包带。

（7）一次密封的软泡沫塑料应符合GB/T 10802—2006《通用软质聚醚型聚氨酯泡沫塑料》要求，应具有良好的弹性和耐老化性能。

（8）一次密封和二次密封所用紧固件、二次密封的压条等材料应为不锈钢。

（9）一次密封的橡胶包带和二次密封的油气隔膜接头的物理性能、耐油性能以及力学性能等应不低于对橡胶包带和油气隔膜的性能要求。

（10）二次密封的支撑板应采用不锈钢，橡胶刮板宜采用L形结构，以保证刮板与罐壁之间形成良好的面接触；当采用其他结构时，密封油气空间不应存在金属凸出物。

（11）二次密封的橡胶刮板应具有良好的耐磨性、耐候性和耐油性。

（12）一次密封应采用浸液安装的方式。

（13）一次弹性泡沫密封安装后，下部凸出应规则，无扭曲现象，上部应平整。

2. 氮气主动防护系统

针对原油储罐一、二次密封油气聚积造成的安全问题，国内部分大型外浮顶储罐增设了氮气主动防护系统。其基本原理是检测一、二次密封空腔的可燃气浓度，当油气浓度超标发出警报时，向空腔内充入氮气，稀释油气浓度，达到防雷击着火的目的。从实际应用来看，充氮防雷系统对外浮顶罐防雷起到了一定的作用，但是也有其本身的缺陷：

（1）可燃气体检测仪检测到的可燃气体浓度准确度较低。根据风洞原理，气流从外浮顶罐顶部掠过时，由于绕流，在罐壁内侧周边将产生不均匀的压力分布，致使一、二次密封内油气浓度分布不均匀，可燃气体检测仪检测的数值不能反映系统内可燃气体的真实浓度。

（2）产生了次生风险。氮气对人有窒息危害，其密度与空气接近，在储罐运行过程中，二次密封、氮气管线等一旦出现泄漏，氮气在浮盘上方聚积，将会对工作人员的生命安全构成严重威胁。

（3）增加了安全隐患。安装可燃气体检测仪破坏了二次密封的整体完好性，检测仪每年需要拆卸校验，施工作业过程风险伴随而来。

（二）防雷设备设施要完好

1. 防雷接地装置

按照GB 15599—2009《石油与石油设施雷电安全规范》、GB 50737—2011《石油储备库设计规范》的要求，防雷接地点应均匀分布在罐体周边，沿罐壁周长的间距不应大于30m且不少于两处；接地体距罐壁的距离需大于3m，且冲击接地电阻不大于10Ω。

2. 浮顶与罐壁间的电气连接

（1）二次密封静电导电片。导电片制造成本低廉，在外浮顶储罐中应用广泛，通用做法是沿二次密封圆周沿罐壁每隔3m设一个导电片，将浮盘上积聚的静电荷经罐壁导入大地。在储罐运行中为了避免出现导电片虚搭连接、罐壁油泥过厚导电效果差等问题，安装的导电片通常需要满足以下要求：导电片与浮盘接触电阻应不大于0.03Ω；罐壁油泥、防静电涂层、铁锈的厚度不得超过2mm；导电片应由具备国家相应检测资质的机构进行检验后方可使用。

（2）罐顶沿浮梯下至浮盘的等电位连接带。在罐壁与浮顶之间采用两根截面积不小于50mm^{2}的扁平镀锡铜复绞线或绝缘阻燃护套软铜复绞线将浮盘与罐顶做电气连接。由于等电位连接带随浮盘升降不断运动，易被走梯滑轮碾压，使用过程中应避免等电位连接带发生断裂和缠绕。

（3）罐顶附件的等电位连接。储罐的阻火器、呼吸阀、量油孔、人孔、切水管、透光孔、梯子等金属附件均应做等电位连接。

（4）浮顶罐中低频雷电流分流器。浮顶罐中低频雷电流分流器是连接浮顶罐罐壁和浮盘，实现低阻抗的电气连接，快速疏导雷击在浮盘和储存介质上的雷电流和束缚电荷，提供低阻抗通道接地并缩短放电时间，抑制罐壁和浮盘边缘板之间的瞬时过电压，将可燃气体中发生火花的可能减小到最低程度。外浮顶储罐防雷检测应符合以下要求：

① 雷雨季节，每月检测每座油罐二次密封内外部可燃气体的浓度。容积不小于10×10^{4}m^{3}的油罐检测点不少于8个（周向均布），小于10×10^{4}m^{3}的油罐检测点不少于4个（周向均布）。对可燃气体检测浓度超过25%LEL（爆炸下限）的储罐应及时查找原因，具备条件的应立即采取整改措施；不能立即整改的，应在雷雨天重点加强消防监护。

② 在每年的雷雨季节前，组织专业人员对外浮顶油罐的等电位和接地系统进行检测。检测不合格点，必要时挖开地面抽查地下隐蔽部分锈蚀情况，发现问题及时处理。

③ 雷雨季节应每周检查检测二次密封上部的分路器与罐壁的压接情况，确保分路器与罐壁接触良好。当罐壁积油厚度大于2mm时，应及时进行处理。

④ 二次密封空腔可燃气体应采用本安型可燃气体检测仪检测。

（三）光纤光栅

光纤光栅线型感温火灾探测器以光纤作为信号传输和传感媒质，利用光纤光栅感温原理实时探测温度的变化，实现差温、定温等多种报警模式。信号处理单元置于监控中心，与交换机、UPS电源等安装在机柜中。信号处理单元通过连接模块接入火灾报警控制器，也可以通过交换机接入监控计算机。信号处理单元通过传输光缆连接至监控现场，通过光缆接续盒将感温光缆接入不同通道。感温光缆安装于外浮顶罐二次密封金属板上沿，呈圆周形分布，各探头之间的间距为10cm左右，感温光缆采用固定卡进行机械固定（图3-4）。报警开关信号通过输入模块接入控制室内的火灾报警控制器，与火灾自动报警系统实现数据共享，并可与消防设施或视频联动。

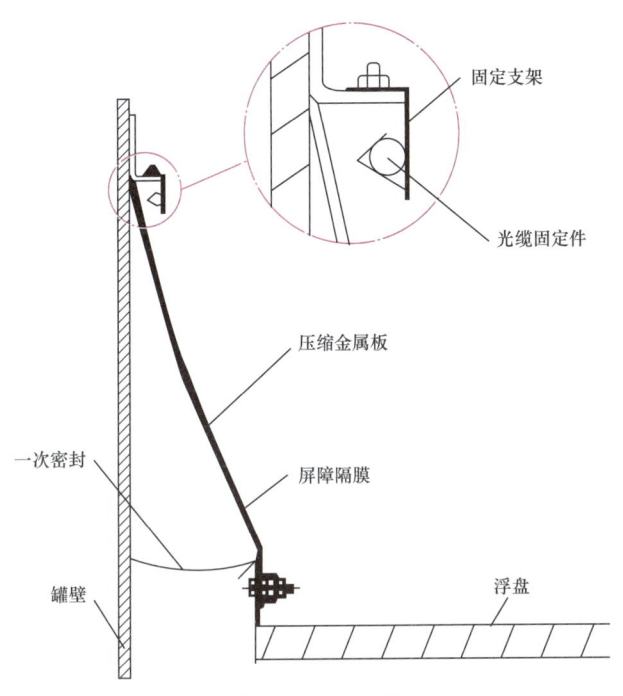

图 3-4　外浮顶储罐感温光缆安装示意图

（四）四重联动

外浮顶储罐消防系统应与火焰探测系统、光纤光栅感温系统、视频监控系统构成四重联动，形成火灾探测和应急处置保护系统。

火焰探测器是监控现场火源、现场燃烧的可靠设施。外浮顶储罐的火焰探测器主要安装于储罐顶部罐壁上，重点监控外浮顶储罐密封处火灾。不同火焰探测器的形式、监测范围各不相同，点型红外火焰探测器如图 3-5 所示。但无论如何安装，都需要保证被监控区域被百分百探测保护到，红紫外复合火焰探测器安装示意图如图 3-6 所示。

光纤光栅在发生火灾时，伴随着温度的上升会发出报警，其可以与火灾自动报警系统实现数据共享，并可与消防设施、视频监控系统联动。

摄像头的设置个数和位置应根据库区的实际情况实现全覆盖。摄像头的安装高度应确保可以有效监控到储罐顶部。有防爆要求的应使用防爆摄像机或采取防爆措施。室外安装的摄像机应置于接闪器有效保护范围之内；摄像机的视频线、信号线宜采用光缆传输，电源应采用 UPS 供电，各类电缆两端应加装浪涌保护

图 3-5　点型红外火焰探测器

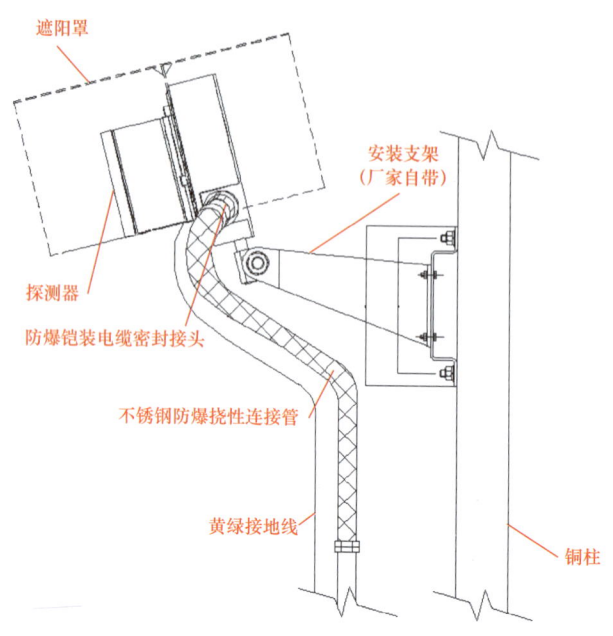

图 3-6　红紫外复合火焰探测器安装示意图

器;摄像机应有良好的接地,接至接地网。电视监视系统宜与火灾自动报警系统联动。当火灾报警系统报警时,自动联动相关的摄像机转向火灾报警区域,以便快速确认火情。

冷却与泡沫系统,设置消防"一键启动"的目的在于以最短的时间实现消防系统投用,将火灾事故消除在萌芽阶段。

(1) 联锁触发消防系统启动。火焰探测器、光栅光纤发出火警信号后,消防自控系统根据现场火警情况,按照预先设定的逻辑联锁启动储罐消防喷淋系统、储罐消防泡沫系统,实现 5min 内消防喷淋出水,罐顶泡沫发生器出泡沫。

(2) 中控室手动"一键启动"。由于火焰探测器、光栅光纤系统故障或检测盲区内发生火灾,火灾报警系统联锁未触动,操作人员可通过操作系统远程选择事故储罐,按下消防"一键启动"按钮,实现相应储罐 5min 内消防喷淋出水、消防泡沫出水。

(五) 雷电预警与闪电定位系统应用

随着科技的发展,气象灾害的预报预警设备和技术逐渐成熟并得到应用,对大气电场和电磁场的探测设备日趋精准,对闪电的点位技术也应运而被开发,在各个领域得到应用。石油储备库作为重大危险源,应用这些设备和技术,可以有效地对雷电这一危害因素进行探测和预警,更精准地指导库区生产管理和操作,有效避免雷击伤害和事故的发生。

油库作为原油和成品油储存、转运的重要平台,其安全性一直被高度重视。由于油品自身具有的易挥发、易燃、易爆的特点,其在储存和转运过程中,一旦遭受雷击,往往会引起爆炸着火事故,造成重大人员伤亡及财产损失。权威数据表明,雷击引发的油库火灾占到所有油库火灾事故的 30%～80%,是第一大危险源,因此需要开展雷电监测预警工作。

雷电预警与闪电定位系统包括本地雷电预警专家系统和闪电定位与预警系统，两套系统相辅相成。

1. 本地雷电预警专家系统

每套雷电监测预警专家系统由4台雷电监测预警仪（图3-7）组成，电场探头安装在屋面或不被遮挡的较高平台位置，电场探头应高出屋面，在距离探头3m处安装一根接闪杆，电场探头支撑杆和接闪杆分别就近与接地装置连接，以避免雷电击坏电场探头。

图3-7 本地雷电探测器

在安装好探头之后，通过网络与室内的预警仪主机、PC网页端、云处理平台相连接，提前预警时间可按照需要设定，最长可达1h，最短可控制在10min左右。通过声光报警，或连接至厂区已有的集群广播系统、手机短信、云端App等方式，预警仪可以及时地对场内所有人员发出预警。雷电监测预警专家系统还可通过预置的通信模块，向指定用户手机发送预警短信，以确保预警信息在第一时间内传递给相关人员。

通过雷电监测预警专家系统实现实时监测电场强度变化，电场强度超过一定门槛值后发出报警信号，提示可能即将发生雷击。为防止油品库区发生雷电灾害，提前预知库区范围内的雷雨云变化情况，及时做好预防措施，油品储备库区宜采用雷电预警装备。

2. 闪电定位与预警系统

油库雷击灾害主动防御的关键是，当雷电临近本场时，推迟或关停可能导致油库火灾或人员伤害的敏感作业（收发油、开罐作业、高空作业等）。这一切的前提是，需要对雷电是否会经临本场、何时经临本场、可能的持续时间和雷暴强度、何时消散等做出量化的预测和分级，即"临近预警"。

雷电活动具有很强的局地规律，油库区域位置跨越东北、西北、华北、西南、华南，地理特征包括了沿海、内陆，各地的雷电特征和对应的防御体系有明显不同的特点。

为了有效监测雷电情况，提前得知雷电的状态，实现雷电提前预知、报警和应急响应，有必要安装雷电预警与闪电定位系统，监测以油库所在地区为中心的雷电风险。目前的闪电定位网，可以对大部分油库进行覆盖，可保证范围（厂区周围200km^{2}区域）、有效性（捕捉95%以上的雷电）、精度（定位误差小于300m）和辨识度（区分云闪、地闪及极性）。

闪电定位仪采集闪电回击产生的低频/甚低频电磁波信息，经处理之后通过通信模块（可以是无线通信，也可以是有线通信）实时传送到雷电监测预警云平台中进行定位计算。

雷电预警系统以闪电定位数据和近地大气电场数据为基础，使用评分工程方法，构建一系列不同预测窗口的概率模型，然后通过决策树对所有模型进行组合，最终建立防护区域雷击发生概率的评分模型，解决0~2h临近预警问题。

雷电预警区域分为目标区域、周边区域和监测区域，其中需要执行雷电防御措施的油罐区为目标区域，预警模型有效的区域为周边区域（油罐区中心点外延几千米），预警模型运行所需的观测数据来源（周边数十千米）为监测区域。

通过系统，可对防护范围内的雷电活动进行监测、预警。其监测的信息包含雷击的时间、位置、强度等。数据经过中心站机器学习模型的处理和转换，计算出雷电预警信息和实时定位信息并传输到雷电监测系统上。现场操作人员可以实时通过本系统了解详细情况并采取相应措施。

雷电预警系统将雷电分为云闪和地闪，可以对雷电实现实时预警。主要功能包括：最近时间和距离内的雷击数据、最近15min发生的雷击距离本场的最小距离、最近30min雷暴抵近本场的平均速度、最近15min大气电场强度绝对值的大小。

雷电预警系统针对大型油库和码头作业的特点，综合了雷暴抵近时间、雷暴强度及持续时间、受影响的作业范围、应急救援支持4个方面的因素，提供三级四色预警机制，不同级别预警情况见表3-2。

表3-2 雷电预警状态

预警级别	紧急程度	颜色标识	预警情况
正常状态	/	/	未来1h，附近无雷电活动
蓝色警告	预警级	蓝	雷暴1h内抵达
黄色警告	响应级	黄	中低强度雷暴0.5h内抵达
红色警告	响应级	红	高强度雷暴0.5h内抵达
击中警告	救援级	/	雷电击中库区

闪电定位与预警系统应用效果：

（1）严格控制雷暴期间的收发输转、开罐计量等危险作业，可有效地避免雷击引发的油库火灾等恶性事故。

（2）通过量化的雷击预案时间窗管理，减少无效停工时间，进而提升工作效益。

（六）初期火灾登罐灭火

密封圈火灾是大型外浮顶储罐最主要的火灾模式，控制外浮顶储罐火灾最有效的方法就是将火灾消灭于密封圈火灾初期，为避免火势扩大，及时控制，密封圈火灾救援行动中往往都需要登罐灭火。

1. 组织指挥

消防站指挥员在向火场行驶的途中，收集、传递下列信息：逐车核对出动力量，向石油库消防站火警通信室汇报出动力量和行驶进程；与消防站火警通信室核实是否有人员被困、着火的部位、物料以及现场情况，并向各班长通报；及时向消防站火警通信室报告途中观察到的烟雾、火焰等相关情况；根据现场初步判断，向石油库消防站火警通信室请求增援；接受消防站火警通信室传达的上级指挥员的各项指令。

消防站指挥员到达现场后，按以下步骤开展现场指挥工作：组织火场侦察；根据火场侦察结果，确定"充分利用固定消防设施、加强冷却保护、控制火势发展蔓延"为主的战术措施展开战斗；向各班长下达战斗任务，并进行安全提示；不间断地检查任务执行情况，适时进行调整，纠正偏差；向石油库消防站火警通信室报告作战部署和战斗效果。

增援队到场后，若支队级指挥员还没有到达，应实行责任区队的属地指挥。责任区队应向增援队介绍确定的作战方案，提出增援队协同作战的具体要求，协调增援队落实协同作战措施。

2. 火场侦察

责任区消防站指挥员到达现场后，立即组织火场侦察，设立观察哨，并在火灾扑救全过程实行不间断侦察，包括：了解着火罐和受火势威胁的相邻罐物料温度变化情况；密切关注储罐浮盘所在位置罐壁温度和外形变化情况，判断储罐浮盘是否有倾斜的危险；了解采取的工艺措施，并观察其实施效果；观察灭火剂喷射是否合理，冷却和灭火措施是否有效；检测风向、风速，观察其变化情况，监测罐顶硫化氢气体浓度，判断阵地设置是否符合安全和作战需求。

3. 作战行动

出动力量到达现场后，在事故罐上风处集结，等待侦察小组进行火场侦察，同时进行战斗准备。责任区中队长在完成现场侦察后，组织研究确定作战方案，并开展以下作战行动：对密封圈火灾，本着"速战速决"的原则，部署灭火力量；充分利用油罐的固定和半固定设施，对油罐进行冷却保护和泡沫灭火；安排泡沫枪对密封圈进行泡沫覆盖灭火；安排高喷车对罐顶重点区域进行泡沫覆盖灭火；开启喷淋及固定低倍数泡沫发生器对油罐进行冷却和灭火。

增援力量到达现场，在集结地待命，接受责任区中队的任务后，执行以下内容：利用高喷车出泡沫对事故罐密封圈实施泡沫覆盖；利用周边水源对车辆进行补水；中队指挥员根据现场制订的作战方案，结合风向条件，下达具体战斗命令；所有的消防车在出水、液同时，用附近的消火栓连接吸水管或铺双干线进行供水；战斗展开时所有的作战车辆尽可能集中停放在靠近火场一侧，留出增援队车辆通过和作战位置。

火势熄灭后，应继续对相邻设备冷却，直至设备表面温度降至正常温度。作战过程中应特别注意以下事项：消防车选择上风或侧上风、地势较高、上无管廊、下无阴井管沟的位置停放，车头朝向便于转移的方向，保持应急避险道路畅通；作战人员应从上风或侧上风方向进入阵地，有效利用现场的各类掩体。当辐射热强又必须近战时，应采用水枪射流掩护的方法进攻；侦察人员应从不同方位观察是否存在爆炸或罐体、管线坍塌等危险，若出现危险征兆时，应立即按预先确定并落实的避险信号和路线紧急避险；现场指挥组应提醒相关部门及时进行现场排水处理，防止消防水造成污染；冷却过程中，在保证供给强度和冷却效果的前提下，应最大可能节约用水，以减轻火灾现场的排水负荷。

4. 工艺措施

在采取冷却措施的同时，可采取以下工艺措施：立即停止一切收付油作业；操作员佩戴好防护器具，现场确认事故罐消防喷淋系统、泡沫灭火系统是否运行正常；操作员确认雨水阀和雨污阀关闭；操作员远程关闭作业罐、放压罐的电动阀；在现场电动阀门断电的情况下，由班长组织相关人员现场手动关闭作业罐、放压罐的罐根阀；工艺措施应由事故发生单位生产指挥人员提出并实施。需进入火场进行处置时，应由生产操作人员和消防人员共同实施，佩戴防护用品和通信设施。

5. 火场保障

指挥员应督促火灾发生单位有关人员提供相关信息，通报工艺处置情况，提出灭火建议。依据《消防战斗供水方案》和火场指挥员的命令向商储罐区供水。如果处理事故时间较长，现场的灭火剂和灭火器材消耗较大，需要补充时，指挥员应请求上级指挥员启动《消防战斗后勤保障方案》。

通信人员应按移动通信设施的使用要求，及时组织提供备用电池，确保通信畅通。后勤保障组应及时组织提供足够数量的个人防护装备。灭火剂消耗至 50% 以上尚未实现灭火时，后勤保障组应及时组织提供泡沫液。灭火战斗时间持续 3h，后勤保障组应组织提供车用燃料、人员饮食、饮水等。当光线不足或临近夜间时，后勤保障组应组织照明。若有消防人员受伤，后勤保障组应向指挥中心提出医疗需求。

第二节 防静电管理对策

罐区静电产生的主要原因是液体静电、人体静电、气体静电和孤立导体静电，主要在液体化工罐区储罐、管线、机泵、过滤器等部位。罐区防范静电应主要采用泄漏法中的接地、工艺控制法和人体静电消除法。

消除静电的主要途径有两个：一是加速静电泄漏或中和，主要方法有泄漏法和中和法。接地、增湿、加入抗静电剂等属泄漏法；运用感应静电消除器、高压静电消除器、放射静电消除器及离子流静电消除器等属于中和法。二是控制工艺过程，限制静电产生，即工艺控制法，包括材料选择、工艺设计、设备结构及操作管理等方面所采取的措施。

一、接地装置

接地是消除静电灾害最简单、最常用的办法,主要用来消除导体上的静电。防止静电火花造成事故,应采取以下接地措施[3]:

(1) 储罐、储槽等金属壳体已与接地网可靠连接时,可不必再另作静电接地。接地体应每年定期检测一次,保证连接完好,无断裂、无锈蚀,接地体接地电阻不大于100Ω,储罐、储槽原则上要求在多个部位进行重复接地。

(2) 对于液体化工罐区内的管道,可通过与工艺设备金属外壳的接地取得接地的条件。管网内的机泵、过滤器、缓和器等设施应设置接地连接点。管网在进出界区或室外管道每隔100m左右处,应与接地干线或专设的接地体相连接。工艺管道与伴热线管道间除用绑扎金属丝作跨接外,伴热线进气口及回水口应与工艺管道支座相跨接。

(3) 设备、管线用金属法兰连接时,其接触电阻不大于0.03Ω时,可不另装跨接线,否则应设铜质跨接线进行跨接。

(4) 对移动设备及工具类可用鳄式夹钳、专用连接夹头、蝶形螺栓等连接器械与接地支线、干线相连接。

(5) 储存易燃液体的内浮顶储罐,其内浮盘应用挠性跨接线与罐体相接,连接不应少于两处,跨接线须选用截面积不小于25mm²的软铜绞线。

(6) 装卸栈台的管道、设备支架、鹤管、建构筑物的金属体和铁路钢轨应连接成电气通路并接地,铁路槽车与铁路钢轨应连接成电气通路并接地。各个铁路槽车应按照有关规定定期测试接地,并确保达到良好状况。汽车槽车与车体应设有接地连接板,该端板和槽体应连接成电气通路,同时汽车槽车不宜采用金属链条接地线,而应采用导电拖地带。

(7) 如对设备、管道等进行局部检修会造成有关物体静电连接回路断路时,应事先做好临时性接地,检修后及时复原,并重新测定接地电阻。

(8) 泵房的门外、油罐的上罐扶梯入口、油罐采样口处(距采样口不少于1.5m)、装卸作业区内操作平台的扶梯入口及悬梯口处等危险作业场所应设置本安型人体静电消除器。本安型人体静电消除器的电荷转移量不得大于0.1μC。本安型人体静电消除器应由有检测资质单位进行检测,合格后允许用于现场。

(9) 罐区内的其他设备,如通风机械、空气压缩机、装桶机、机泵及电机都必须有可靠的接地。

(10) 管路系统的所有金属件,包括护套的金属包覆层应接地。管路两端和每隔200~300m处,以及分支处、拐弯处均应有接地装置。接地点宜在管墩处,其冲击接地电阻不得大于10Ω。

接地装置应定期检查,检查周期如下:

(1) 变电所的接地网一般每年检查一次。

(2) 现场的接地线根据运行情况,每年检查1~2次。

（3）各种防雷、防静电装置的接地线每年检测2次。

（4）对有腐蚀性土壤的接地装置，安装后应根据运行情况，每5～10年挖开局部地面检查1次。

二、工艺控制法

（1）油品储存温度。原油储存温度应不小于凝点+5℃以上，且不应高于储罐的最高设计温度。

（2）油品流速控制。浮顶罐浮盘浮起之前，储罐收油管线及收油口的流速不应大于1m/s，管线内的流速以1m/s为宜。浮顶罐浮盘浮起后，可逐步提高流速，但不应大于4.5m/s。

油品中含水量为0.5%～5%时，收油流速不得超过1m/s。有DCS的要能显示流速，没有DCS的操作卡上要有1m/s、4.5m/s对应的流速值及储罐浮盘对应的上涨速度（每分钟对应的高度），并设置超流速报警。

（3）储罐装入油品时，应遵循下列规定：不得从储罐上部注入甲、乙类液体；罐内应进行充分脱水后，方可进料；在收付油作业过程中，不得进行有可能产生静电引燃火花的现场试验或测试；用管路输送油品，应避免混入空气、水、灰尘等物质。

（4）储罐低液位要确保浮盘处于浮起状态，高液位不得高于高高液位报警高度。

（5）储罐宜设置阻油脱水设施，含硫化氢的储罐应设置阻油脱水设施，并设置密闭的二次脱水系统，所有储罐脱水作业应注意以下事项：

① 油罐脱水前应检查附近有无施工火点，特别是脱水的下风向及下水区域内，如有动火，停止动火后方可进行脱水作业。

② 脱水前需要消除人体静电。

③ 脱水操作时，操作人员不得离开现场，应站在上风方向监视，并做到勤脱水、小开阀、少带油、脱干净。

④ 涉及含硫化氢储罐脱水的，要求佩戴便携式硫化氢报警仪。

⑤ 有阻油脱水设施的储罐脱水时，应按要求检查脱水设施的运行情况，发现问题及时处理；脱水设施停用时要及时排空，以免由于气温变化引起脱水器胀漏。

⑥ 进入冬季后，每次脱水后脱水阀前应用油置换干净或采取伴热措施，防止发生冻凝；阻油脱水设施应有保温伴热措施。

（6）外浮顶储罐应建立二次密封内外部可燃气体浓度检测制度，并遵循下列规定：

① 雷雨季节，应定期检测每个储罐二次密封可燃气体的浓度。容积不小于$10×10^4m^3$的储罐检测点不少于8个（周向均布），小于$10×10^4m^3$的储罐检测点不少于4个（周向均布）。

② 对可燃气体检测浓度超过爆炸下限25%的储罐应及时查找原因，并立即采取整改措施；不能立即整改的，应在雷雨天重点加强消防监护。

③ 外浮顶罐宜安装一次、二次密封检测口，以便于检测操作。

气相检测操作要求如下：

① 应制定检测作业制度，要求配备必要的防护器具，确保作业人员安全。

② 检测工作应在储罐静态工况下进行。

③ 检测时应采取安全防护措施（如防中毒、防静电），确保作业及人员安全。

④ 作业人员检测前应消除人体静电，作业时身体应处于作业平台或罐顶栏杆之内。

（7）搅拌操作。

① 油罐使用喷射式循环、搅拌的，要求罐内液位不应低于油罐高高液位报警值的2/3。

② 油罐使用低速螺旋桨侧向搅拌器循环、搅拌的，要求罐内液位控制按照下列数值较高者执行：

a. 不低于搅拌轴中心线以上桨叶直径的2.5倍；

b. 搅拌器使用说明书规定的安全搅拌液位。

③ 同一台储罐不宜同时进行两种循环或搅拌作业。

④ 原油调和不应用压缩空气进行甲、乙类液体石油产品的调和。

⑤ 收油管与调和喷嘴应分开，不应边收油边走喷嘴调和。

三、人体静电消除

防止人体静电危害应遵循下列规定：

（1）油罐计量口处（距采样口不少于1.5m）、油罐的上罐扶梯入口、油泵房门外应设置本安型人体静电消除器。本安型人体静电消除器应由有检测资质单位进行检测，合格后方可用于现场。

（2）防止人体静电危害遵循下列规定：

① 油库区作业人员均应穿防静电工作服、防静电工作鞋，防静电鞋不能垫绝缘垫。

② 作业前，作业人员应利用静电消除器泄放人体静电；作业中，人员禁止穿脱衣服、鞋靴、安全帽，禁止梳头。

采样、检尺、测温作业的防静电应符合以下要求：

（1）操作人员应经过专业知识及安全知识培训并取得相应资质。熟练掌握油品采样、检尺、测温作业操作规程。

（2）应使用防静电型采样、测温绳（单位长度电阻值应在$1\sim1000$kΩ/m之间，全长电阻不应大于100MΩ）、防静电型量油尺，作业时，绳、尺末端应可靠接地或采取静电消除措施。

（3）防静电采样绳以棉纤维为基材，掺入导电纤维，多股编绞而成。绳编织应均匀，无松捻，无磨损、擦伤、切割、断股及其他形式表面损坏，表面无污物和颜色异变现象。使用中发现有深色纤维脱色、磨损、断裂等异常情况时，应停止使用。

（4）对新购置的防静电测温绳、防静电型量油尺应由有检测资质单位进行检测，合格后方允许用于现场。防静电测温绳使用期限为3个月，不得延期使用。

（5）在收付油或搅拌工作过程中，不得进行接触油品的现场操作（如取样、检尺或测温操作），且要确保标准规定的静置时间（表3-3）后方可进行上述操作。

表3-3 油罐操作静置时间要求

液体电导率（S/m）	静置时间（min）	
	储罐容积 50～5000m³（不含）	储罐容积不小于 5000m³
>10^{-8}	1	2
10^{-12}～10^{-8}	20	30
10^{-14}～10^{-12}	60	120
<10^{-14}	120	240

注：若容器内设有专用量槽时，则按液体容积小于 10m³ 取值。

（6）作业时不应猛提猛落，上提速度不应大于 0.5m/s，下落速度不应大于 1m/s。不得使用化纤布擦拭采样器、量油尺及测温盒。

（7）检尺、测温作业时应站在上风向，检尺、采样孔盖子应轻开轻关；尽量避免将油洒到量油口外、平台及扶梯上，量油尺要自导向槽进出罐内，量油、取样后应将孔盖盖好，禁止在孔盖上放置杂物。

（8）油罐进油期间不得打开计量孔、采样孔。油罐测量孔盖上的密封严密，附件齐全，压紧螺栓活动灵活，盖子支架无断裂。

第三节　操作管理

一、相关规程

（一）操作规程

各专业管理人员应组织并参与操作规程的编制及修订，操作规程应覆盖全部生产作业活动，内容应至少包括开车、正常操作、临时操作、应急操作、正常停车和紧急停车的操作步骤与安全要求；工艺参数的正常控制范围，偏离正常工况的后果，防止和纠正偏离正常工况的方法及步骤；操作过程的人身安全保障、职业健康注意事项。操作规程内容应准确、完整、可操作，至少每年评审一次，每3年全面修订一次。每年需要按照工艺循环分析管理规定进行分析完善。员工熟练掌握并认真执行岗位操作规程。生产控制室内应摆放现行版本的操作规程。

（二）工艺卡片

应编制工艺控制指标，内容齐全、合理，应包括温度、液位、压力、流量、流速等指标的控制要求，以工艺卡片的形式明确对工艺和设备安全操作的最低要求。工艺卡片应经过评审、审批后悬挂或摆放在控制室内。工艺卡片至少每年评审、修订一次。员工应熟练掌握指标内容。

（三）操作卡

操作卡（票）编写应齐全、完善，应按照规定程序审批，并至少应包含收付油、倒油、搅拌、加温、启停泵等操作内容。操作时应填写操作卡（票），并应严格按照操作卡（票）进行操作和确认。油罐收、付油作业严禁使用抽底油线（油罐抽空清罐除外）。

（四）巡检

各级巡检人员应按照规定进行巡检，巡检路线设置合理，巡检站点应覆盖辖区；巡检内容规定全面、清楚。巡检路线上积雪、积冰、障碍物应及时清理。照明、踏步、扶梯应完好。巡检发现的问题应及时记录并进行处理。

巡检频次要求如下：

（1）操作人员巡检间隔不得大于1h，宜采用不间断巡检方式进行现场巡检。

（2）油库管理人员每天至少两次对装置现场进行相关专业检查。

（3）各专业维护人员每天至少两次对装置现场进行相关专业检查。

（4）库区保卫人员每2h对装置现场及库区周边进行相关检查。

二、进出油操作

按生产运行控制要求切换工艺流程，储罐液位应在安全高度内运行，储罐收付油应填写储罐收付油记录。

进油时应缓慢开启进罐阀，在进、出油管浸没前，进油管内油流速度应控制在1m/s以下，浮盘浮起之前，油品流速不应大于1m/s；浮盘浮起后，可提高流速，但不应大于4.5m/s，防止静电荷积聚。

储罐首次进、出油时，应检查浮顶有无卡阻或歪斜、浮舱有无渗漏、浮梯有无卡阻或脱轨现象，如有异常，应采取紧急措施予以纠正并及时报告有关部门。

固定顶储罐首次进、出油时，应上罐检查呼吸阀、通气孔是否运行正常。

三、搅拌操作

油罐使用喷射式循环、搅拌的，要求罐内液位不应低于油罐高高液位报警值的2/3。油罐使用低速螺旋桨侧向搅拌器循环、搅拌的，应控制罐内液位不低于搅拌轴中心线以上桨叶直径的2.5倍；或按照搅拌器使用说明书规定的安全搅拌液位控制。同一台储罐不宜同时进行两种循环或搅拌作业。不应用压缩空气进行甲、乙类液体石油产品的搅拌。

四、计量操作

采用自动化仪表计量、测温时，按相关使用规程操作。进入罐顶计量操作前，作业人员应接触距离取样口范围 1.5m 处的本安型人体静电消除器，进行人体静电释放。

检尺前运行储罐应静置 30min。手工检尺、测温和取样时，量油、取样孔应轻开轻关，量具和取样应符合有关安全规定；量油和取油时，尽量避免将油滴洒到量油口外、平台及盘梯上，如有滴洒应立即擦拭干净，量油取样后应将孔盖盖好，不应在孔盖上放置杂物。

当遇雷、电、5级及以上大风时，不应手工检尺、测温和取样。手工取样时，应使用防静电取样绳，并符合 Q/SY 1431—2011《防静电安全技术规范》要求，对新购置的防静电采样、检温绳应由有检测资质的单位进行检测，合格后方可用于现场，防静电采样、检温绳的使用期限不应超过 3 个月。检尺、测温和取样时，应站在上风向，防止油品液滴或蒸气对操作人员造成伤害。

夜间人工检尺、测温和取样时，应使用防爆型便携照明灯具，便携照明灯具的开、关操作应在防火堤外进行。

进行检尺、测温和取样操作时，应选择规范安装的储罐计量管，测温、取样绳应有效接地，在降落和提升操作的整个过程中，应保持量油尺或测温、取样绳与检尺口、取样口或罐体安全接触，防止产生静电火花。尤其是在进入油面和提出油面时，不应猛提猛落，应保持动作轻缓，上提速度不应大于 0.5m/s，下落速度不应大于 1m/s。如果有油品洒落在罐顶，应立即擦拭干净。

每月底，结合盘点作业，进行人工测量液位与液位计液位比对工作，发现问题及时整改。

五、排水操作

（一）浮顶排水操作要求

（1）中央集水坑、水道、排污口应无杂物堵塞。

（2）排水浮球阀或单向阀应灵活无卡阻。

（3）中央排水管放水阀应处于开启状态。

（4）浮顶有受污染的雨（雪）水时，各库区根据工艺情况将污水排入污水池、污水处理系统或交由第三方处理。

（5）中央雨排出现排水不畅、不排水等问题时，应立即查找原因，立即处理。

（6）入冬时浮顶排水，应执行冬防操作规程。

（7）雨天排水前 15min 排入污水系统，15min 后排入雨水系统。

（二）罐内底水排放操作要求

（1）应根据油品性质和罐内含水情况，结合工艺运行要求确定排底水时间。

（2）排水前污水排放、污水处理系统应完好。

（3）储罐排底水时，应缓慢开启排水阀，并按"小、大、小、停"的原则及时调节阀门开度。

（4）底水排放期间，操作人员不能离开排水现场，并进行现场监护，发现油花，立即关闭排污阀，避免排出罐内油品。

（5）排放底水后，应查看罐区内污水渠道，必要时清理。

（6）底水排放完毕后填写排水记录表。

六、雷雨天操作

雷雨天操作时应注意如下事项：

（1）雷雨天气不得在罐顶作业。

（2）保证所有的罐口关闭，为了减小引燃危害，雷雨时不得打开量油孔。

（3）保证罐顶处于良好的状态（没有小孔、没有太薄的区域，没有不导电的碎片等）。

（4）保证在所有通风口都有呼吸阀和逆流着火保护装置，当逸出的气体点燃时储罐开孔处的呼吸阀可以避免气体引燃火焰进入油罐。

（5）雷雨天原则上避免进油和出油作业。若生产工艺要求不能中断操作，应降低流速并加强监护。

（6）在有雷暴时避免对储罐的初始投用。

七、使用管理

（1）上罐前应通过人体静电消除器消除静电，不能穿化纤服装和带铁钉的鞋，罐顶不应使用非防爆的照明及其他通信、照相设备。

（2）固定顶储罐同时上罐不应超过5人，且不宜集中在一起；浮顶储罐的浮梯不应超过3人同行且不应同一步调行走。

（3）5级以上大风不应上罐操作。

（4）带有加热的储罐应控制好加热温度在工艺卡片范围内，严禁出现超温或凝油情况。

（5）外浮顶罐和内浮顶罐正常操作时，最低液面应控制在浮盘浮起高度以上，最高液位应低于储罐的安全高度。除清罐外，不应将浮盘落地。

（6）外浮顶罐浮顶或罐壁的凝油、结蜡及污物应定期清除。

（7）外浮顶罐在运行过程中应将浮盘支柱与支柱套管及定位销孔间的缝隙密封，减少油气挥发。

（8）加强外浮顶储罐一次、二次密封气相空间检测，经检测对于可燃气体浓度达到或超过爆炸下限25%的储罐，应制订整改方案尽快整改。

（9）浮顶储罐在使用过程中，浮顶排水管的放水阀应处于常开状态，浮顶集水坑应加盖金属网罩。

（10）储罐工业电视监视系统应定期检测维护，保证图像清晰、状态完好。

（11）储罐消防系统应定期试运，电气、仪表检测控制系统应定期检测。

（12）对于有紧急排水装置的浮顶罐，储罐投用或大修后应加满清水，投用后每月检查水封情况，缺水时应及时补加清水。

（13）夜间上罐、日常检查浮舱时，应使用便携式防爆灯具，开关应在防火堤外操作。

（14）对于采用阴极保护的储罐，应定期检查阴极保护效果并确保有效。

（15）储罐在使用过程中若发现以下情况，操作人员应立即按应急预案采取紧急措施，并及时上报：

① 浮顶罐转动浮梯脱轨或浮顶倾斜、沉没。

② 浮顶罐中央排水管漏油。

③ 浮顶罐浮舱漏油。

④ 储罐基础信号孔发现渗油、渗水。

⑤ 储罐底板翘起或基础环墙有裂纹危及安全生产。

⑥ 储罐发生火灾。

⑦ 储罐突沸、溢罐。

⑧ 罐体发生裂纹、泄漏、鼓包、凹陷等异常情况危及安全生产。

⑨ 管线焊缝出现裂纹或阀门、紧固件损坏，难以保证安全生产。

（16）每年至少测量一次罐底沉积物厚度，填写"沉积物厚度测量表"。沉积物厚度不宜高于 0.5m，当高于 0.5m 时，可进行冲刷，必要时启用加热炉配合冲刷作业；同时，结合工艺运输要求，对罐底原油重质组分和冲刷后原油成分进行监测、化验。

第四节　设备维护修理管理对策

一、储罐维护保养

储罐所有企业应结合本单位储罐现场实际情况、人员配置情况，制定适宜的储罐维护保养制度，明确检查及维护频次，宜按日常、月度、季度、年度频次开展，各频次维护保养均应有效记录。

（一）日常维护维养

日常维护保养宜重点关注储罐本体及其附件发生泄漏、影响储罐正常运行等方面。日常维护保养宜包括但不限于以下几个方面：

（1）储罐罐体变形检查的要求。随着储罐投用年限的增加，以及恶劣天气等因素影响，存在罐体缓慢变形至临界点后受应力影响，发生明显变形甚至失稳的可能。现场发现储罐明显变形，应采取停运或降液位措施，查找造成变形的原因并整改。

（2）储罐各孔口连接部位检查、渗漏检查的要求。储罐连接收付油管线、排污管线、搅拌器、伴热管线等，连接部位发生泄漏，若不及时整改，极可能引发更严重的泄漏、安全、环保事故，给库区安全生产留下隐患。

（3）外浮顶储罐浮盘表面油污检查、升降检查的要求。外浮顶储罐浮盘位于中低液位时，类似于受限空间，浮盘上的油污、渗油等现象既影响库区运行生产，也对员工身体健康造成影响。对于因刮蜡效果差导致油污流至罐壁与泡沫堰板环形空间，甚至流至浮盘上表面的现象，宜采取接油槽等措施，避免雷击着火。对于运行外浮顶储罐，应确保浮梯滚轮无卡阻，避免卡船等现象。外浮顶储罐浮盘常见检查位置如图3-8所示。

图3-8 浮盘检查位置

（4）工业电视、感温电缆或光纤光栅、液位计、高低液位报警等监视、监控系统检查的要求。所有报警系统均应重视，不能不查找原因就消除报警。

（5）气温较低时，呼吸阀冰堵检查的要求。部分地区极端天气，空气潮湿，呼吸阀宜冰堵，储罐进油时伴随气体无法释放，对于外浮顶储罐，将会影响浮盘稳定性。

（二）月度维护保养

每座储罐每月宜上罐一次，检查其完好性。月度维护保养宜包括但不限于如下几项：

（1）储罐基础及泄漏信号孔检查的要求。储罐基础出现裂缝等现象，说明基础不稳，造成储罐失稳；泄漏信号孔内检查发现有油品痕迹或对于不容易通过肉眼发现油品痕迹时，采用可燃气体检测仪检测，证明罐底有漏油现象，应立即安排大修。

（2）储罐各孔口连接部位密封检查的要求。孔口连接部位密封垫片存在老化、磨损等失效现象，应及时更换失效垫片，有效防止连接部位渗油、漏油情况发生。

（3）抗风圈、加强圈部位腐蚀检查的要求。判断腐蚀加剧时，应进行检测。抗风圈（加强圈）虽有漏水孔，但在打孔时并不清楚消防水、雨（雪）水是否均能通过漏水孔排放，往往出现抗风圈（加强圈）与罐壁连接部位存在积水现象，长时间后积水部位发生腐蚀。有些储罐加强圈未打孔，带保温储罐在加强圈部位因保温安装不规范，导致罐壁发生腐蚀，甚至穿孔现象。

（4）罐顶或外浮顶、无保温储罐罐壁腐蚀检查的要求。判断腐蚀加剧时，应进行检测。宏观检查很容易发现罐顶、无保温储罐罐壁防腐漆脱落情况，应检查防腐漆脱落部位是否有金属裸露锈蚀，采取防腐措施避免腐蚀加剧甚至穿孔。

（5）边缘板防水及腐蚀检查。

（6）消防系统试运及检查的要求。为确保消防系统在应急情况下正常启用，应定期试运并检查消防系统的完好性。

（7）盘梯、罐上踏步、外浮顶储罐浮顶附件、罐顶附件检查。

（8）雷雨季节时，外浮顶储罐一次、二次密封间油气浓度检测。

（9）等电位跨接线、防雷装置、液位计等附件检查以及加热系统检查。

（三）季度维护保养

为使储罐长期安全运行，需要对阀门等开展维护。季度维护保养宜包括但不限于以下几项：

（1）春秋两季罐体直接相连阀门维护保养的要求。罐根阀、中央排水管排水阀、排放底水阀等受天气因素等影响，可能存在阀体漆面脱落、阀门冻裂、密封塞部位渗漏现象，应及时维护保养，并做好阀杆的防腐润滑和防尘工作。储罐罐根阀一般不参与工艺操作，通常处于常开状态，为确保在紧急情况下能正常开关，每年至少关闭、开启一次。

（2）春秋两季三级防控阀门维护保养的要求。

（3）春秋两季电气、仪表检查的要求。每年开展春秋检查，及时发现、整改电气、仪表存在的问题，测试高低液位开关联锁功能。

（4）外浮顶储罐浮顶上表面卫生清理的要求。外浮顶储罐上表面常常存在大量灰尘、防腐漆皮等杂物，既影响外观，也不易发现浮顶存在的问题。

（5）外浮顶储罐浮梯轮与轨道行程偏差检查、导向柱或量油管限位轮检查的要求。

（6）每半年外浮顶储罐浮舱检查的要求。对于有渗油浮舱，可增加检查频次。浮舱检查工作量大，可借助反光镜等工具协助实施。

（四）年度维护保养

年度维护保养宜包括但不限于如下几项：

（1）储罐基础检查及整改的要求。

（2）排水管线疏通及积水坑检查清理的要求。积水坑内存在较多杂物，有时甚至影响积水下流。

（3）边缘防水检查及整改的要求。

（4）呼吸阀、阻火器解体检查的要求。潮湿寒冷地区可增加检查频次。

（5）人孔及接管检查、整改的要求。对于保温储罐，应打开保温检查接管部位，确保无裂纹、人孔螺栓无渗油。

二、储罐清洗

（一）储罐机械清洗装置的要求

储罐机械清洗装置应具有清洗系统、回收系统和油水分离系统，具备对清洗介质的抽吸、升压、换热、喷射能力，用惰性气体对清洗罐内气体的置换能力，对清洗罐内氧气实时监测的能力，水清洗过程中的回收油品能力。

储罐机械清洗装置应符合被清储罐所在库区的防爆等级和分类，并满足企业相关要求。

（二）清洗装置的吊装及现场布置

清洗系统安装前，应停止清洗罐的运行，隔离清洗罐。竖管作业过程应保证起重机司机、地面、罐顶走台、外浮顶或拱顶上四点作业人员的通信畅通。

吊装设备完好，吊具应确认无隐患；吊装过程中，设备和材料应避免与罐体磕碰。

清洗装置现场布设应满足下述要求：

（1）放置设备的地面应平整。
（2）避开罐区的消防通道，同时应选择有利于安全撤离的区域。
（3）避开低洼、沼泽和下雨后可能存在塌陷风险的区域。
（4）安装设备周围的管线时，应考虑避免巡检和操作时造成绊倒、烫伤和污染。

另外，装卸时，车辆及设备等不应长时间占用消防通道，罐顶的设备、器材应分散放置。

（三）机械设备的安装

机械设备的安装应符合以下要求：

（1）准备安装的管路内应无异物，软管应无损伤。
（2）与清洗设备相连的管线应采用挠性软管。
（3）与道路交叉的临时管线的设置应不妨碍消防车或其他车辆通行。
（4）清洗机的安装位置应利用储罐孔口，插入深度应考虑清洗机运行时避开罐内附件。
（5）对于插入临时连接套管的清洗机，应采取措施将清洗机固定。
（6）惰性气体、气体取样和废气管线的安装设置应符合以下要求：

① 应将惰性气体、气体取样和废气管线通过储罐孔口插入清洗罐内，管线应固定，插入罐内的部分应与清洗罐内油品液面保持200mm以上的距离。
② 安装的气体取样管应均布。
③ 安装的每根气体取样管应保证畅通，抽出的样气应经过脱水装置脱水。
④ 应将收集的废气通过废气管线导回罐内。
⑤ 废气管线内若有液体出现，应及时放空。
⑥ 废气管线应连接牢靠，不应有泄漏和堵塞现象。

⑦ 临时用水管线宜采用无缝钢管或金属软管，采用消防水带加水时，应对出水口进行固定。

（7）气体监测点的数量，外浮顶储罐应不少于6个。

（8）竖管的安装，应在罐顶平台上设置高于罐壁的竖管支撑台架。罐顶台与支撑台架、支撑台架与管线应固定牢靠。

（9）沿清洗罐罐壁架设的内外竖管应相互平行。

（10）清洗罐内侧竖直管下端部应安装挠性软管。

（11）竖管严禁直接搭在罐体上。

（12）清洗罐内侧竖管的连接和安装应避免磕碰、坠落或划伤罐体。

（四）电气设备的安装

（1）各电气设备均应独立或相互用接地线与接地体进行电气连接。

（2）临时用电实施作业许可，应办理临时用电许可证。

（3）电气设备的连接、临时用电、静电接地、接地电阻值应符合规定要求。

（4）安装、维修、拆除电气设备或临时用电线路，应由电气专业人员操作。

（5）临时设置的输送清洗介质的管道，每隔200m至少应有一处与管道固定连接的接地线，且将接地线的端部与油罐接地体连接。

（6）金属管道配管中的非导体管段，在两侧的金属管上应分别连接接地线，并将接地线的另一端与油罐接地体连接。

（7）气体取样、惰性气体、废气等挠性非导体管路中的金属管段或金属接头处应与油罐接地装置进行接地连接。

（8）清洗设备设置区域的电缆应敷设或架设，符合清洗罐所在企业管理要求。

（9）电缆与接线端子连接好后，余下电缆应呈S形放置。

（10）电缆布置应避开可能存在碰砸、车辆碾压等危险的区域，无法避开时应设置防护。

（五）设备调试及检查

设备调试及检查应执行以下要求：

（1）调试机械清洗装置，应确保电器设备运转正常，电气系统无漏电、短路。

（2）对输送清洗介质的管线应进行严密性试验，试验压力不低于清洗装置工作压力，稳压不少于30min。

（3）所使用的仪器仪表、安全阀、计量器具应在校验有效期内，使用前应保证其处于正常工作状态。

（4）涉及特种设备的使用，应执行清洗储罐所在地政府管理要求。

（5）气体检测设备使用前应对其读数的可靠性进行检查。

（6）设置好警戒线与安全标识。

（7）清洗设备使用过程中应保持整洁，按时对清洗设备进行巡检，确保各部件连接完好，无泄漏现象，巡检过程应记录并存档。

（8）安全监督管理人员和现场监护人员应测量作业现场气体环境，当不具备作业条件时，应立即停止作业。

（六）外浮顶储罐提拔支柱作业

提拔支柱之前，应将浮顶上有可能泄漏油蒸气的地方用密封材料密封。往上提拔支柱过程中，支柱与支柱套管之间不宜发生摩擦和碰撞，并应同时用纯棉抹布清理支柱上的油污；支柱拔出后，应及时用密封材料封住支柱下端管口和支柱套管管口；拔出支柱数量应控制在支柱总数量的20%以下，扶梯周围支柱不应拔出。拔出支柱应与支柱套管做好标记并一一对应。

（七）检尺作业

检尺作业宜使用绝缘尺杆，其任何部位不宜存在金属。若使用金属检尺杆，则检尺杆应与罐体做电气连接。以支柱套管、量油口、人孔作为检尺口，仅在检尺状态时，检尺口处于开放状态，其他时间均为密封状态。检尺前，检尺人员应释放自身及所有携带物品的静电。检尺作业应至少有2人进行，且作业人员应站在上风向进行检尺，记录检尺情况。

（八）油品移送作业

油品移送期间应定期巡视，检查有无漏油。内浮顶罐与外浮顶罐应遵守以下要求：

（1）降罐位之前应确定清洗罐内沉积物最高点距浮顶内顶板的距离，降罐位期间应将该距离控制在500mm以上。

（2）降罐位期间，当罐内油品表面与浮顶内顶板之间出现200mm的气相空间距离之前，应开始向清洗罐内注入氮气等惰性气体。

（3）移送作业期间应在罐顶设专人监视浮顶的升降过程，若有不均匀升降或卡死现象发生，则应立即通知地面操作人员停止作业。

（九）清洗作业

清洗时应遵守以下要求：

（1）清洗应按自上而下的顺序进行。

（2）清洗不同材质浮盘时，应调整合适的清洗压力，避免损坏浮盘及其构件。

（3）清洗过程中，不应有人员进入清洗罐内。

（4）清洗罐内氧气浓度超过8%时，应立即停止作业，并持续注入惰性气体。

（5）更换清洗机的安装位置时，应先最大限度地将与清洗机相连接的挠性软管内的油污倒入清洗罐内，将挠性软管拆下后再进行下一步作业。

（6）从清洗机上拆下的挠性软管自由端的敞口处应用盲板封住。

（7）清洗机在清洗罐内喷射搅拌时，清洗罐内的氧气体积浓度应控制在8%以下。

（8）如需给清洗罐内的油加热，加热前应对该油品进行分析，并结合对该油品的分析结果制订油品升温方案。

（9）清洗设备运行期间，每班值班人数应不少于3人，其中1人操作设备，2人巡检和切换流程。

（10）对作业区域进行巡检时，每次巡检人数不应少于2人，且应携带无线防爆通信工具，填写相关的设备运转记录与清洗机运行记录。

（十）残油移送作业

（1）残油移送过程中，安排人员定时对移送管线进行巡检，移送管线应无泄漏；残油移送结束后，清洗罐侧壁检修孔附近的残油深度不应高于检修孔的下缘；残油液位低无法抽吸时，应打开检修孔作业。

（2）打开检修孔时，操作人员应佩戴呼吸防护用具，使用防爆工具，并有专人监护；打开检修孔时，应先从下风侧进行。

（3）安装清底管嘴时，应按以下要求进行：

①拆卸检修孔螺栓前，应在检修孔附近准备好所需工器具。

②打开检修孔后，在进行下一步作业之前，先用湿毛毡密封检修孔。

③向清洗罐内运送清底管嘴之前，先用毛毡将检修孔下部边缘盖上。

④安装清底管嘴的作业人员应使用防爆工具缓慢操作，身上不应有任何金属或导体，打开检修孔后严禁穿脱服装。

⑤安装清底管嘴时避免金属与油罐剧烈碰撞。

（4）清底管嘴上的金属部分以及与清底管嘴相连的挠性软管均与清洗罐做接地连接；打开侧壁检修孔时，应采取防止漏油措施。打开检修孔后，应设置"禁止入内"标志。

（5）有蒸汽热源的清洗罐，在残油移送过程中，在残油液位不低于罐内加热盘管高度时，可不关闭清洗罐内加热盘管，应确保清洗罐内的环境温度高于该油品凝点10℃以上。

（6）清洗罐内的氧气体积浓度应控制在8%以下。

（十一）水清洗作业

水清洗作业应遵守以下要求：

（1）水清洗期间，作业人员不应进入清洗罐内。

（2）水清洗期间，作业人员应定期巡检水清洗管线，水清洗管线应无泄漏。

（3）油水分离工作平台距水槽上沿的垂直距离不应小于1500mm，平台上不应有影响作业人员走动的障碍物。

（4）清洗产生的含油污水应排放至旁接罐，旁接罐排放水标准应符合国家的相关规定。

（5）从清洗罐的排污阀排放时，应有专人在排污口监护。

（6）被清洗储罐所属企业无污水处理能力时，应将清洗污水拉运至指定处理地点。

(7)清洗罐内的氧气浓度应控制在8%以下。

(十二)通风作业

通风作业应遵守以下要求:
(1)清洗罐排水作业结束后,外浮顶罐应拆除密封,放置指定地点。
(2)清洗罐排水作业结束后,应关闭清洗罐内的所有热源,再打开检修孔。
(3)在检修孔加装通风设备时,应采用防爆类型设备进行机械通风。
(4)被清洗储罐所属企业应检查防爆通风设备序列号。
(5)通风设备风量宜按每小时最少换5次气量计算选配。
(6)每次通风(指间隙通风后的再通风)前都应进行油气浓度和有毒有害气体浓度的测试,并记录。

(十三)进罐作业

(1)进罐前,机械清洗单位应拆除与罐体相连进出油管线罐根阀,隔断与清洗罐相连的所有管路,并使用盲板进行能量隔离。
(2)首次进罐时,进入人员应佩戴呼吸器,检测罐内油气浓度和有毒气体浓度,符合允许值后,经被清洗储罐所属企业批准,可组织后续人员进入,进入人员不应超过30min,并做好相关记录。
(3)罐内油氧气浓度稳定处于19.5%~23.5%时,进罐人员应佩戴防毒面具,使用防爆工具清理罐内残存物,前期进入人员应每30min轮换一次。
(4)罐内作业时,不应抛掷材料、工器具等物品。
(5)作业期间,应定时进行清洗罐内油气和有毒有害气体浓度的测试,并记录。
(6)凡有作业人员进罐检查或作业时,清洗罐人孔均应设专职监护人员,且一名监护人员不应同时监护两个作业点,并填写工作记录。
(7)作业前后,监护人员应清点作业人员和作业工器具。作业人员出罐时应带出作业工器具。
(8)检修孔附近按要求配备灭火器材,监护人员应时刻做好灭火准备。
(9)内浮顶储罐应拆除密封,放置指定地点。
(10)罐内设有旋转喷射搅拌器的储罐,罐内人工清理结束后,宜使用灭火毯将旋转喷射搅拌器喷嘴密封。
(11)罐内残留物宜分类放置,经被清洗储罐所属企业确认后,并按预先制订好的方案进行处理。

(十四)现场恢复作业

储罐清洗完成后,应拆除所有清洗装置。设备拆除前应由专业人员切断电源开关,拆除临时供电线路。支柱复位应使用专用工具在浮顶上进行;临时工艺管道拆除前,应将管道内的残留污物吹扫干净；应将设备中可能留存的残液或气体放空。

（十五）清罐验收

罐内清洗、清扫工程结束后，业主应组织验收，后续施工（如检测或大修）单位宜参加验收。验收标准应包括但不限于：

（1）罐内无渣、无水，无明显油污。

（2）罐内氧气浓度稳定处于19.5%～23.5%之间。

（3）外浮顶罐、内浮顶罐密封已拆除并移出。

（4）罐体与进出储罐的工艺管线全部实现能量隔离。

（5）满足后续施工要求。

验收完成后，应形成验收报告，验收报告应明确验收时间、验收组成员、验收意见、存在问题、整改完成时间等内容。

三、开罐检验检测

储罐所属企业宜结合国家、行业等标准制定本单位检验检测制度，明确检测项目、检测内容、检测方法、抽检比例、评定标准，避免出现漏检现象。储罐检验检测报告是制订储罐大修方案的主要依据，储罐所属企业应详细了解储罐情况，不能走捷径而象征性开展检验检测工作。常压储罐不像压力容器有强制性检验检测要求，但常压储罐发生事故造成的影响，不低于带压设备事故造成的影响，因此选择检验检测单位时，宜借鉴压力容器检验检测要求，选择具有RD3及有上资质的单位承担。

实施开罐检验检测的储罐，大多已运行很长时间，即将进行大修。为准确诊断储罐存在的问题，储罐检验检测时应包括以下方面：

（1）宏观检验。

（2）罐基础沉降检查。

（3）罐体的腐蚀检查。

（4）罐体的几何形状和尺寸检查。

（5）储罐附件检查。

（6）储罐焊缝检查。

（7）防腐层检查。

（8）阴极保护检查。

（9）其他。

承检储罐的单位，应在完成现场交底后组织编制检验检测方案，检验检测方案宜包括但不限于以下方面：

（1）实施检验检测人员资质。

（2）检验检测方法、部位、比例、技术等级、合格级别等。

（3）检验检测过程的质量控制和进度控制。

（4）检验检测过程中的风险、控制措施、应急预案。

（5）检验检测前准备工作。

（6）实施检验检测人员资质。

（7）检验检测方法、部位、比例、技术等级、合格级别等。

（8）检验检测过程的质量控制和进度控制。

（9）检验检测过程中的风险、控制措施、应急预案。

受检储罐所属企业应组织检验检测施工方案的审查工作，经审批后组织实施。在实施过程中，需要变更检测内容、检测方法、抽检比例时，应报受检储罐所属企业同意后实施。

检验检测工作结束后，承检单位应将所有检验检测设备、器材、机具带离受检储罐，将罐内清理干净，经受检储罐所属企业确认同意后方可离开。

四、储罐修理

（一）储罐大修内容

储罐大修宜彻底解决储罐在维护保养、生产运行、检验检测中发现但无法彻底解决的问题。储罐大修时，宜选择有资质的设计单位开展方案设计工作。同批建设的储罐，国家、行业等储罐大修相关依据无变化时，可组织设计单位完成一座储罐大修设计后，其他后续大修储罐参考已编制大修设计方案，宜 3 年组织设计单位复核大修设计内容。当国家、行业等储罐大修相关依据发生变化时，应组织设计单位修编大修设计方案。当大修储罐有新的设计内容时，应组织设计单位补充编制大修设计内容。

储罐所有企业开展储罐大修时，宜考虑以下大修内容：

（1）结合检验检测报告，罐体、附件焊缝修理，如支柱垫板与罐底满焊、浮舱的补焊与修复、罐内结构件焊接或更换等。

（2）刮蜡板实际刮蜡效果、配置与设计要求的复核、调整与更换。

（3）牺牲阳极块检查、新增、更换。

（4）一次、二次囊式密封更换。

（5）中央排水管外观检查、试压，对已达到两个大修周期的储罐，更换中央排水管；集水坑焊缝检查、焊缝焊接及坡度填充；浮顶排水支线疏通；紧急排水装置检查、清理、焊接、更换。

（6）金属软管、补偿器、搅拌器检查、维护，必要时更换。

（7）加热盘管试压、封堵与拆除。

（8）取样器检查及维护，必要时更换。

（9）与储罐直接相连阀门解体检查、维护，必要时更换。

（10）按国家、行业相关要求，不同类型储罐及浮盘改造。

（11）电气、仪表、自控、消防问题的检查、纠正及维护，必要时更换。

（12）储罐边缘板防水。

（13）罐底板、2m及以下壁板及其附件全面防腐。

（14）浮盘上下表面、结构件及部件防腐。

（15）两个大修周期无保温储罐外壁全面防腐。

（二）储罐大修重点关注问题

1. 密封的更换

对于机械式密封储罐，国内已发生多起雷击事故，应在大修时更换为囊式软密封。对于已使用囊式密封的储罐，储罐所属企业应关注以下问题：

（1）密封托板。对于有密封托板的储罐，应在安装前检查密封托板有无参差不齐现象。密封托板不完整、不圆滑很容易割破密封橡胶带（图3-9、图3-10）。对于无法打磨的密封托板，宜用橡胶带包裹后再安装密封。对于需要焊接密封托板的储罐，储罐所属企业应在焊接完成后检查托板焊接情况，同时检查边缘浮舱有无焊漏情况，避免储罐投产后浮舱进油。

图3-9　密封托板接头部位切割一次密封橡胶带

图3-10　密封托板外边缘尖锐切割一次密封橡胶带

（2）罐壁不应有明显焊瘤、钉状等尖锐物，所有密封胶带内金属件应钝化处理，浮盘在上下运行过程中，易挤压密封，造成密封胶带破裂，如图3-11和图3-12所示。

（3）安装后的一次密封胶带与密封托板间不应悬空（图3-13）。密封要求浸液，若一次密封胶带与密封托板不接触，固定螺栓部位处于受力状态，长时间运行可能会在固定螺栓部位拉脱，如图3-14所示同时还存在气相空间可能性。由厂家供应密封托板的储罐，应由设计院核算浸液位置，待核算后，密封厂家根据浸液位置提供长度合适的密封托板。

（4）密封压板应严格按6mm厚度连续安装，否则密封重量可能存在不足，罐内存在气相空间。

图 3-11　密封托板外边缘尖锐切割一次密封橡胶带

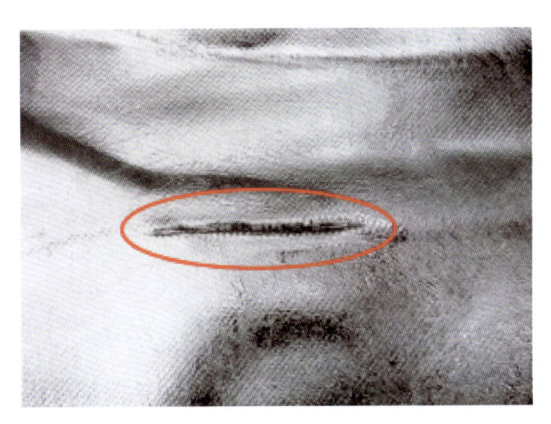

图 3-12　一次密封橡胶带被未钝化压板割裂

图 3-13　一次密封悬空于密封托板上

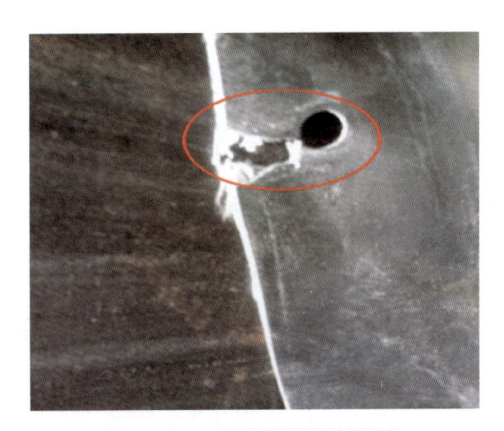

图 3-14　固定螺栓部位撕裂

（5）密封接头处理。目前，密封接头部位使用密封胶进行粘连，但储罐一次密封会浸液，储罐运行3~5年后，密封胶部位会逐渐开裂，原油渗入密封海绵，宜使用硫化装置密封接头部位。

2. 带保温储罐壁板腐蚀

保温储罐加强圈部位腐蚀是目前储罐常见腐蚀情况，雨水较多地区则容易出现腐蚀穿孔现象。储罐大修时宜对该部位进行彻底改造。目前常见的有两种情况：

一是保温骨架焊接于加强圈上（图3-15），保温板将保温骨架整体密封，加强圈部位雨水无法及时排出，保温棉吸收雨水，导致加强圈部位罐壁严重腐蚀（图3-16）。出现这种情况时，需改造保温骨架，将其焊接至罐壁，如图3-17所示。安装保温板时，保温板长度不宜低于保温骨架最下沿。

图 3-15　保温板坐落在加强圈上

图 3-16 保温骨架焊接在加强圈，雨水顺保温棉向上腐蚀罐壁

图 3-17 改造后的保温骨架

二是保温骨架焊接在罐壁，但保温板坐落于加强圈上，雨水不能及时排出，导致该部位罐壁腐蚀（图 3-18）。对于这种情况，宜直接切割保温板，使罐壁外露（图 3-19）。

图 3-18 切割保温板发现罐壁腐蚀

图 3-19 切割保温板并对罐壁防腐

另外，保温板顶端安装不严密（图 3-20），也会导致消防水、雨（雪）水进入保温层（图 3-21），最终腐蚀罐壁（图 3-22）。缝隙较大时，小鸟会从缝隙进入保温棉，在罐壁与

保温板间筑巢。出现这种情况时，宜将保温板顶部缝隙密封（图3-23）。

图3-20 保温板顶部安装有缝隙

图3-21 雨水从保温层下流出

图3-22 保温板下罐壁腐蚀

图3-23 保温板顶部密封

3. 集水坑处理

有些储罐集水坑未做任何填充，雨（雪）水等长期与集水坑底部接触，易造成集水坑腐蚀漏油，如图3-24所示。有些储罐集水坑有泡沫砖、沥青砂及沥青等填充，随储罐运行年限延长，填充物与集水坑壁贴合不紧密，当有水流入集水坑时，其会从缝隙部位进入集水坑底部，腐蚀集水坑，若天气寒冷，进入集水坑的水会结成冰，导致集水坑破裂，如图3-25所示。为避免出现上述情况，宜对集水坑进行坡度处理，从集水坑壁坡向浮球阀，并对集水坑壁部位进行防水处理。有单位在处理集水坑时，对集水坑进行坡度处理，使水更易流入中央排水管，如图3-26所示。

图3-24 集水坑漏油

图 3-25 集水坑开裂　　　　　　　图 3-26 改造后的集水坑

4. 牺牲阳极

对于检修储罐，通常发现牺牲阳极不溶解现象（图 3-27），宜将牺牲阳极送检至有资质单位检测其组分、电化学性能是否符合要求，不符合要求的，应全部更换。对于经送检符合要求的牺牲阳极，以及正常溶解不需送检的牺牲阳极（图 3-28），宜结合溶解量、使用年限、下一轮大修周期等因素确定牺牲阳极更换原则。图 3-29 和图 3-30 分别为夹杂钢板和内有气孔的牺牲阳极。

图 3-27 使用 11 年未溶解的牺牲阳极　　　　图 3-28 使用 7 年正常消耗的牺牲阳极

图 3-29 夹杂钢板的牺牲阳极　　　　图 3-30 牺牲阳极内有气孔

另外，牺牲阳极安装时，应避让中央排水管、支柱垫板等影响储罐安全运行的附件，与焊缝保持 100mm 距离，抽检牺牲阳极时，应抽检到达现场的牺牲阳极。储罐内防腐时，应采取包裹牺牲阳极措施，避免涂料污染牺牲阳极表面。对于底板腐蚀较严重的储罐，宜降低牺牲阳极支腿高度。典型的安装错误如图 3-31 至图 3-33 所示。

图 3-31　做了外防腐的牺牲阳极

图 3-32　跨越支柱垫板的牺牲阳极

图 3-33　支腿焊接在罐底板焊缝的牺牲阳极

5. 人孔防护

储罐大修时，需要通过人孔或清扫孔传送大修物资进料，施工队伍不注意时，易损伤人孔法兰面（图 3-34），损伤后极难修复，宜在大修时主动做好防护（图 3-35）。

图 3-34　受损的罐壁人孔法兰

图 3-35　主动防护人孔法兰

6. 刮蜡机构安装

储罐大修时，往往发现刮蜡机构与储罐不同心、刮蜡机构相互叠加、两刮蜡机构间距过远、配重块不足等问题，导致刮蜡效果差（图3-36至图3-38）。大修时，需要调整刮蜡机构方向，使其与储罐保持同心，更换损坏的刮蜡机构，调整刮蜡机构间距，增加配重块等。

图3-36　刮蜡机构间距过宽易漏刮

图3-37　刮蜡机构重叠无法刮蜡

图3-38　刮蜡机构损坏无法刮蜡

五、仪表的维护与修理

油库应建立健全仪表及自控系统、可燃气体检测报警系统、电视监视系统的管理制度，制度中职责分工、管理流程、记录样表、检查与考核等重点内容应全面。人员、台账、证书、记录、资料的管理应符合以下要求：

（1）人员：配置专（兼）职的仪表管理人员。

（2）台账：建立仪表及自控系统、压力表、计量器具、可燃气体探测器及报警器、电视监视设备台账、控制系统的密码及备份台账，内容应齐全，信息应准确。

（3）证书：可燃气体报警器检定证书、压力表检定证书、标准仪表检定证书、接地测试合格证书应在有效期内。

（4）记录：仪表及控制系统巡检记录、交接班记录、故障及整改情况记录、仪表校验记录、检测记录、联锁调试检测记录，内容应齐全，有可追溯性。

（5）资料：设计图纸、变更资料、项目竣工资料、仪表设备说明书、仪表检（维）修规程、检修计划、材料计划、备件计划等资料齐全。

（一）液位报警、联锁

大型外浮顶储罐应设置紧急切断设施，原油储备库的外浮顶储罐高高液位、低低液位的联锁，以及高、低液位报警设置应符合以下要求：

（1）连续液位计、高高液位开关应分别具备高高液位联锁关闭油罐进口阀门的功能。

（2）低低液位开关应具备停输油泵并关闭泵出口阀门的功能，低低液位开关设定高度可不小于1.85m；应满足从低液位报警开始10~15min内泵不会发生气蚀的要求。

（3）连续液位计应具备高、低液位报警功能，外浮顶储罐或内浮顶储罐的设计储存低液位宜高出浮顶落底高度0.2m。

（二）压力表

储罐压力表应满足以下要求：

（1）压力表应根据被测介质的性质、设计压力、设计温度等条件正确选型。

（2）压力表精度等级满足工艺及设备要求。

（3）压力表与压力容器或设备内的介质相适应，便于观察和清洗。

（4）压力表刻度盘应划出最高压力红线。

（5）压力表刻度盘清晰，表针清洁，无破损、无泄漏。

（6）压力指示正确无误，不超量程。

（7）压力表应定期检定，粘贴检定合格标签，检定日期有效，铅封完好。

（三）现场仪表

现场仪表（含可燃气体报警器）应完好，具体内容如下：

（1）仪表指示应正常。

（2）仪表铭牌、位号标识应齐全清晰，现场仪表应标出实际参数控制范围，粘贴校验合格标签。

（3）仪表及引压管静密封点应无泄漏。

（4）仪表及引压管、电缆保护管应安装规范且完好。

现场仪表应定期检查、校验、检测。油品外输流量计标定宜采用在线实液标定方式。

现场仪表防爆应符合以下要求：

（1）现场仪表选型应符合防爆要求。

（2）现场仪表的防爆挠性软管外观完好，防爆接头连接紧固，防爆叉填充防爆胶泥且密封紧固。

现场仪表的防水措施应有效，具体要求如下：

（1）仪表保护管管口应低于仪表进线口250mm，当保护管从上向下敷设时最低点应加排水三通，排水三通应打开。

（2）仪表及仪表设备进线口应用电缆密封接头密封。

（3）仪表的固定支柱应有防雨措施。

现场仪表防雷应符合要求：

（1）仪表外壳应接地，仪表电缆保护管、电缆槽盒应等电位连接。

（2）液位仪表防雷应根据油库所在地区雷击概率及相关标准设置电涌保护器。

（3）储罐上安装的信号远传仪表，其金属外壳应与储罐体做电气连接。

（4）储罐上的仪表保护管两端应与罐体做电气连接。

控制电缆、仪表信号电缆敷设应符合规范要求，电缆沟、桥架盖板应齐全、平整，沟内不积水，不存油污，无杂物。

（四）可燃气体检测报警系统

可燃气体检测报警装置设置应符合以下要求：

（1）可燃气体检测报警装置设置应符合 GB/T 50493—2019《石油化工可燃气体和有毒气体检测报警设计标准》的要求。可燃气体检测报警装置设置的内容包括检测报警类别，装置的数量和位置，检测报警值的大小、信息远传、连续记录和存储要求，声光报警要求，检测报警装置的完好性等。

（2）石油库的油罐组、输油泵站、计量站、地上储罐的阀门集中处和排水井处等可能发生可燃气体泄漏、积聚的露天场所，应设置可燃气体检测。

（3）可燃气体检测报警系统应具有信息远传、连续记录和存储的功能。

可燃气体检测报警应符合以下要求：

（1）可燃气体的一级报警设定值不大于 25% 爆炸下限（LEL），二级报警设定值不大于 50%LEL。

（2）报警信号应发送至现场报警器和有人值守的控制室或现场操作室的指示报警设备，并且进行声光报警。

（3）对报警的处置方法：可燃气体浓度达到一级报警值时，操作人员应及时到现场巡检；可燃气体浓度达到二级报警值时，操作人员应采取紧急处理措施。

可燃气体检测报警器的安装应符合规范以及下列要求：

（1）检测密度大于空气的可燃气体探测器，安装高度应距地坪（或楼地板）0.3~0.6m。

（2）应安装在无冲击、无振动、无强电磁干扰、易于检修的场所，安装探头的地点与周边管线或设备之间应留有不小于 0.5m 的净空和出入通道。

可燃气体检测报警器应每年定期检定、粘贴检定合格标签，检定项目应符合检定规程的要求：

（1）外观及结构。

（2）标志和标识。

（3）通电检查。

（4）报警功能及报警动作值检查。

（5）示值误差。

（6）响应时间。

（7）重复性。

控制室及操作系统中应有固定式气体报警器平面分布图。

（五）工业视频系统

储罐计算总容量不小于 $120×10^4m^3$ 的原油储备库工业视频系统应符合规范要求：视频监控范围应覆盖油罐区、油泵站、计量站、围墙、大门、主要路口和主要设施出入口处；应与火灾自动报警系统、入侵报警系统联动。储罐计算总容量小于 $120×10^4m^3$ 的原油储备库工业视频系统应符合规范要求：监控范围应覆盖储罐区、易燃和可燃液体泵站、主要设施的出入口等；宜与火灾自动报警系统、入侵报警系统联动。

报警联动时，自动关联的摄像机按预先设置的参数转向报警区域或位置。摄像头的设置个数和位置应根据库区的实际情况实现全覆盖。摄像头的安装高度应确保可以有效监控到储罐顶部。有防爆要求的应使用防爆摄像机或采取防爆措施。

工业视频操作站宜分别设在生产控制室、消防控制室、消防值班室和保卫值班室等地点。工业视频系统运行应画面清晰、转动正常、画面标识正确。控制室应有库区摄像机平面分布图或说明。应明确每个摄像机的覆盖范围，明确观察重点位置的相关摄像机。工业视频系统应建立操作规程，岗位人员应熟练操作工业视频系统。

（六）电气管理

为保证电气设备的安全运行，电气设备的检修、试验应按照现行的《电气设备检修规程》和《电力设备预防性试验规程》进行。由于装置长周期运行不能按规定周期进行检修、试验的电气设备，石油库电气主管部门必须组织对其运行状况进行技术评估。原油储备库应开展电气专业上锁挂签和能量隔离工作，作业时现场应悬挂醒目的警示标识，符合上锁挂签的要求。

1. 变配电

石油库供电方式应满足 GB 50737—2011《石油储备库设计规范》、GB 50074—2014《石油库设计规范》及相应电力标准的安全运行要求，并满足消防系统的要求。

石油库应编制电气安全规程、电气运行规程、电气事故处理规程和电力调度规程，并根据供电系统的变化及时修订，保证电力系统正常运行，实现生产的安全用电。

石油库消防泵站应设事故照明电源，连续供电时间应符合相应标准要求。

石油库消防控制系统、安全控制系统应有后备应急电源系统。应急电源、不间断电源应处于应急完好状态，后备电源应具备在线检测功能，电池组每年应活化两次。

电力系统的监控系统应安装在有人值守的变电站或监控室内，爆炸危险场所的低压（380V/220V）配电应采用 TN-S 系统，继电保护管理执行 DL/T 587—2016《继电保护和安全自动装置运行管理规程》的各项规定。

2. 变压器

变压器应符合以下要求：

（1）变压器室的门和围栏上应设有"止步，高压危险！"的标志，门窗上防小动物网栏应完好。

（2）变压器呼吸器干燥剂颜色应正常，油位高度符合油标管的刻度要求，无漏油现象。

（3）电缆和母线应无发热等异常现象，母线应清洁无杂物，接触良好，漆色鲜明。

（4）运行中上层油温不宜经常超过85℃，最高不得超过95℃，防爆管膜无破裂、无漏油。

（5）温度计、温度信号装置齐全，本体温度计、远方测温用温度计指示与本体实际温度一致。

（6）充油套管、储油柜的油面、油色正常，套管及本体无渗油、漏油现象。

（7）有载调压装置完好，无缺陷。

（8）气体继电器、瓦斯保护中间端子盒和室外端子箱防潮防水措施良好。

（9）变压器防火措施符合规定，储油坑及排油管道保持良好状态，无积水、积油和杂物。

（10）各部分接线应连接牢固，完好不松动；储油坑及排油管道保持良好状态，无积水、积油和杂物。

（11）干式变压器运行维护管理按照GB/T 17211—1998《干式电力变压器负载导则》的规定执行。

（12）应有巡检、维护保养和定期检测记录。

3. 配电柜

配电柜应符合以下要求：

（1）配电柜应设有柜号、回路号（负荷编号）标识。

（2）配电柜的布置应符合相应的设计规范。

（3）开关柜应采用符合国家标准规定的产品，有生产许可证和产品合格证。

（4）应配有高压绝缘手套、高压绝缘棒等完好防护器具。

（5）应设有绝缘平台或胶垫。

（6）配电柜内应无杂物、无积灰，箱前应无障碍物。

4. 电缆

电缆应符合以下要求：

（1）电线电缆应直埋或穿管敷设，电缆沟应充沙填实；电缆不得与输油管道、热力管道同沟敷设。

（2）直埋电缆的埋设深度，一般地段应不小于0.7m，在耕种地段应不小于1.0m，在岩石非耕地段应不小于0.5m。

（3）电缆与地上输油管道同架敷设时，应采用阻燃或耐火型电缆，电缆与管道之间的净距应不小于0.2m。

（4）石油库内电缆、信号传输线缆敷设应有详细的敷设图纸。

（5）安装布线应整齐，连接应可靠；线、缆应无老化、破皮、漏电，接头应无松动，没有外露带电部分。

（6）电缆采用桥架敷设的，应保证电缆桥架完好，桥架无腐蚀、无杂物。

（7）电缆入户、盘柜底部封堵措施完好。

5. 防爆电气设备

防爆电气应符合以下要求：

（1）爆炸危险区域的电气设备选型的类型、级别、组别、环境条件以及特殊标志等应符合 GB 50058—2014《爆炸危险环境电力装置设计规范》的相关要求。

（2）防爆电气设备应有铭牌，且有完整标志及防爆合格证号。

（3）防爆电气设备的外壳应无裂纹、损伤，密封应完好，外壳温度应不超过规定值。

（4）爆炸危险场所电气线路应无中间接头，接线处应采用防爆接线盒连接，防爆电气设备多余的进线口应按规定做好密封。

（5）1区防爆场所的接线盒应为隔爆型，2区应为隔爆型或增安型。

（6）防爆充油型电气设备应无渗油、漏油现象，油面高度应符合要求。

（7）正压型电气设备的通风、排气系统应通畅，连接应正确，通风系统应正常使用，应保持正压。

（8）架空线路不得跨越爆炸危险区域。

6. 电动机

电动机应符合以下要求：

（1）电动机运行参数应满足工况及本体制造技术要求。

（2）电动机应定期维护和修理，定期进行状态监测。

（3）电动机小修内容符合要求。

（4）电动机大修内容符合要求。

（5）试验项目与标准按 DL/T 596—2015《电力设备预防性试验规程》中相关规定执行。

（6）电动机外观整洁、干净，铭牌齐全，接地完整，附属设施等符合规范要求，操作柱接地完好。

7. 柴油发电机组

柴油发电机组应符合以下要求：

（1）发电机组功能正常，维护保养良好；控制系统动作可靠，工作状况良好。

（2）应急用柴油发电机组应配套快速投切及快速连接系统。

（3）机房内应有操作流程图（或操作规程）和管理制度。

（4）柴油发电机运行、维修保养记录齐全。

（5）每月至少试运一次，每次不少于15min。

（6）单节电池电压大于12V，电池组应每年活化两次并进行在线状态检测。

（7）机组运行时应记录电压、电流、频率、油温、油压、水温、油耗等参数。

（8）柴油机消防水泵油箱内储存的燃料不应小于50％的储量，每日应对柴油机消防水泵的启动电池的电量进行检测。

六、消防设备设施的维护与修理

（一）消防设备设施

消防设备设施包括以下内容：

（1）原油储备库应设置专用消防站。设置应符合设计规范，消防车的状况良好，随车器材装备齐全。

（2）与邻近企业或城镇消防站联防石油库，其消防车辆满足在接到火灾报警后5min内能对着火罐进行冷却、10min内能对相邻油罐进行冷却、20min内能对着火油罐提供泡沫的需要。

（3）消防控制室应能监控火灾报警、灭火系统等各类消防设施日常工作状态和火灾时运行状态，并将有关信息发送至库区消防站。

（4）消防控制室可与其他控制中心合并一处设置，但消防设备的监控和管理应相对独立。

（5）消防泡沫站设施完好无泄漏，安全附件、控制系统完好，阀门开关状态应挂牌标识（泡沫消防水泵或泡沫混合液泵启动后，将泡沫混合液输送到最远端的罐的时间不大于5min）。

（6）石油库应设置消防水储备设施并符合相关规范要求；消防水储备设施基础完好，外观无腐蚀、泄漏、变形；标识清晰无破损；液位计、阀门等正常投运。

（7）泡沫罐铭牌或标志牌上清晰标明泡沫液的种类、型号、储量、配比浓度、出厂日期、灌装日期、有效日期，设置出液口、液位计、进料孔、排渣孔、人孔、取样口、呼吸阀或通气管。液位计、呼吸阀、安全阀及压力经标定检测合格。

（8）消防冷却水泵、泡沫消防水泵、泡沫混合液泵、泡沫液泵的设置应符合相关规范要求；运行参数符合操作规程要求。

（9）泡沫液、泡沫消防水泵、泡沫混合液泵、泡沫液泵、泡沫比例混合器（装置）、泡沫液压力储罐、泡沫产生装置、火灾探测与启动控制装置、控制阀门及管道等系统组件，必须采用经国家级产品质量监督检验机构检验合格的产品，并且必须符合设计用途。

（10）稳高压消防给水系统符合设计要求并处于正常工作状态，电源开关、管道阀门、安全附件等均应处于良好的工作状态。

（11）消防泵出水管上应设置试验和检查用的压力表，压力表应完好，并在表盘上有最高工作压力标识。

（12）比例混合器（装置）与保护对象的性质、储存量以及所使用泡沫液的型号、发泡倍数相符。外壳明显位置以箭头标示液流方向，标注的方向应与实际液流方向一致。应设置清晰永久性标志牌，产品名称、规格型号、产品编号、工作压力范围、流量范围、混合比、适用泡沫液类型、生产企业名称或商标。

（13）油罐的泡沫产生器规格应相同，且沿罐周均匀布置，横式泡沫产生器的出口，设置长度不小于1m的泡沫管；泡沫产生器的空气吸入口及露天的泡沫喷射口，应设置防止异物进入的金属网。泡沫产生器无杂物进入或堵塞。

（14）泡沫堰板与二次密封的高度及泡沫堰板与罐壁的间距符合规范要求。

（15）消防井应符合设计规范要求；消防阀井有明显标志；井内无积水，阀门无渗漏，寒冷地区有防冻措施。

（16）每个罐组应配备灭火毯4块，灭火沙 $2m^3$。在重要建筑物或设施及行政管理区连接生产区的出入口等处配置灭火沙，每处应不少于 $2m^3$。

消防器材应满足以下要求：

（1）灭火器配置应符合相关设计规范要求；灭火器铭牌应标注灭火剂、驱动气体的种类、充装压力、总质量、灭火级别、制造厂名、生产日期或维修日期、操作说明等。

（2）罐区内灭火器每半月检查一次，其他区域灭火器每月检查一次，填写检查记录。

（3）灭火器零部件应齐全，无松动、脱落或损伤；铅封、销闩无损坏或遗失；筒体无明显的损伤、无明显缺陷、无明显锈蚀、无泄漏；喷射软管完好，无明显龟裂；喷嘴不堵塞，驱动气体压力在工作压力范围内。

（4）推车式灭火器应设置在平坦场地，当设有防止自行滑动的固定措施时，不应影响其操作使用和正常行驶移动。喷射软管摆放符合要求。

（5）灭火器设置点的环境温度不应超出灭火器的使用范围，设置在室外的灭火器应采取防湿、防寒、防晒等相应保护措施，设置在潮湿性或腐蚀性场所的灭火器应采取防湿或防腐蚀措施。

（6）灭火器箱配置符合灭火器要求，不应被遮挡、上锁，箱内应干燥、清洁，箱门开启应方便灵活。需编号，标识清晰完整。

（7）消防系统所设置的消火栓的间距应符合设计规范；应完好，标识清晰；寒冷地区的消火栓应有防冻、放空措施。

（8）消火栓箱内应按要求配备消防水带、消防水枪或消防泡沫枪等，并有明显标志、编号和检查表。

（9）消防炮应采用耐腐蚀材料制造或其材料经防腐蚀处理，俯仰回转机构、水平回转机构、各控制手柄（轮）的操作灵活，俯仰回转机构具有自锁功能或锁紧装置，炮体及各部件无损坏、锈蚀现象。

（10）消防水枪、泡沫枪开关灵活，枪体及各部件无损坏现象。

（11）消防水带接口表面有型号、规格、商标或厂名等永久性标志，进行了防腐处理。

无跳经纬线、划伤、褶皱和缺陷。每半年一次试压，由专人保管。

消防设施的维修保养应符合以下要求：

（1）消防水泵、泡沫泵等应定期润滑、维护和保养，每周试运一次，每次运行15min。运行应测振、测温，记录填写齐全。柴油机的油料储备量应满足机组连续运转6h的要求。

（2）单位应当按照有关规定定期对灭火器进行维护保养和维修检查。对灭火器应当建立档案资料，记明配置类型、数量、设置位置、检查维修单位（人员）、更换药剂的时间等有关情况。

（3）易污染、易腐蚀生锈的消防设备、管道、阀门应定期清洁、除锈、注润滑剂。

（4）消防管网出现泄漏等故障，要及时查明原因并立即维修，处理过程中不得停止整个管网消防水。

（二）火灾报警系统

石油库消防站值班室应设专用的火警受警电话，受警电话应可同时受理两个报警，并具备录音功能。消防站应设置无线通信设备，消防站应设置可以监控石油库各处摄像机的控制操作站，消防站内应设置广播系统。消防站内应设置警铃、警灯。

火灾报警系统有操作规程和岗位规章制度，火灾报警控制系统时刻处于正常工作状态，报警有处理记录。要定期进行联动测试，留有记录。火灾报警系统的操作和维护人员应经专业培训，取得消防监督机构颁发的操作证，应掌握火灾报警系统的工作原理和操作规程，熟悉火灾报警装置的报警部位和各监护场所的具体位置。

在油罐上应设置火灾自动探测装置，并根据消防灭火系统联动控制要求划分火灾探测器的探测区域。采用光纤型感温探测器时，光纤感温探测器应设置在油罐浮盘二次密封圈的上面。采用光纤光栅感温探测器时，光栅探测器的间距不应大于3m。

在办公楼、控制室、变配电所等火灾危险性较大或较重要的建筑物内应设火灾探测器、手动火灾报警按钮及声光报警器。在罐区周围道路旁应设手动火灾报警按钮及声光报警器。

在石油储备库的消防控制室、消防站值班室和生产控制室，应设置中心报警控制器或控制终端，监控整个石油储备库的火灾报警信息；火灾探测系统报警与视频监控系统要实现联动。

第五节 作业风险管控对策

大型外浮顶储罐作业包括动火、高处、进入受限空间、吊装、临时用电、盲板抽堵（包括管线设备打开）等高风险作业，不但作业项目复杂，而且在作业过程中存在着诸多危害因素，必须预先进行危害因素辨识和风险评估，并制订可靠的风险管控措施。例如，大型储罐作业风险管控不到位，极易引发火灾、爆炸、中毒、窒息等事故，会造成巨大的财产损失、人员伤亡、环境灾难和企业声誉损害。

因此，根据大型外浮顶储罐检维修作业的特点，应用安全系统工程的方法，对储罐检维修作业过程的检维修项目、主要危险性工序、危险作业环节、潜在事故、触发条件、事故后果、危险等级、风险控制措施等方面进行系统的梳理和分析，使企业管理、技术、作业人员对作业过程中存在的风险有一个系统的认识，对检维修作业方案的制订以及作业人员主动控制、规避风险和事故防范具有警示意义。

一、储罐作业事故引发因素及危害

对于石油库区一般风险项目的作业，经常采用经验识别方式。经验识别方式要求风险识别人员拥有较丰富的现场工作经验，对现场作业存在的安全风险比较了解，可以根据现场经验，对检维修作业过程中存在的风险进行识别，并采取防范措施，现场组织落实后开始施工，从而达到风险识别和控制的目的。

但是，对于复杂的作业，就必须采用系统、科学的方法，分析储罐检维修作业过程中危险因素的触发条件和事故控制措施，提高检维修作业过程风险管理水平。

在库区作业风险识别过程中一般考虑的因素主要有人为因素、设备设施因素和环境因素。

人的因素是引发事故的主要原因，主要是"三违"（违章指挥、违章作业、违反劳动纪律），突出特点就是不按规章制度、作业规程执行，遇到触发因素，必然会导致事故发生。其次是人的心理因素和外来施工人员素质的影响：人的心情、情绪以及作业人员的安全意识和安全技能。设备设施设计不合理或超期使用、设备腐蚀损坏等原因，在检维修施工作业过程中遇到触发因素，导致事故发生。遇到高低温等恶劣天气也会导致事故发生。

综合考虑引起库区作业事故的诱导性原因、致害物、伤害方式等，参照 GB 6441—1986《企业职工伤亡事故分类标准》，库区作业危害因素主要有着火爆炸、中毒窒息、高处坠落等。

（一）高处坠落

进行高空、临边作业，脚手架和生命绳架设和拆除等作业过程，可能发生人身坠落事故，造成人员伤亡。在储罐内人员密集、立体交叉作业条件下，易引发重大人员坠落和物体打击等人身伤害事故。

作业条件（如脚手架、作业平台缺陷）和高处作业违章是造成人身坠落事故的主要因素。有毒介质环境、夏季高温作业、冬季寒冷和降雪、雨季降雨、雷暴、大风以及夜间照明不足等不良作业条件将加剧高处作业的危险性，并增加事故发生的概率。作业高度和作业项目的特性等直接影响事故危害程度。

（二）物体打击

高处作业由于构件、材料、工具放置不当而发生物体坠落引发物体打击事故，作业下方通道防护不当导致事故发生概率增加。立体交叉作业条件使事故发生概率和伤害范围扩大。安全教育、危险标识和现场监督不力将增加事故发生的频率。

使用移动式起重机吊装、吊篮吊装等进行检维修过程的起重搬运作业，可因机械、索具缺陷或操作失误导致物体坠落引发物体打击事故。移动式起重机倾覆事故也可引发物体打击等人身伤害事故。

（三）机械伤害

储罐作业中使用各类施工机械，包括吊装机械、电动吊篮、电动工具等由于设备缺陷和操作不当易引发机械伤害。

机器和其他转动设备在拆卸、装配过程中，由于误操作会引发人身机械伤害事故。

人员安全技能、现场安全措施未落实和监督不力将增加事故引发的概率。

（四）起重伤害

使用移动式起重机进行吊装作业时，因作业地面塌陷、安全保护装置失灵、作业对象超重、指挥不当等因素产生机械倾翻，并引发物体打击等人身伤害次生事故。雨季施工时，湿陷性土壤将增加机械倾翻的危险性。

起重伤害事故可造成重大的人员伤亡或财产损失。吊装方案不合理、自然环境条件差、施工组织不力、设备维修保养不当、作业人员素质和现场安全监督不力等会增加事故发生的概率。

（五）脚手架坍塌

储罐作业使用的脚手架搭设和拆除时，由于材料、结构缺陷，操作不当和作业程序错误，以及脚手架使用过程由于连接结构损坏、部分构件拆除等意外情况发生，会引发坍塌事故。

立体交叉作业条件下将加剧坍塌事故的危害程度，引发重大安全事故，由于外浮顶原油储罐多数采取清罐后浮顶落底作业，浮顶自由行程范围内的罐壁基本不进行防腐作业，因此，储罐外壁防腐刷油作业一般采取吊篮作业。如果采取搭设脚手架作业，就要关注脚手架坍塌的风险。脚手架搭设人员的素质低、搭设作业方案制订不完善、现场安全监督不力将增加坍塌事故发生的概率。

（六）火灾

储罐内存在可燃物时，防火措施不当可引发火灾。例如，清罐不彻底，存在死角盲区的污油，浮顶一次密封破损海绵吸油，罐内防腐等使用易燃介质稀释剂，罐内有明火易引发火灾。

施工用电由于线路过载、短路、绝缘不良、操作不当引发电弧火花时，由于罐内作业环境存在可燃物，如可燃介质泄漏等，可引发火灾。运行储罐更换密封、维修等作业时也极易引发火灾。

立体交叉进行焊割作业或其他原因产生明火，可使火灾的危险性增大。

（七）爆炸

由于储罐清罐不干净，在死角盲区存有污油，拆除破损的密封或浮舱使得存油流入储罐，高温天气使得原油中轻组分挥发，在储罐内形成爆炸性气体环境，或在储罐内进行气割、气焊作业，因操作不当，或乙炔胶管泄漏，或违规将乙炔瓶放置在储罐内，都可能产生爆炸事故。此时，在储罐内动火作业或使用非防爆工具和非防爆电气设备等都可能引发爆炸事故。

储罐检维修高峰期，人群密集、立体交叉作业增多将加剧事故危害程度。风险管控措施不落实、储罐内未连续检测可燃气体浓度、现场安全监督不力将增加事故引发的概率。

（八）触电

罐内使用非安全电压下的电气照明，电焊机、临时用电箱、电动机械和工具使用过程中，因接地防护不当或供电线路、设备绝缘缺陷或漏电保护失灵引发人员触电事故。

在金属储罐内进行带电作业可增加触电事故发生的概率。

临时用电管理缺失、安全交底不全面和雨天或作业场所潮湿将增加触电事故的发生概率。

（九）中毒

在储罐内使用含有高度危害介质涂料进行防腐刷油作业，或人员进入高含硫原油储罐内清洗作业，储罐工艺隔离不到位等都可能引发中毒事故。储罐内介质毒性增加、通风不良将会加剧中毒事故危害程度。没有使用便携式气体检测仪连续检测有毒气体浓度，个体防护不足和现场安全监督不力将增加中毒事故引发的概率。

（十）窒息

由于储罐能量隔离不全面，氮气或蒸汽窜入罐内，储罐氮气置换或违章将焊接作业的氩气瓶放在罐内发生泄漏等原因，都可能导致人员窒息。罐内高温环境、通风不良，因吹扫、置换不良将加剧窒息危害程度。未连续检测氧气浓度、盲目施救和现场安全监督不力将增加窒息事故发生的概率。

二、外浮顶原油储罐典型作业项目和风险管控

大型外浮顶原油储罐高风险作业项目主要有：进入受限空间作业（如外浮顶原油储罐清罐作业）、动火作业（如油罐底板补焊动火检修作业）、储罐内外防腐作业（如储罐内外防腐刷油作业）、在运原油储罐胶囊密封安装作业等。研究这些作业项目的风险类型并制订风险管控对策，就能够避免大型外浮顶储罐检维修作业引发的火灾、爆炸、中毒、窒息和人员伤亡等事故的发生。

（一）机械清洗

1. 机械清洗前准备

（1）清洗单位已完成现场安全交底，识别清罐全过程存在风险，制订了被清储罐所属企业认可的管控措施。

（2）被清储罐已降低液位，清洗单位已测量被清储罐内沉积物高度，双方确认形成液位确认单。

（3）清洗单位已清楚到达被清储罐的道路、旁接罐位置、机械清洗取水位置、取电位置。

（4）清洗单位组织编制清洗施工方案，被清储罐所属企业组织开展清洗施工方案的审查，通过了审批。

（5）清洗方案宜包括但不限于以下几个方面：

① 工程概况，应明确工程基本情况、现场施工条件（明确水电的取用情况、旁接罐情况、污水排放等情况）、主要工程内容及工程量（宜以清单方式明确）。

② 清罐组织机构组成及职责，应明确职责、联系方式及不可替换人员名单。

③ 具体实施方案，应包括施工前准备工作、水电的取用及现场布置、具体施工工艺、清洗过程中的控制指标、进度表及设备操作规程。

④ QHSE 管控措施，明确具体质量、健康、安全及环境管理措施，完成工作前安全分析（JSA），制定应急措施。

⑤ 相应的附图、附录。

（6）清洗单位现场管理人员、作业人员已接受被清储罐所属企业安全教育，考核合格。

2. 人员、环境作业要求

储罐清洗作业对象为罐内原油、成品油等危险介质，工作区域常为 0 区、1 区，为确保清洗过程安全，应从以下方面做好管控措施。

1）人员防护方面

（1）应根据不同场所选择防护用品，选用的防护用品应符合被清储罐所在单位的规定要求。

（2）清洗单位、被清洗储罐所在站场应对人员穿戴防护用品的使用情况进行检查。

（3）应对工作环境进行持续监测，当作业人员在作业环境下的暴露程度和危害因素增加，现有防护用具不满足要求时，应更换符合作业环境的防护用品。

（4）使用呼吸防护用具前应进行检查，严格遵守产品说明书中的事项。

（5）使用呼吸防护用具时，使用人员应经过培训，并接受适合性测试。

（6）不应使用易燃、易爆、腐蚀性溶剂及化纤抹布等易产生静电的物品擦拭设备、服装。

（7）作业场所应备有抢救人员使用的急救箱，并由专人保管。

2）作业环境方面

（1）作业现场应配备消防器材，对于不同罐容储罐，宜按以下要求配备：

① $1×10^3 m^3$ 及以下罐容储罐，至少配备 4 个 8kg 干粉灭火器；

② $1×10^3 m^3$ 以上至 $2×10^4 m^3$ 罐容储罐，至少配备 6 个 8kg 干粉灭火器；

③ $2×10^4 m^3$ 以上至 $5×10^4 m^3$ 罐容储罐，至少配备 8 个 8kg 干粉灭火器；

④ $5×10^4 m^3$ 以上至 $10×10^4 m^3$ 罐容储罐，至少配备 10 个 8kg 干粉灭火器；

⑤ $10×10^4 m^3$ 以上至 $15×10^4 m^3$ 罐容储罐，至少配备 12 个 8kg 干粉灭火器。

（2）作业区域应设置明显的警戒带和安全警示标志。

（3）爆炸性气体环境危险区域划分应符合 GB 50058—2014《爆炸危险环境电力装置设计规范》第 3.2.1 条规定的分区方法，在 0 区、1 区和 2 区作业应使用符合防爆要求的防爆电器和防爆通信工具。在 0 区、1 区作业应使用符合防爆要求的防爆工具。

（4）不应在 0 区和 1 区穿脱、拍打衣物，并应避免剧烈的身体运动。

（5）不应使用易燃、易爆、腐蚀性溶剂及化纤抹布等易产生静电的物品擦拭作业环境。

（6）进入罐内作业应事先办理受限空间作业许可证，并按受限空间作业的有关规定制订方案，方案应明确受限空间内的作业内容、作业方法和作业过程的安全控制方法。

（7）进罐前，机械清洗单位应拆除与罐体相连进出油管线罐根阀，隔断与清洗罐相连的所有管路，并使用盲板进行能量隔离。

（8）作业人员进罐时，罐内应经过清洗或置换，并达到下列要求：

① 氧气浓度为 19.5%～23.5%；

② 可燃气体或挥发蒸气浓度不大于 10% LEL；

③ 有毒气体浓度应符合 GBZ 2.1 的规定；

④ 苯应低于 $1.0mL/m^3$。

（9）罐内经过清洗或置换达不到要求时，严禁进罐。

（10）向清洗罐内注入惰性气体的过程中，应对清洗罐内气体体积浓度进行监测，并做好记录。

（11）盛装汽油的储罐，宜在环境温度 20℃及以下开展清洗工作，当环境温度高于 20℃但又必须开展清罐作业时，应制订防止硫化亚铁自燃的管控措施。

3）工艺切换、故障停机方面

（1）将电源完全断开，在设备周围和停电线路上的配电箱上悬挂"禁止启动"和"禁止合闸"的警示牌。

（2）应使用惰性气体、水或水蒸气等吹扫管线，吹扫时应关闭其他设备（或管线）的清洗介质、水蒸气等进出口阀门。

（3）清洗装置的工艺管道和阀门，不应发生压力急增、冻凝等情况。

（4）切换流程时，应按照"先开后关"的原则开关阀门。

（5）具有高低压衔接部位的流程切换，应先导通低压部位。切断流程时，应先切断高压部位。

（6）泵出现震动、异响、机械密封泄漏等情况时，应停止泵的运行。

储罐机械清洗严格按施工方案组织开展，任何与施工方案不相符的，应识别风险，开展变更。清洗时，应包括罐内所有金属结构部分的表面、焊缝、罐顶（浮顶）内外表面和储罐附件。人员进罐前，清洗单位应拆除与罐体相连进出油管线罐根阀，并使用盲板进行能量隔离，隔断与清洗罐相连的所有管路。对于有密封的储罐，应拆除密封，并移出罐外，避免密封内油品渗流至储罐。

（二）人工清罐作业

1. 工艺处置

原油储罐内部原油应全部退净，在蒸罐期间罐区内严禁动火施工；如无法进行蒸罐处理，应采用其他处理方法使罐内气体检测分析满足规定要求。

人工清罐的标准：清洗后要满足防腐喷砂、打磨和电焊、动火等安全条件。

2. 工器具准备

清罐前作业单位应准备好符合作业要求数量的作业工器具，如拉污油的槽罐车、符合国家安全标准的防爆电动机、防静电胶管、竹制扫把、铜锹、电木绝缘耙子 50 把、防爆照明工具，还要备有锯末、吸油毡、抹布、编织袋、静电接地线以及其他相应的劳动保护器材与器具。

3. 防护应急器具

如正压呼吸器、防毒面具（每人一套）、安全帽、耐油靴、劳动保护服装、手套、医药箱、灭火器、安全绳。

4. 工艺隔离

编制储罐能量隔离清单，隔离相关能源和物料的外部来源，与其相连的附属管道应采用盲板隔离；相关设备应进行机械隔离和电气隔离，所有隔离点均应挂牌，同时按清单内容逐项核查隔离措施，能量隔离清单应作为许可证的附件。

加盲板过程中，要防止污油跑、冒、滴、漏造成着火风险和环境污染。

5. 作业工序和风险管控

施工人员在罐外部人孔处铺垫好锯末，防止污油杂物落地造成污染，打开罐底下人孔，以便有毒有害气体自然通风排出罐外。在拆除浮船密封圈之后，使罐内气体自然消散。

在对作业油罐内气体进行采样化验分析合格后，方可办理作业许可等票据进行清刷罐作业，如气体化验分析不合格，必须再次进行通风置换，直至气体分析化验合格为止。

施工人员在罐内施工作业过程必须使用便携式四合一气体报警器进行持续监测，施工作业过程中罐内可燃气体、硫化氢、氧含量必须始终符合规定要求。

进入罐内作业之前，作业单位项目负责人必须对所有作业人员进行现场安全交底，说明作业风险和安全注意事项以及异常情况下的应急措施。

第一次进入罐内作业之前，库区相关负责人和作业方专业负责人在做好个人防护的基础上，一同进入储罐内检查，对罐内各角落进行全面气体检测，确认一切正常后，方可准许作业人员进入储罐作业。

监护人要现场监督刷罐作业人员进入前消除身体静电，掌握进入有限空间作业的人员数量，作业时间不得超过30min，保持施工人员轮换作业，同罐内作业人员拟定联络信号，并在出入口处保持与罐外施工作业人员的联系，发现异常，应及时停止刷罐作业并采取相应措施。

作业期间，监护人不准离开作业现场及从事与监护无关的工作。作业结束后要清点作业人员，清点工器具、材料数量。

对罐内底部存在的少量油泥、污物及其杂物由施工人员进行收集，使用防爆电动机油泵抽出装车外运（用防爆电动机油泵装车前必须安好车辆与罐之间的零线接地线，以防止产生静电造成安全危险）。进行利用和有效处理。如果罐内沉积的油渣比较黏稠，需要少量的水稀释，减少作业难度。

对罐底剩下的极少量油泥、水、污物及其杂物，施工人员可使用相应量的锯末搓擦罐底和浮盘底部，使锯末能够充分地把罐底部的污油泥、水、污物及其杂物进行有效吸附，施工作业人员把废锯末装袋排出罐外。

在对罐内清理结束后，对罐区周围的卫生进行清理，清除人孔周围的沙土、地面周边油污及其杂物，然后统一把清理完毕的沙土、锯末及其杂物进行环保处理，撤离现场所有设备、器材、用具。

（三）外浮顶油罐内部死角区清洗

外浮顶油罐内部存在许多清洗死角区，残余油气很难排除，清罐时需要特别关注处理。

1. 浮盘支柱内区域

浮盘支柱下端的泄油口很小，如果被油泥堵塞，支柱内的油就无法通过缺口排出，油气易聚集其中。

2. 一次密封区域

一次密封安装时，接头部位以黏胶剂黏胶处理为主，经过几年的运行，接头部位黏胶剂逐渐失效，油品不断渗入橡胶带海绵内。或者，由于环形空间较小，一次密封橡胶带受挤压破损。油品沿破损部位进入橡胶带内部并被海绵填料吸附。在清罐时若不拆除密封就动火，一方面随着温度变化，油品会不断地从一次密封内流出，增加罐内可燃气体浓度；另一方面，若不拆除一次密封就动火，检修火花就会引燃密封或罐内挥发的油气导致爆炸。

3. 浮舱内部

正常情况下浮舱内没有油气，但如果钢板腐蚀渗漏或存在焊接缺陷，油气就会渗入小浮舱内。由这些小浮舱形成的油气空间很大,对于浮舱内部,采用蒸汽吹扫很难将油气驱除出去,这些小浮舱内的存油必须在检修动火前彻底清理除去。

4. 紧急排水管

外浮顶油罐有两条紧急排水管,在其出口处安装有分流头,但当油罐放完油后,分流头内可能存有残余油,这些油很难被清除出去,应特别关注。

在清罐作业前,应结合清罐作业内容制订施工作业方案,做好危害辨识和管控措施,也可以用表格形式,见表3-4。

表3-4 清罐作业危害因素识别及控制措施

序号	作业工序	作业危害	环境及施工	控制措施
1	罐底残油处理和蒸罐	挥发有毒有害气体	大气污染	(1)库区尽力将罐内油品倒净; (2)开人孔后将罐底残余油品倒空后再蒸罐
		污染环境	污染水体、土壤	罐内废水倒入罐区含油污水系统
2	清罐	硫化氢中毒、缺氧、窒息、防止滑倒	佩戴防毒面具,随身佩戴四合一检测仪	(1)用桶、袋、罐储存不能洒漏; (2)产生的废渣交由环保资质企业处理; (3)办理排污许可证; (4)进罐人员进行安全交底,检查个体防护佩带,设置监护人
3	运输	废油、废渣泄漏	污染大气、土壤水体	保证储存设施密闭良好不发生泄漏

(四)储罐动火作业

在2010—2013年,CSB共对187起动火作业事故进行了审查,其中有85起事故是在储罐或容器上或在其周围进行动火作业时所引发的火灾爆炸事故。这些事故共导致48人死亡、104人受重伤,其中有23%的受伤人员和42%的死亡人员为承包商员工。

2010年2月,CSB发布了一个关于《防止储罐内及其周围动火作业人员发生伤亡事故的七个关键教训》的安全公告。在该公告中介绍了11起被调查事故的基本情况和调查结果,还总结出了七个关键教训,目的是防止在含有易燃物质的储罐内及其周围进行动火作业的人员发生伤亡事故。这些教训包括:

(1)采取替代措施。在可能的情况下尽量避免动火作业,最好采取其他的替代办法。

(2)分析危险。在动火作业前进行危险评价,确定工作范围、潜在的危险及危险控制方法。

(3)气体监测。在动火作业前及作业期间,使用校准过的可燃气体检测器对工作区域的气体进行监测,即使在那些认为可燃气体不会出现的区域也要进行同样的监测。

(4)工作区域检测。在对储存或处理可燃液体和气体的工作区域进行动火作业前,所有设备和管线都要进行排空和(或)吹扫。在储罐及其他容器上或其周围进行焊接作业时,要进行适当的检测，必要时要对周围所有的储罐或附近空间（不仅是正在进行焊接作业的储罐或容器）进行连续监测，确定是否有可燃气体存在，以消除潜在的可燃物来源。

（5）书面动火作业许可证。确保动火作业的审查审批由熟悉了解所在特定作业区域危险情况的适当人员执行，并且要发放动火作业许可证，明确说明要进行的作业情况及相关安全注意事项。

（6）全面培训。用员工能理解的语言对员工进行培训，培训的内容应包括：动火作业制度或程序、可燃气体检测器与安全设备的正确使用和校准方法、各项特殊作业存在的危险及相关控制方法等。

（7）监督承包商。对进行动火作业的外部承包商进行安全监督。告知承包商工作相关的具体危险，包括可燃物存在的情况等。

外浮顶油罐主要动火项目包括罐体及附件的补焊、更换、安装作业。焊接作业主要在清罐结束后进行，储罐内部存在部分清洗死角，残余油气很难排除，但恰恰是这些容易被忽视的死角区域，油气聚集其中，遇到明火发生燃烧或爆炸事故。大型外浮顶储罐焊缝多为断续焊，焊缝内存在油气，焊接时油气受热挥发，焊接作业有一定风险，也不可忽视。相对于罐底板补焊，浮舱焊接风险更难管控。运行储罐在线更换或增加密封作业，由于储罐运行多年，密封橡胶附有油品，部分螺栓锈蚀严重，必须使用角磨机切割，作业危险性较大，必须制订可靠的风险管控措施。

油罐检修动火作业前要规范完成油罐清洗并验收合格。与油罐相连的工艺管线包括收发油管、膨胀管、氮气和蒸汽管、消防水管、消防泡沫管等全部隔离；与油罐相连的仪电系统包括搅拌器电源、高高液位、低低液位联锁控制系统，自动计量系统等全部断开。

拆除浮盘密封，消除因油罐长时间使用浮盘弹性密封积聚油品的可能。清理现场油污、杂物等易燃物品，油渍处清理干净。

通风置换要采用防爆风机强制通风，罐内通风采取浮盘上下两层分层通风方式，使得油罐内油气不易凝聚和产生气涡流。浮盘下部采用离心式风机进行通风，浮盘上部可采用轴流风机进行通风。在罐内作业时间过长、通风不良会导致人员中毒窒息，应持续进行气体检测。检测重点为容易积聚油气的底陷部位、连接管线进出口、浮盘立柱底端、浮盘以上空间。

动火前30min进行气体检测，罐内氧气浓度低于19.5%时禁止进罐作业；油气浓度低于10%LEL时方可动火。禁止将普通照明器材带入油罐内。作业前要对角磨机、风机、电焊机外壳接地、电线等进行检查，确保完好无漏电。

油罐检修动火属于高风险作业，对于投运时间长、设备设施老的油库，应该结合库区实际状况，认真辨识风险，尤其关注油罐清洗后浮盘密封残余的油气、通风过程中的气体涡流、焊接作业过程中产生的杂散电流等，防止事故发生。

（五）储罐防腐作业

大型外浮顶油罐的防腐刷油作业主要涉及高处作业和防腐刷油作业两部分。

1. 高处作业部分

大型外浮顶油罐罐壁防腐是库区最危险的高处作业之一,罐外壁防腐作业难度最大的部位是抗风圈或加强圈区域,罐内壁防腐作业风险最大的部位是储罐顶部 2m 环状区域。不同企业采用不同作业方式,可以借助吊篮或吊板实施,也可以使用升降车、搭设脚手架等方式。在储罐防腐作业项目的设计和计划阶段,应评估工作场所和作业过程高处坠落的可能性,选择安全可靠的工程技术措施和作业方式,以便削减高处作业的风险。使用搭设脚手架的方式成本最高,在搭拆过程中风险较大;使用吊板成本最低,也最危险,必须对使用吊板作业实行审批限制。无论采取哪种方式,都应制订专项实施方案,识别存在的风险,选用有资质、有经验的作业单位和人员实施防腐,专项方案应严格审批制度。严禁为降低成本、图省事、赶进度,无视企业制度规定,逾越流程强干蛮干。

高处作业人员应进行健康体检。患有职业禁忌证(如高血压、心脏病、贫血病、癫痫病、精神疾病等)、年老体弱、疲劳过度、视力不佳及其他不适于高处作业的人员,不得从事高处作业。

严禁在 6 级以上大风和雷电、暴雨、大雾等异常气象条件下进行高处防腐刷油作业;在 30~40℃高温环境下的高处防腐作业应进行轮换作业。

高处防腐作业人员应穿轻便衣着,禁止穿硬底、带铁掌和易滑的鞋。高处作业一般要从工程技术措施和防护措施的落实两方面确保作业安全。

(1)作业人员应佩戴符合要求的安全带,高处作业应设专人监护,脚手架的搭设应符合国家有关标准,作业区域内拉设警示线。

(2)作业使用的工具、材料、零件等应装入工具袋,上下时手中不应持物,不应投掷工具、材料及其他物品。

(3)易滑动、易滚动的工具、材料摆放在脚手架上时,应采取防坠落措施。

(4)与其他作业交叉进行时,应按指定的路线上下,不应上下垂直作业,如果确需垂直作业,应采取可靠的隔离措施。

(5)因作业需要必须拆除或变动安全防护设施时,应经作业审批人员同意,并采取相应的防护措施,作业后应立即恢复。

(6)拆除脚手架应设警戒区并派专人监护,不应上部和下部同时施工。

2. 防腐刷油作业部分

(1)调漆管理要求:应在作业现场设置临时调漆间,距离涂装作业受限空间入口 15m 以外,按照功能分隔成稀释剂、涂料、调漆、空桶等间隔。现场各类涂料、稀释剂标识清楚。作业现场只存放一天施工的油漆量。工作完成后,所有剩余油漆及空桶必须撤离现场。

(2)防腐刷油作业的防火、防爆的安全要求:在储罐内防腐作业时,严禁携带香烟、火种、非防爆手机、非防爆照明灯具、工具等能产生烟气、明火、电火花的器具等进入受限空间；严禁携带稀释剂进入储罐。现场要满足防火防爆要求，防腐刷油作业区域及周围15m内禁止动火作业。调漆搅拌机5m范围内不允许有电缆接头。

（3）罐内通风要求：在受限空间内作业，宜设置通风效果好的防爆风机强制通风换气，保持内部空气洁净、安全。

（4）电气设备防爆要求：储罐内的电气设备必须符合整体防爆的要求，即电动机、照明、线路、开关、接头等必须符合防爆安全的要求，严禁乱接临时电线。

（六）在运浮顶储罐二次更换或增加密封作业

外浮顶油罐一般采用在浮顶上加装密封装置对油品进行密封。目前，常见的密封形式为一次囊式密封＋二次密封（L形刮板密封）。结合储罐企业减少一次、二次密封间油气空间的实际需要，国内密封生产厂家生产出无油气密封，目前常见的形式有一次囊式密封＋包袋式密封＋二次密封，或一次囊式密封＋填充式密封＋二次密封。

储罐密封通常在建设期间或大修期间施工安装最为安全。运行储罐在线更换一次密封，如果拆除原一次密封，油品将直接暴露在空气中，作业风险大、周期长，作业过程易受天气影响，储罐企业应避免实施在线更换一次密封作业。但是，受生产运行、无法按期检修、施工工期长等因素影响，部分企业实施运行储罐在线安装密封作业，减少了清罐后安装密封（非一次密封）的检修周期，也降低了储罐更换密封的成本。在不拆除一次密封的前提下，实施在线增加包袋式密封、填充式密封或在线更换二次密封，虽然增加了作业风险，但是只要认真做好施工方案，严格落实作业风险管控措施，就能够确保密封安装的作业安全。

一般情况下，外浮顶油罐一次胶囊密封的检修、更换都是安排在清罐后进行施工，按理说，二次挡雨板密封或密封改造再增加一圈胶囊密封，也都应该安排在清罐检修时施工进行。但原油储罐如果不是到了正常的检修周期，临时检修就要花费一笔不小的清罐费用；而且原油罐在生产计划上又不允许长达近1个月的施工周期。因此，在这种条件下，为完成原油储罐的二次密封更换和改造，就必须要在储罐正常运行的情况下进行改造施工。

虽然此时一次胶囊密封未拆除，虽具有一定的密封效果，但油气挥发成分肯定存在，尤其是油罐椭圆度的原因，一次胶囊密封局部还会有缝隙，而且原油还含有不少的轻组分。此时浮顶上属易燃易爆区，在施工过程中不允许有摩擦、碰撞火花、静电产生，这就给安全方面提出更高的要求。

1. 作业条件

选择温度适宜、微风无雨的天气进行，施工期间要密切关注天气变化情况，大风、雷雨时严禁施工，作业人员必须及时撤离现场。

储罐在高液位时施工，保持浮顶在高位静止状态，施工期间相邻区域尽量不安排切水、用火等特殊作业。

2. 工具准备

施工工具和材料：防爆扳手、防爆钳、防爆榔头、防爆螺丝刀；砂纸、锉刀若干；隔离橡胶带、隔雨布；螺栓松动剂。

3. 挡雨板密封更换施工顺序

（1）拆除挡雨板密封，清至罐外，并存放于指定地点。

（2）检查一次密封的工作情况。

（3）如果需要增加一圈胶囊密封安装时（一次胶囊密封＋二次胶囊密封＋挡雨板密封的形式），在拆除了挡雨板密封后，即可安装增加的胶囊密封，但要注意橡胶带搭接处要用胶黏结牢固以免油气渗入橡胶带内。填料安装对接时无间隙，最后一块填料的长度在现场按实际情况下料。安装后的密封带要和罐壁接触良好，不产生卡涩、偏移，不能影响浮盘的整体升降。

（4）增加一圈胶囊密封安装完毕后，就可以恢复挡雨板密封，先将二次挡雨板密封各部件运至罐顶四周均匀分布，防止浮盘倾斜。

（5）更换二次挡雨板密封螺栓。螺栓的可卸性是施工的难点之一，遇到难卸的螺栓，先喷螺栓松动剂，过一会再卸，切忌蛮干；拆卸及安装密封部件时要轻拿轻放；保证施工现场不动火作业。

（6）按照设计要求更换二次挡雨板密封。

（7）导静电分流器按图纸原样恢复，与二次密封刮板同时安装。

（8）施工完毕，清理现场。

4. 安全防范措施

（1）施工人员进入现场必须统一服装（防静电服），戴好安全帽，穿好防滑胶鞋，作业工具一律使用防爆工具，且必须放入工具包内，在罐顶及浮船上不允许脱换衣服；安全人员应佩戴明显标志进行检查；雷雨及高温时严禁施工，施工人员必须及时撤离现场。

（2）施工现场施工单位安排专职安全人员，现场配备安全消防器材；施工过程中严禁随意敲击油罐附件，以防意外。

（3）根据实际情况随时在浮顶上持续进行气体检测（主要检测可燃气体、硫化氢、氧气浓度是否合格），必要条件下有消防队进行现场监护。

（4）施工现场设置灭火器具，作业人员掌握灭火器具的正确使用方法。油罐内施工严格执行不动火和禁止使用一切能产生火花的工器具。拆卸螺栓全部采用防爆工具，现场作业不许有产生火花的行为。

（5）所有参加施工人员必须进行安全知识、施工方法及灭火器具使用方法的培训。

（6）库区相关管理人员必须实时监控安装密封装置施工全过程，确保作业安全。

（7）必须全程监控作业环境的油气浓度情况，要对光缆光纤进行保护性拆卸和恢复，确保其正常发挥作用；要制定应急预案，并进行必要的推演，保证异常情况发生时，作业程序能正确终止，罐内人员能有序撤离。

第六节 防腐蚀管理对策

一、腐蚀部位及机理

外浮顶储罐在使用过程中，其内外壁金属表面会在储存介质和土壤的作用下发生腐蚀，储罐易发生腐蚀的部位及其腐蚀机理如下[4]：

（1）储罐底板下表面。储罐底板下表面的腐蚀为土壤腐蚀和水腐蚀。储罐基础一般为砂层和沥青砂结构，储罐底板下表面直接与之接触，但由于沥青砂在储罐装油、卸油的反复作用下发生开裂，当土壤含水较多时，受到毛细作用的影响，水分及潮气通过沥青砂裂缝到达罐底板下表面，引起罐底板下表面的腐蚀。另外，储罐底板的外边缘与基础连接处密封不严导致进水，从而造成储罐底板下表面腐蚀。

（2）罐体内表面。罐体内表面的腐蚀为介质腐蚀。外浮顶油罐内的介质始终被浮顶和浮顶外缘与罐壁之间的环形密封装置所覆盖，浮顶随着介质储存量的增加和减少而升降。原油中的杂质含量较多，含有多种盐类、硫化物、微生物菌类、腐蚀性污泥及水等，这些杂质沉积在储罐的底部，对罐底板和罐壁造成一定的腐蚀，主要表现为溃疡状和坑点，严重时可能形成穿孔，致使原油泄漏，而高硫高酸原油腐蚀性更为强烈。另外，由于原油黏度较大，为便于运转和输送，往往在储罐底部设置加热器以降低原油的黏度，这样当介质达到一定的温度时，在降低原油黏度的同时，使得介质对罐壁及罐底的腐蚀加剧。罐壁中间部分和浮盘下表面由原油与其表面接触，腐蚀较轻。

（3）罐体外表面。罐体外表面的腐蚀为大气腐蚀。大气中含有水、氧及酸性污染物等物质，特别是沿海地区及海港码头周围，大气环境中还夹杂着大量的盐类和氯化物，在空气湿度较大的情况下，这些杂质极易对罐体外表面造成腐蚀。外浮顶原油储罐的罐体外表面分为保温部分和非保温部分。保温部分仅在进行保温工程施工之前裸露在大气中，故罐体外表面遭受大气腐蚀的部位主要为罐体的非保温部位。

二、防腐管理

（一）防腐原则

根据储罐各部位的腐蚀情况，按照 GB 50393—2017《钢质石油储罐防腐蚀工程技术规范》和 SH/T 3022—2019《石油化工设备和管道涂料防腐蚀设计规范》的相关规定及要求，

结合近几年来国内油品储运工程中外浮顶原油储罐的使用及腐蚀情况,推荐外浮顶原油储罐各部位的腐蚀防护措施如下:

(1)罐底板下表面采用涂料和强制电流阴极保护系统联合保护,强制电流阴极保护系统设计寿命为20年。

(2)罐底板上表面,采用非金属涂层和牺牲阳极联合保护。涂层设计寿命为7年;牺牲阳极设计寿命为20年。牺牲阳极保护范围:罐底板上表面及距罐底板上表面约1m高的罐内壁,牺牲阳极材料采用耐高温的铝锌钢合金。

(3)其他部位均采用非金属涂层保护。

(4)罐底边缘板与罐基础连接处采用防水涂料防护。

(二)防腐漆面积核算

储罐检修时,检修方案已明确了防腐漆类型、防腐结构及防腐面积,但在实际实施过程中,常出现储罐内外结构件防腐量估算不足,影响了防腐面积核算的准确性。企业在组织编制检修方案前,可组织人员现场核算防腐量,以保证防腐漆用量。针对常见的 $5.0 \times 10^4 m^3$ 与 $10 \times 10^4 m^3$ 储罐,主要结构件部位防腐漆用量可参考表3-5。

表3-5 防腐工程量(原油外浮顶储罐)

	防腐部位	$5 \times 10^4 m^3$ 储罐涂刷面积(m^2)	$10 \times 10^4 m^3$ 储罐涂刷面积(m^2)
内防腐	罐底板上表面、罐壁内表面底部2m、罐内2m以下附件外表面(不包含加热盘管)	3500	6000
	浮顶底板下表面、浮顶边缘板外表面、罐内支柱部分、刮蜡装置	3100	6000
外防腐	罐壁上2m、浮顶上表面、泡沫挡板、平台、罐顶抗风圈、泡沫发生器	4700	7500
	支柱、人孔、浮梯轨道、抗风圈、盘梯、浮梯、自动通气孔内部、支撑筋板、浮顶人孔及盲板内部等防腐层脱落部位修复	1500	2000

三、防腐施工

储罐所属企业应重点管控罐体及其附件防腐施工,以保证储罐在较好防腐质量下安全运行。但储罐防腐施工过程疏于管控,除锈、防腐漆配制、涂装、验收等过程管理不规范,导致储罐防腐质量不达标,进而引发储罐安全问题。

(一)表面处理要求

表面处理前,应对待涂表面进行预验,清除待涂表面油脂、残留盐分和其他污物(图3-39至图3-41)。

图 3-39　铁锈与氧化皮

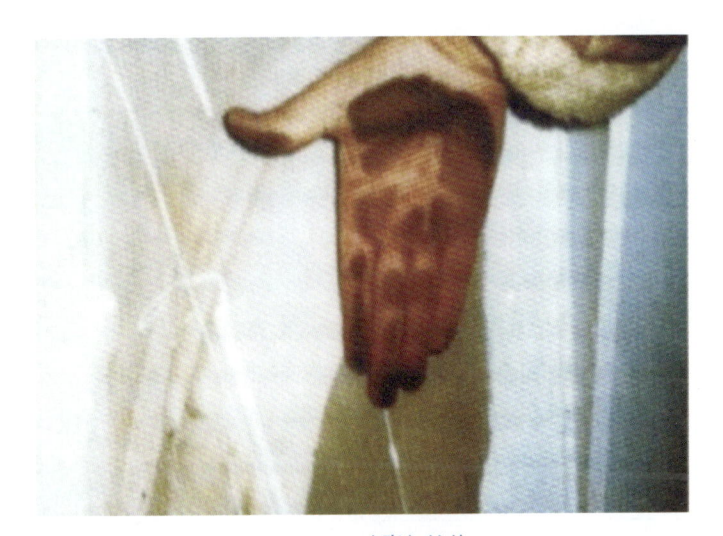

图 3-40　油脂与锌盐

图 3-41　除锈前清理油污

储罐及其附件表面处理可采用喷射除锈、动力工具除锈和手动除锈等方法，选用不同的除锈方式时，表面粗糙度宜符合表 3-6 要求。

表 3-6　不同除锈方式表面粗糙度要求

序号	除锈方式	表面粗糙度（μm）
1	喷射除锈	50～80
2	动力工具除锈	20～40
3	手工除锈	≥20

对于除锈面积较小以及喷射处理无法达到的区域，可采用动力或手动除锈的方式进行处理。喷砂作业前，宜采用彩条布等防尘措施掩盖包裹附近设备。喷射除锈时，应选择好磨料，磨料选择见表 3-7。

表 3-7　不同表面粗糙度时磨料选择参考表

磨料	磨料规格					
	25μm	37.5μm	50μm	62.5μm	75～100μm
钢砂	G80	G50	G40	G40	G25
钢丸	S110	S170	S230	S280	S330/S390
石英砂	30/60	15/35	16/35	8/35	8/20
石榴矿砂	80	36	36	16	16
氧化铝	100	50	36	24	—
铜矿砂	20/40	12/40	12/40	10/40	10/40

喷砂时，应选择合适的喷砂距离，避免磨料对被除锈工件表面造成较大的压应力与变形。喷砂时，应保持喷枪与被除锈工件表面的角度在 60°～75°范围内，避免形成 90°直角，防止砂粒嵌入被除锈工件表面。

喷砂时，应监控空气压缩机的压力设置，压力值宜在 0.50～0.80MPa 之间；应检查喷砂嘴孔，当喷砂嘴孔增大 25％时，应更换新的喷嘴；检查喷砂设备连接管路，连接管路不应有漏气现象。

完成待涂装表面除锈工作后，应检验其表面除锈情况、表面粗糙度情况，使用喷射除锈时，除锈等级应达到 GB/T 8923.1—2011《涂覆涂料前钢材表面处理　表面清洁度的目视评定　第 1 部分：未涂覆过的钢材表面和全面清除原有涂层后的钢材表面的锈蚀等级和处理等级》中 Sa2.5 级；使用动力或手工除锈时，除锈等级应达到 GB/T 8923.1—2011 中 St3 级；表面粗糙度应满足表 3-8 与涂料涂刷要求。

低表面处理要求时，应清除待涂装表面附着不牢固的锈层、氧化皮和油脂类等污物。

（二）涂料配制

（1）油性涂料通用配制基本要求：

开罐前检查和确认涂料的品种、牌号和出厂日期，开罐后检查涂料是否有色差、变色（固化剂）沉淀和严重返粗、橘皮，发现涂料过期变质应禁止使用。涂料在有效期内，若放置时间较长，在施工前宜将涂料桶倒置，节省搅拌时间。涂料为单组分时，使用前应采用电动搅拌工具搅匀。涂料为双组分时，使用前应采用电动搅拌工具先将甲组分搅拌均匀，然后按甲乙组分的比例混合并搅拌均匀，静置 0～5min，待涂料熟化后涂装；少量配制时，应使用量具按比例配制。

稀释剂用量根据涂料黏度确定，使用过程中涂料变稠，可加入稀释剂继续使用，未使用完的涂料不应倒回基料内。严重板结、胶化的防腐涂料不可强行用稀释剂稀释搅拌后继续使用。不同涂料配套专用稀释剂，不应混用。不应使用汽油、天那水、松节水等充当涂料稀释剂。

（2）水性涂料通用配制基本要求：

开罐前检查和确认涂料的品种、牌号和出厂日期，开罐后检查涂料是否有色差、变色（固化剂）沉淀和严重返粗、橘皮，发现涂料过期变质应禁止使用。应确认涂料在有效期内，若放置时间较长，在施工前几天宜将涂料桶倒置，节省搅拌时间。涂料为单组分时，使用前应采用电动搅拌工具搅匀。涂料为双组分时，使用前应采用电动搅拌工具先将甲组分搅拌均匀，然后按甲乙组分的比例混合并充分搅拌均匀，静置 15～30min，待涂料熟化后涂装；少量配制时，应使用量具按比例配制。水性涂料出厂前，黏度已调整到适宜施工的黏度范围；受储存条件、施工方法、作业环境、气温等因素影响变稠时，可使用干净的自来水稀释，并搅拌均匀。严重板结、胶化的防腐涂料不应强行用水稀释搅拌后继续使用。

水性涂料加水量一般不宜超过 5%（质量比），配制好的涂料应在 4h 内用完，未使用完的涂料不应倒回基料内。

（3）对于特殊配制要求的防腐漆，应在涂料配制前阅读厂家说明书，按配制要求配料。

（三）涂装施工通用环境要求

（1）环境温度通常为 5～40℃，少量材料要求施工的环境温度不低于 10℃，部分材料可在 0℃以下施工，但底材不应有冰霜。施工时应考虑因产品而异，具体执行厂家提供施工指导说明书。

（2）相对湿度通常要求不高于 85%。

（3）钢板温度，应高于露点 3℃以上，通常不低于 5℃，不高于 40℃，施工时应考虑所用产品的特性，具体执行厂家提供施工指导说明书。

（4）室外施工时风力不应大于 5 级。

（5）雨、雪、大雾、霜冻天气应停止室外涂装施工，室内施工时应确保环境条件满足要求。

（6）密封空间施工应通风良好，气体检测合格，并应在作业过程中连续进行气体检测。

(7)涂装施工应避免交叉作业,防止涂层被污染,或引起火灾、爆炸等危险。

(8)涂装施工期间应关注当地天气预报,合理安排施工,避免因不良天气造成的材料、人工损失。

(四)涂装施工通用要求

1. 试涂

涂装施工前,应确认表面粗糙度已达到要求,正式涂装前应开展试涂,试涂时宜考虑以下情况:

(1)不同批次防腐涂料均应开展试涂,试涂后测试干膜厚度、干燥时间等参数。

(2)在同一防腐结构下,有不同批次防腐涂料时,也应开展试涂。

(3)试涂时,应选择与待涂装表面相同材质的试板,也可以选择待涂装表面的某个部位作为试板。

(4)试涂发现问题时,应查找产生问题原因并解决,优先与厂家技术人员协调解决,必要时送第三方有资质单位进行检测。

(5)试涂时,宜施工单位、涂料供应商与监理单位三方在场。

(6)正式涂装时,可根据储罐不同的部位选择涂装方式,推荐涂装方式见表3-8。

表3-8 不同防腐部位推荐涂装方式

序号	防腐部位	涂装方式
1	罐底板全防腐或较大面积防腐	高压无气喷涂、辊涂
2	罐底板局部防腐	辊涂、刷涂
3	内壁板防腐	高压无气喷涂、辊涂
4	外壁板防腐	高压无气喷涂、辊涂
5	浮盘下表面	高压无气喷涂、辊涂
6	浮盘上表面较大面积或全防腐	高压无气喷涂、辊涂
7	储罐盘梯等附件	辊涂、刷涂

2. 高压无气喷涂

选用高压无气喷涂施工,即使用高压柱塞泵直接将油漆加压,形成高压力的油漆,喷出枪口形成雾化气流作用于物体表面的方法时,应考虑以下情况:

(1)喷涂前应用刷子开展预涂,预涂应不限于自由边、焊缝、内边、孔眼及狭小部位、难以触及等部位。

(2)应根据涂料的喷涂要求选择合适的喷涂设备,如喷涂高固体分涂料需要压缩比高的设备或多组分喷涂设备,喷涂富锌涂料需要流量大、压缩比低的喷涂设备等。

(3)当涂料中含有玻璃鳞片、纤维或固体含量高时,应拆除喷涂设备中的所有过滤装置。

（4）不宜使用稀释剂，必须使用时宜控制在5%（体积比）以内。

（5）阅读喷涂设备说明书，根据说明书中的建议确定出口压力，结合实际操作环境温度、涂料黏度控制出口压力，宜以涂料完全雾化的最低出口压力作为控制指标。

（6）当喷涂双组分或多组分涂料时，应考虑涂料的混合使用时间及施工效率，避免涂料浪费及设备损坏。

（7）根据需要喷涂的构件选择喷嘴的喷幅，避免涂料浪费，应经常检查喷嘴的磨损情况，影响喷涂效果时需更换喷嘴。

（8）喷涂设备应由专业人员操作，并经常检查设备及连接件的使用状况，及时更换易损件，使用时设备应接地。

（9）喷涂时应选择合适的喷涂距离，喷涂设备与被涂表面距离宜为300~400mm，避免流挂或干喷（图3-42）。

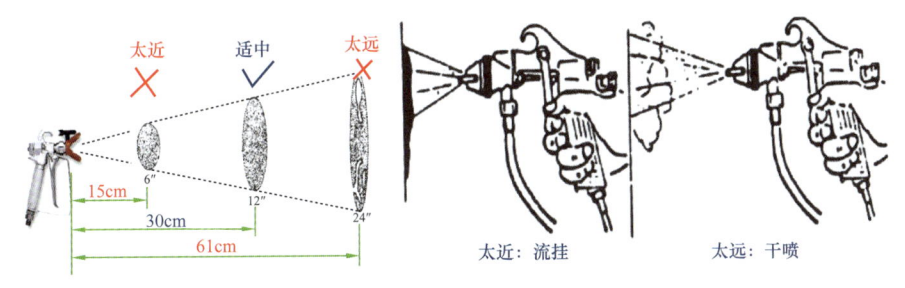

图3-42 设备的喷枪与被涂表面距离

（10）喷涂设备的喷枪与被涂表面应保持垂直，保持涂层均匀（图3-43）。

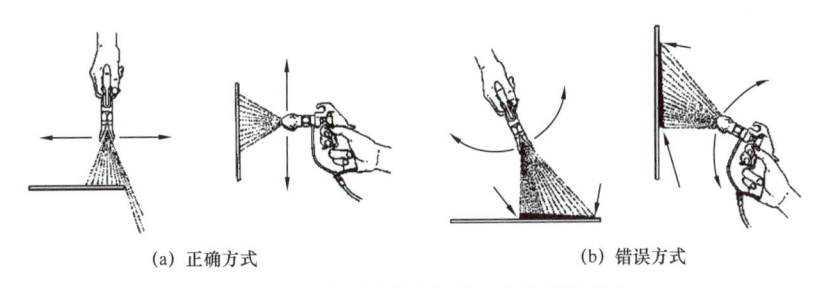

图3-43 设备的喷枪与被涂表面应保持垂直

3.辊涂

选用辊涂施工时，应考虑以下情况：

（1）辊涂适用于较大面积的涂装。

（2）辊涂前应用刷子开展预涂，预涂应不限于自由边、焊缝、内边、孔眼及狭小部位、难以触及等部位。

（3）辊筒所蘸涂料应均匀，涂装时辊筒宜走M形、W形或S形，使所覆涂料平顺展开。

（4）涂装时滚动速度不宜太快，不应过分用力压展辊筒。

（5）采用十字交叉法施工，层间纵横交错。每道涂层均应往复进行。

（6）辊涂时每道涂层至少反复施工一次，且应垂直交错（十字交叉法）进行辊涂。

4. 刷涂

选用刷涂施工时，应考虑以下情况：

（1）刷涂施工一般用于预涂及小面积的修补。

（2）刷涂时每道涂层的刷涂施工不应少于两次，且应垂直交错（十字交叉法）进行刷涂。

（3）应控制每次刷涂时的涂层厚度与涂刷时的平滑度，避免施工时留下较深的涂层刷痕或出现流挂及局部油漆堆积现象。

（4）对自由边、焊缝、角落、缝隙等较难施工的部位应反复刷涂，使该部位达到设计要求的最低膜厚并形成均匀连续的漆膜涂层。

（5）涂料黏度适中，每次不宜蘸太多涂料，为获得较好的外观，宜选用羊毛或其他质地较软材料制成的刷子。

涂层通用检查要求执行 GB/T 50393—2017《钢质石油储罐 防腐蚀工程技术标准》相关规定。

四、边缘板防腐

储罐在储油、空罐等不同工况下受力情况不同，导致边缘板会发生不同量的塑性变形，外界的水、气进入边缘板底部，尤其沿海地区，空气、雨水中盐分含量较高，边缘板防腐层一旦出现破损，雨水、湿气进入储罐底板与基础沥青砂间，极易加速罐底板外腐蚀。

目前，市场上储罐边缘板防腐材料较多，主要有环氧煤沥青、橡胶带、CTPU（端段基聚氨酯）、矿脂带、弹性胶等，不同材料的性能、施工工艺等存在较大差异，选择性能稳定、施工维修方便、寿命较长的边缘板防腐材料是有效解决边缘板防腐质量的关键。下面介绍几种常用的工艺：

（1）环氧煤沥青防腐。通过在罐底边缘板和混凝土基础上涂刷煤沥青漆后，再浇注沥青砂进行防腐。优点是造价低廉，施工方便；缺点是延展性差，易开裂。

（2）橡胶带防腐。通过在罐底边缘板和混凝土基础上涂刷煤沥青漆后，再贴覆橡胶带进行防腐。优点是造价低廉，施工方便；缺点是弹性差，不抗变形。

（3）CTPU 防腐。采用 CTPU 高弹性台口线及高强度腰线、中间弹性胶泥、抗老化底面胶等复合材料，再贴覆玻璃布及氨纶弹性布加强涂层强度及致密性。优点是防水效果好，黏结性能强，有很好的抗变形能力，维修容易；缺点是施工工艺复杂，操作难度高，施工周期长，受环境影响大。

（4）矿脂带防腐。矿脂防腐带由合成纤维、碳氢化合物、中性聚合物、填料、防燃剂等组成，应用较为广泛。优点是可塑性强、不硬化、不断裂，抗酸、碱、盐、微生物，对水、气防渗性能强,满足防火要求;缺点是施工工艺复杂,操作难度高。

(5) GDP耐蚀防水弹性胶。GDP耐蚀防水弹性胶是由硅橡胶、氢化丁腈类橡胶等与其他合成高分子材料等进行改性得到的一种高弹性耐蚀材料,在沿海及雨水较多的地区应用较为广泛。优点是较好的黏弹性,一定的抗拉强度,较好的拉伸疲劳性,优异的附着力以及良好的耐化学品性和抗紫外老化性;缺点是易尖锐划伤。

第七节 消防应急管理

尽管我国日益提高的安全管理水平使大型外浮顶储罐的火灾风险不断降低,然而大型外浮顶储罐火灾事故仍时有发生;加之储罐容积巨大,库区储罐排布密集,一旦单罐发生事故,有可能蔓延波及周边储罐或装置,造成重大的人民生命和财产损失。这就需要对应急人员的技术能力、应急装备、战术、各级决策部门的技术支撑提出挑战。作为救援指挥人员,需要了解大型储罐火灾事故应急救援流程和关键技术,供战时做出正确判断。总结出先爆炸后燃烧、先燃烧后爆炸、爆炸后不燃烧、沸溢性燃烧、局部燃烧、单罐着火后蔓延为多罐燃烧爆炸等油罐火灾形式,并结合石油储罐火灾形式,探讨了石油储罐火灾扑救的战术原则、火灾控制对策和总攻灭火措施。

一、消防管理

(一)消防设备设施

《石油库设计规范》和《石油储备库设计规范》对库区的消防设计做了详细的规定,其消防系统由消防给水系统、泡沫系统、防火堤、火灾报警系统、消防通信系统以及事故池构成。泡沫混合液管道和消防水管道沿罐区呈环形布置,图3-44和图3-45分别为罐体冷却水盘管及罐顶泡沫发生器。罐区和库区内建构筑物配置手持式灭火器材。

图3-44 冷却水盘管

图 3-45　罐顶泡沫发生器

石油库内的固定消防设施由固定泡沫灭火系统和消防给水系统组成,大型油品罐区火灾的扑救是以固定消防装备为主导的。

(1)固定泡沫灭火系统。

固定泡沫灭火系统由泡沫消防泵、泡沫比例混合器、泡沫液储存罐、泡沫比例混合装置、泡沫混合液管道、罐前阀组、上罐竖管和泡沫产生器组成,能自动或手动供给泡沫及时扑救火灾。消防泡沫站如图 3-46 所示。固定泡沫灭火系统泡沫连续供给时间一般不小于 30min。消防泡沫泵应满足泵启动后将泡沫混合液输送到最远油罐的时间不超过 5min 的要求,典型消防专用泵站如图 3-47 所示。

图 3-46　消防泡沫站

(2)消防给水系统。

消防给水系统是指向各种水灭火系统和泡沫灭火系统提供水源的消防设施系统,包括消防水源(池和罐)、消防水泵、消防给水管道、消火栓、罐前阀组、上罐消防竖管和水幕喷头。消防水泵能满足灭火时对水压和水量的要求,消防管道采用环状管网、分段布设,消火栓的数量满足罐区火灾用水量需求。

图 3-47 消防专用泵站

（3）移动消防装备。

大型油品罐区火灾扑救的移动消防装备最主要的就是消防车。不同类型消防车如图 3-48 至图 3-52 所示。消防车是装备各种消防器材、消防器具的各类消防车辆的总称。由于远离城镇，邻近企业没有配置消防力量，有些石油库配备了消防车站，消防车库的位置要满足接到火灾报警后消防车到达火场的时间不超过 5min 的要求。

图 3-48 水罐消防车

图 3-49 干粉消防车

图 3-50　泡沫消防车

图 3-51　消防指挥车

图 3-52　高喷射消防车

针对大型油品罐区火灾，用得比较多的主要有水罐消防车、泡沫消防车、高喷射消防车等。当采用水罐消防车进行油罐冷却时，水罐消防车的台数按冷却油罐最大需要水量进行配备。当采用泡沫消防车进行油罐灭火时，泡沫消防车的台数按照着火油罐最大需要泡沫液量进行配备。

（4）如果石油库区没有配置消防站，则需要与邻近企业或城镇消防站有消防协作，协作单位可供使用的消防车辆应由双方协商确定。典型消防站如图 3-53 所示。协作单位可供使用的消防车辆数是指邻近企业或城镇消防站能在接到火灾报警后 5min 内对着火油罐进行冷却，或 10min 内对相邻油罐进行冷却，或 20min 内对着火油罐进行泡沫灭火提供的消防车辆数。

图 3-53 消防站

此外，石油库内的防火堤在罐区防火安全设计中起着至关重要的作用，设置防火堤的根本目的就是临时存放堤内储罐事故状态下泄漏的油品，防止油品自由流淌给周边设施造成事故隐患，防火堤的设计强度应能承受大型储罐破裂时液体倾泻对防火堤产生的巨大冲击力。防火堤有效容积能容纳事故泄漏液体，同时需考虑到事故状态下应急救援产生的消防污水量；当产生的事故液量超过防火堤容积时，将事故液通过含油污水管道排至事故缓冲池，避免给周边水域、土壤带来生态破坏。

（二）消防设备设施完好性

要做好消防设施管理，就要定期对消防移动装备、固定消防设施组织消防专项检查，确保消防隐患及时整改。

严格执行定期工作制度，"定期、定内容、定标准、定专人"对消防稳高压水系统、泡沫灭火系统和火灾报警系统进行检查维护保养和测试，确保消防设施始终保持完好状态。

要做好对手提 8kg 干粉灭火器、手提二氧化碳灭火器和干粉推车灭火器、二氧化碳推车灭火器等的检测、维修与更换，灭火器材完好率达到 100%。

消防车辆应逐台进行维护保养，维护保养主要内容如下：

（1）清洁。车容整洁，发动机各总成、部件、器材无污垢，各滤清器工作正常，各管路畅通无阻。

（2）检查。发动机和各总成、部件状态正常，驾驶安全设备和机件齐全可靠；各部位连接紧固、完好可靠。

（3）紧定。各紧固件必须配齐无损坏，安装可靠，扭紧程度符合要求。

（4）调整。熟悉各部件调整的技术要求，按照调整方法、步骤认真细致进行调整。

（三）消防设备设施主要问题

目前，大型外浮顶储罐的消防设备设施在管理过程中普遍存在以下问题：

（1）重使用，轻保养维护。主要表现在不按规定对消防泵更换油脂；管道外部锈蚀严重、泡沫液输送管线使用后没有按规定用清水冲洗，管道中长期存有沟渠混合液，造成管道腐蚀穿孔；泡沫比例混合器转动不灵活，调节球阀孔堵塞；泡沫产生器没有定期检查，滤网没有定期清除杂物；消火栓打开困难、漏水等。

（2）设计存在缺陷。如消防水管网阀门开关逻辑问题，冷却水、泡沫发生器出水时间不能满足规范 5min 出水的要求。

（3）火灾报警故障。目前，大型外浮顶储罐火灾报警主要采用光纤光栅火灾报警系统或感温，但使用过程中普遍存在误报或不报的情况，采用开水浸泡测试无反应。此外，由于使用时间较长，探测器易出现老化及断裂等问题。部分企业还存在现场手动报警故障的问题。

（4）事故池容积不足。根据 GB 50737—2011《石油储备库设计规范》的要求，应在库区内设置漏油及事故污水收集池，收集池的容积不应小于一次最大消防水用量，并应采取隔油措施。但部分库区事故池无法容纳一次最大消防水用量，油品可能流出库区。

（5）消防车欠缺。油库消防车辆包括水罐车、泡沫车、高喷车、指挥车等，大型外浮顶储罐直径达 80～100m，高度超过 20m。部分库区配备的高喷车泡沫几乎不能射入罐内，硬件能力不足。

为了确保消防设备设施在火灾发生时发挥作用，必须强化消防设备设施的建设。

（1）加强消防设备设施的检测、维护工作，确保消防设备设施完好。一旦保护对象着火，能够快速发现，启动泡沫系统或人员登罐及时扑灭火灾。

（2）加强以大功率大吨位泡沫车、水罐车为主的消防车辆配备，因为储罐一旦发生火灾爆炸，固定消防设施将会被严重破坏，无法发挥灭火作用，这种情况下就需要强大的移动消防设备进行有效补充。

（3）重视消防设备设施的管理工作，配备经过专业培训的人员进行维护、操作工作。

二、应急预案

（一）概念

事故应急预案是指为降低突发事件后果的严重程度，针对可能发生的事故，为迅速、有序地开展应急行动而预先制订的行动方案，是以对危险源的评价和事故预测结果为依据，处置突发事件应急活动的行动指南，一般分为综合应急预案、专项应急预案和现场处置方案。

综合应急预案是为应对各种生产安全事故而制订的综合性工作方案，是应对事故的总体工作程序、措施和应急预案体系的总纲。规定了应急组织机构及其职责、应急预案体系、事故风险描述、预警及信息报告、应急响应、保障措施、应急预案管理等内容。

专项应急预案是为应对某一种或多种类型生产安全事故，或针对重要生产设施、重大危险源、重大活动防止生产安全事故而制订的专项性工作方案。专项应急预案规定了应急指挥机构与职责、处置程序和措施等内容。

现场处置方案是指根据不同事故类型，针对具体场所或设施所制订的应急处置措施。现场处置方案规定了应急工作职责、应急处置措施和注意事项等内容。

（二）应急预案编制

编制应急预案前，成立编制工作小组，吸收与应急预案有关的职能部门和相关单位的人员，包括有现场处置经验的工艺、设备、安全等专业人员参加，必要时可以吸收有生产经验的岗位班长参加。

编制应急预案前，应当进行事故风险评估和应急资源调查。通过对大量原油储罐火灾事故案例进行统计，针对不同事故种类及特点，识别存在的危险危害因素，分析事故可能产生的直接后果以及次生、衍生后果，评估各种后果的危害程度和影响范围，提出防范和控制事故风险措施。调查企业第一时间可以调用的应急资源状况和合作区域内可以请求援助的应急资源状况，对于大型外浮顶原油储罐，其火灾模式大致可分为密封圈火灾（火点为单点、多点或局部线状）、全液面火灾（在外浮顶罐内部可燃液体表面，此时浮盘已经倾覆或损坏）、防火堤内火灾（外浮顶罐可燃液体大量溢出或泄漏，在防火堤内形成的液体池火灾）、沸溢火灾（油品储罐发生火灾后，油品在燃烧过程中出现沸腾、溢流、突沸等现象）和外部管线火灾（发生在外浮顶原油储罐设备管线，含阀门、仪表、法兰等部位的泄漏火灾）。外浮顶储罐火灾应急预案编制，就是要针对不同的火灾模式，结合现有的应急资源，制订有针对性的扑救措施（包括工艺处置和消防灭火措施），增强应急预案的有效性和可操作性。预案编制时，要在熟悉库区的基础上，根据事故处置手段、技术措施和设备设施，对储存介质相同或相近、位置邻近、容量相近的罐划分为同一类别来编制预案，对重点防护部位应一部位一预案，重点流程一流程一预案，围绕"最大、最复杂、最不利"的原则来编制预案。很多库区应急预案存在不足，主要是没有把风险分析和应急很好结合，预案内容缺少与工艺操作密切结合。

应急预案包括预防与应急准备、监测与预警、应急处置与救援、恢复与重建（包括总结评估和改进）。应急的事前是应急的预防，内容包括生产工艺的各项控制设施、各种自动系统等本质安全的措施；预防还包括编制应急预案，对预案的学习和培训，组织应急预案的演练；应急的预警措施包括生产异常报警设施和生产异常操作措施，比如可燃气体泄漏报警、火灾报警、高低液位报警设施等；应急的预防和预警目的是要求企业要随时做好应急准备，一旦发生事故，可以从容正确处置和应对，避免和减少损失。

对于库区，应急处置方案至少应包括浮盘上火灾、搅拌器火灾、阀组管线着火、罐体泄漏、阀门管线泄漏、停电、泵房泄漏、中央排水管泄漏、罐根阀法兰泄漏、浮顶卡停、突发自然灾害等。

(三）编制应急预案演练计划

制订应急预案演练计划，根据本单位的事故风险特点，制订组织综合应急预案演练、专项应急预案演练、现场处置方案演练的频次，至少要满足规定的频次要求，每次演练结束后应当对应急预案演练效果进行评估，要撰写应急预案演练评估报告，分析存在的问题，并对应急预案提出修订意见。部分单位照抄其他单位预案，结果发生事故时，预案无法操作，库区因为人员和手段不足，应急处置比较滞后，影响应急效率。因此，必须强化应急预案，考虑各种可能的突发情况，在事故发生时能高效处置。

（四）应急预案启动

发生事故时，要按照预案要求第一时间启动应急响应，组织有关力量进行救援。

如果泄漏着火，要考虑初期灭火措施和专业消防队伍增援；如果无法控制要发生爆炸，就要立即转移人员，设置警戒，切断物料输送；组织人员营救和救治，现场抢修损坏的生产设施。事故信息要上报，企业内部信息告知，适时向外披露事故信息；并向现场提供应急物资，为受事故影响人员提供生活保障，伤员及时进行医疗抢救，对家属抚恤慰问；确保未受影响生产设施正常生产。

抢险结束后，必须先进行现场可燃气体或有毒气体的检测，经过评估认为危险因素已经排除，经现场指挥部核查确认安全后，宣布应急状态解除，才能进入现场清理，制订恢复生产措施，调查事故原因，对事故处置进行总结，找出需要改进的内容，制订完善措施，实现改进和提高。

应急处置结束后，全面总结特别重要。同样的事故能够连续发生，重要原因就是缺少对事故应急处置后的总结和改进，漏洞缺陷没改进，同样问题继续发生。只有对事故认真分析，严肃认真改进，才不会发生类似问题，才能不断进步。

要组织对事故处置的全面总结，实事求是，要将处置全过程与企业的各级应急预案认真进行对照，找出正确或更好的处置步骤，将确认的更好的步骤和措施纳入新修订的应急预案中，使应急预案能够更科学和更有效，更能指导今后的应急工作。

三、预案演练

（一）应急演练的概念

应急演练是针对事故情景，依据应急预案而模拟开展的预警行动、事故报告、指挥协调、现场处置等活动，包括综合演练、单项演练、现场演练和桌面演练。

综合演练：针对应急预案中多项或全部应急响应功能开展的演练活动。

单项演练：针对应急预案中某项应急响应功能开展的演练活动。

现场演练：选择（或模拟）生产经营活动中的设备、设施、装置或场所，设定事故情景，依据应急预案而模拟开展的演练活动。

桌面演练：针对事故情景，利用图纸、沙盘、流程图、计算机、视频等辅助手段，依据应急预案而进行交互式讨论或模拟应急状态下应急行动的演练活动。

根据实际情况采取实战演练、桌面推演等方式，组织开展人员广泛参与、处置联动性强、形式多样、节约高效的应急演练，尤其是地震、台风、洪涝、滑坡、山洪、泥石流等自然灾害易发区域所在地的石油库应当有针对性地组织开展应急演练。

（二）应急演练的主要目的

（1）检验应急预案。发现应急预案中存在的问题，提高应急预案的科学性、实用性和可操作性。

（2）锻炼应急队伍。熟悉应急预案，提高应急人员在紧急情况下妥善处置事故的能力。

（3）磨合应急机制。完善应急管理相关部门、单位和人员的工作职责，提高协调配合能力。

（4）宣传教育。普及应急管理知识，提高参演和观摩人员风险防范意识和自救互救能力。

（5）完善应急准备。完善应急管理和应急处置技术，补充应急装备和物资，提高其适用性和可靠性。

（三）应急演练内容

（1）预警与报告。根据事故情景，向相关部门或人员发出预警信息，并向有关部门和人员报告事故情况。

（2）指挥与协调。根据事故情景，成立应急指挥部，调集应急救援队伍和相关资源，开展应急救援行动。

（3）应急通信。根据事故情景，在应急救援相关部门或人员之间进行音频、视频信号或数据信息互通。

（4）事故监测。根据事故情景，对事故现场进行观察、分析或测定，确定事故严重程度、影响范围和变化趋势等。

（5）警戒与管制。根据事故情景，建立应急处置现场警戒区域，实行交通管制，维护现场秩序。

（6）疏散与安置。根据事故情景，对事故可能波及范围内的相关人员进行疏散、转移和安置。

（7）医疗卫生。根据事故情景，调集医疗卫生专家和卫生应急队伍开展紧急医学救援，并开展卫生监测和防疫工作。

（8）现场处置。根据事故情景，按照相关应急预案和现场指挥部要求对事故现场进行控制和处理。

（9）社会沟通。根据事故情景，召开新闻发布会或事故情况通报会，通报事故有关情况。

（10）后期处置。根据事故情景，应急处置结束后，所开展的事故损失评估、事故原因调查、事故现场清理和相关善后工作。

（11）其他。根据相关行业（领域）安全生产特点所包含的其他应急功能。

（四）演练准备

（1）成立演练组织机构。综合演练通常成立演练领导小组，下设策划组、执行组、保障组、评估组等专业工作组。根据演练规模大小，其组织机构可进行调整。

① 领导小组负责演练活动筹备和实施过程中的组织领导工作，具体负责审定演练工作方案、演练工作经费、演练评估总结以及其他需要决定的重要事项等。

② 策划组负责编制演练工作方案、演练脚本、演练安全保障方案或应急预案、宣传报道材料、工作总结和改进计划等。

③ 执行组负责演练活动筹备及实施过程中与相关单位、工作组的联络和协调、事故情景布置、参演人员调度和演练进程控制等。

④ 保障组负责演练活动工作经费和后勤服务保障，确保演练安全保障方案或应急预案落实到位。

⑤ 评估组负责审定演练安全保障方案或应急预案，编制演练评估方案并实施，进行演练现场点评和总结评估，撰写演练评估报告。

（2）编制演练文件。

① 演练工作方案。主要包括：应急演练目的及要求；应急演练事故情景设计；应急演练规模及时间；参演单位和人员主要任务及职责；应急演练筹备工作内容；应急演练主要步骤；应急演练技术支撑及保障条件；应急演练评估与总结。

② 根据需要可编制演练脚本。演练脚本是应急演练工作方案具体操作实施的文件，帮助参演人员全面掌握演练进程和内容。演练脚本一般采用表格形式，主要内容包括：演练模拟事故情景；处置行动与执行人员；指令与对白、步骤及时间安排；视频背景与字幕；演练解说词等。

③ 演练评估方案。通常包括演练信息、评估内容、评估标准和评估程序。

演练信息：应急演练目的和目标、情景描述、应急行动与应对措施简介等。

评估内容：应急演练准备、应急演练组织与实施、应急演练效果等。

评估标准：应急演练各环节应达到的目标评判标准。

评估程序：演练评估工作主要步骤及任务分工。

（五）应急演练的实施

（1）熟悉演练任务和角色。组织各参演单位和参演人员熟悉各自参演任务和角色，并按照演练方案要求组织开展相应的演练准备工作。

（2）组织预演。在综合应急演练前，演练组织单位或策划人员可按照演练方案或脚本组织桌面演练或合成预演，熟悉演练实施过程的各个环节。

（3）安全检查。确认演练所需的工具、设备、设施、技术资料以及参演人员到位。对应急演练安全保障方案以及设备、设施进行检查确认，确保安全保障方案可行，所有设备、设施完好。

（4）应急演练。应急演练总指挥下达演练开始指令后，参演单位和人员按照设定的事故情景实施相应的应急响应行动，直至完成全部演练工作。演练实施过程中出现特殊或意外情况，演练总指挥可决定中止演练。

（5）演练记录。演练实施过程中，安排专门人员采用文字、照片和音像等手段记录演练过程。

（6）评估准备。演练评估人员根据演练事故情景设计以及具体分工，在演练现场实施过程中开展演练评估工作，记录演练中发现的问题或不足，收集演练评估需要的各种信息和资料。

（7）演练结束。演练总指挥宣布演练结束，参演人员按预定方案集中进行现场讲评或有序疏散。

（六）应急演练评估与总结

（1）现场点评。应急演练结束后，在演练现场，评估人员或评估组负责人对演练中发现的问题、不足及取得的成效进行口头点评。

（2）书面评估。评估人员针对演练中观察、记录以及收集的各种信息资料，依据评估标准对应急演练活动全过程进行科学分析和客观评价，并撰写书面评估报告。评估报告重点对演练活动的组织和实施、演练目标的实现、参演人员的表现以及演练中暴露的问题进行评估。

（3）书面总结报告。演练结束后，由演练组织单位根据演练记录、演练评估报告、应急预案、现场总结等材料，对演练进行全面总结，并形成演练书面总结报告。报告可对应急演练准备、策划等工作进行简要总结分析。参与单位也可对本单位的演练情况进行总结。演练总结报告的内容主要包括演练基本概要、演练发现的问题、取得的经验和教训、应急管理工作建议。

（七）应急演练的持续改进

应急演练结束后，应根据应急演练评估报告总结报告提出的问题和建议，由应急预案编制部门按程序对预案进行修订完善。组织应急演练的部门应督促相关部门和人员制订整改计划，明确整改目标，制订整改措施，并应跟踪督查整改情况。

消防战训要关注的问题：日常消防训练基本围绕着现场预案演练进行，消防人员对经常演练的预案了解程度都很高，而对于预案以外的突发事件熟悉程度不够。因此，消防战训还要从库区平面图及工艺流程入手，并通过工艺流程来关注应急演练预案外的风险点，有针对性地进行现场演练提高战训效果。

（八）生产岗位的事故一分钟处置

一分钟事故应急处置程序主要是针对基层班组的岗位员工而制定的，程序的制定主要是在对各类事故的安全评价和风险评估的基础上进行的。主要是针对生产岗位（如泵密封或静密封泄漏着火）等常见事故的应急处置，根据已经编制完成的一分钟应急处置卡（预案），定期组织岗位应急演练来提高员工的应急处置能力。

（九）通过实战演练锻炼员工应急处置技能

突发事件处置需要企业各个部门和所有人员共同参与，如果事故处置只有少数人参加，会造成顾此失彼，导致事故后果扩大，造成巨大损失。对于库区，人员数量较少，因此更需要所有人员共同参与突发事件的处置。通过实战演练，可以熟悉油库内的消防道路、储罐分布情况、介质理化性质、工艺流程、消防设备设施的分布及性能等。

库区事故应急处置初步分为4个阶段：一是初期处置，事故没有造成影响，成功处置；二是中期处置，事故有所扩大，但是得到有效控制，使事故没有造成较大损失；三是后期处置，事故处置不力，使事故扩大，但是事故危害没有波及企业外部；四是处置失控，事故处置存在严重缺陷，导致事故扩散到企业外部，造成严重的社会影响。

库区最理想的应急处置是初期处置，如果错过初期处置阶段，要力争在中期处置上取得成功；如果错过了初期和中期处置阶段，导致事故扩大，但是如果能守住底线，就不会使事故造成更大损失；如果从初期到中期直到后期应急措施都不到位，会给企业造成十分严重的恶劣影响。

这主要是因为储罐耐火0.5～1h，就可能造成罐体变形或撕裂，因此，储罐发生火灾事故最好在事故初期及时进行处置，才可能使事故得到有效控制；其次，储罐人员所限，库区单位通常人员很少，一般在岗人员只能承担初期或中期的火灾抢险，整个储罐着火，库区人员无法完成大型的灭火任务，因此，要对能解决的应急内容加大力度，要把灭火和工艺措施结合起来，争取获得较好效果。

鉴于上述情况，根据罐区火灾的发展态势以及企业人力和物力的实际，一定要结合储罐实际，把主要精力放在自己能够在应急中可以发挥作用的内容；对于没有能力的内容，只能作为最后的方案，而把主要精力放在力所能及的应急处置阶段。

例如2013年，某库一具$10×10^4m^3$原油罐受雷击起火，起火后2min，库区生产值班人员从视频监控录像上看到罐顶着火，立即通知库区消防队，消防车5min到达，消防人员带着消防水带上到罐顶，不到1min把火扑灭；从着火到灭火不到10min。这是目前国内大型油罐雷击着火后灭火最快纪录，也是应急处置效率最高的案例。

因此，结合库区业务实际，应急工作应该由目前重末端的事后处置，向事前的预防和事中的预警以及事故的初期处置转移。具体思路是，尽可能把防止事故作为应急的首选，把可能发生事故的预警措施优先加以考虑，把应急演练的主要精力放在应对和初期处置事故方面；尽一切力量把可能发生的事故消灭在萌芽状态，使应急工作成为保障储运安全的重要保障。库区的应急工作思路，第一位考虑的内容是预防，第二位是预警，第三位是应急处置，而应急处置重点考虑初期处置和中期处置。

库区除自身进行的消防演练外，还应每年至少组织一次政府、社会相关力量参加的跨部门实战演练，重点演练集结、组织指挥、战勤保障、跨部门协同配合。演练过程中，救援人员进入现场前也必须执行"一停、二评估、三进入"程序，即进入现场前首先停下来，然后对事故现场的危险性进行评估（如介质泄漏速度、扩散或火灾范围、有毒有害气体浓度等），最后决定是否进入事故现场。

此外，在有预案实战演练的基础上，还应开展无预案的随机演练，切实提高库区消防队的快速反应能力和战斗力。

四、消防应急知识培训

（一）消防战备值班

建立消防战备值班执勤制度，保证消防力量昼夜执勤，做好应急抢险和灭火战斗准备，消防执勤战备人员听到出动信号后，必须迅速着装，按指定乘车位置登车，驾驶员立即启动车辆，消防车驶离车库时间：白天不得超过 30s，夜间不得超过 1min。

（二）消防战训

消防战训主要包括：盘消防水带、佩戴空气呼吸器等基本功训练；短长跑和负重跑等体能训练；现场灭火预案等实战应用性训练等。平时多流汗，战时少流血，一线消防官兵救援能力的提升还是主要依靠平时扎实的战训工作。消防战训关系到人民生命和国家财产的安全，没有平时的加紧训练，战时消防队员的整体战斗力就难以提升，救援能力就不能满足现场应急的需要。在训练中，要科学统筹，既培养战士的技能、智能，又要锻炼他们的体能和快速反应能力。

要科学合理练兵提升救援能力。在战训工作中，要在官兵心目中牢固树立操场就是战场、训练就是实战的思想，牢固树立练为战的理念，紧紧围绕接警及接警后的人员调集、救援装备调集、出警路线、现场指挥等综合过程加以模拟训练，确保在第一时间调集最有效的装备和足够的力量，有效开展救援工作。在接到报警时，应当及时了解清楚事故发生的时间、地点以及事故类别和事态变化情况，科学研判，果断决策，尽可能地一次性调集好处置行动所需的人员、车辆和装备，确保高效科学地应急处置事故。

时时刻刻将科技练兵贯穿于整个战训工作始终，结合高、精、尖装备的使用，加大日常训练，让官兵熟练掌握、熟练运用消防科技装备培养他们在高科技装备下的作战和指挥能力。

(三)外浮顶油罐火灾灭火实战能力的训练

消防战训要结合外浮顶石油储罐的火灾类型，对消防官兵进行灭火实战能力的训练。例如，初步灾情识别、灾情信息报警传递及上报、事故区域内作业人员疏散、灾害影响区域隔离、交通管制、划定救援集结区域等方面，要特别关注现场危险源侦检辨识的训练。

包括口头询问现场操作人员、通过信息系统查询以及利用各类设备仪器、无人机等现场检测识别判断等方式，了解事故储罐类型、尺寸、储存物料信息（储量、燃点、闪点、毒性、灭火要点等）、储存物料的化学品安全数据说明书（MSDS）、储罐周边装置的相关信息（邻近罐间距、储存物料、其他泵间的热敏感性等），以及灾害类型、起火面积、影响范围、是否存在人员受困等信息。

现场救援指挥人员要对事故火灾等级进行科学的预判并及时上报，比如密封圈局部点着火事故等级为一般火灾。但如果火灾升级为全液面火灾时，则事故等级就是重大或特别重大火灾。根据现场事故类型、事故规模和等级，计算储存物料消耗速率和燃尽时间，计算救援和防护工作所需要的消防资源总量，包括所需人力、消防水总量、泡沫类型、泡沫液数量等，并据此检查现有的救援人员数量、固定消防设施、移动消防装备、个体防护装备是否需要增调救援装备和消防资源，如果不满足，还需要进行区域消防联动。

在大型储罐的火灾事故应急救援中，消防救援人员还要考虑泡沫的入射角度，以减少消防泡沫的损耗，这些消防技能都应该在日常的消防战训时给予高度重视。

(四)专业技战术训练

重点开展固定式、半固定式、移动式消防设施的作战效能测试。重点开展针对性的程序化的专项训练，如登罐顶精准灭火、流淌火扑灭训练、堵漏等。消防队员要与技术人员密切配合，利用倒罐、紧急切断等工艺操作提高救援速度。

应急知识培训除了消防应急外，还应增加工艺应急部分，主要包括预警措施，包括技术措施、设备设施日常维护管理以及应对措施。

预警措施主要指技术措施，包括可燃气体报警、火灾报警、高低液位报警等措施。这些报警设施必须与视频监控实现同步，否则这些预警措施无法满足应急时效性要求。以可燃气体报警为例，调度室发现可燃气体报警，安排人员现场核实，然后再采取应急措施，目前储罐与操作室距离较远，人员到现场核实，再进行处置，就会延误最佳的应急时机；如果视频监控可以与这些设施同步，就能及时发现险情，及时采取处置措施，这样才能实现把事故消灭在萌芽状态的要求。

除了加强技术措施的培训外，更为关键的是要加强这些设施的日常维护和管理培训，从而确保这些设施完好。目前，部分罐区的可燃气体报警、火灾报警、高低液位报警等措施发生故障没有及时修复，导致这些应急预警设施不能发挥作用。如果这些设施不完好，就会失去这一道防线，而直接面临着火灾或爆炸事故，印度博帕尔毒气泄漏就是如此。工厂很多防止事故的预防和预警措施因缺乏维护，不能发挥作用，企业直接面对十分严重的事故。因此，一定要加强预警设施的日常维护，确保有效管用。

应对措施主要指出现事故的初期处置、发生泄漏的初期处置和发生火灾的初期处置。提高库区岗位人员这方面技能，通过日常培训和演练，使岗位人员熟练掌握这些方法，快速及时地将事故控制在初期阶段。

参 考 文 献

［1］娄仁杰，查伟，陈思学. 外浮顶油罐雷击路径打火与防护技术研究［J］. 中国安全生产科学技术，2014，10（增刊）：120-123.

［2］王金龙. 外浮顶原油储罐防雷技术探讨［J］. 安全、健康和环境，2018，18（11）：25-28.

［3］安汝文，高洪波. 液体化工罐区静电产生的原因及防范措施［J］. 安全、健康和环境，2002，2（11）：30-32.

［4］姜惠娟. 浅谈外浮顶原油储罐的腐蚀及防护措施［J］. 中国石油和化工标准与质量，2012（2）：92，157.

附　录

附录一　化学品安全数据说明书

一、原油（石油）

物质名称	原油、石油		
物化特性	从地下深处开采的有色并有绿色荧光的稠厚状液体，主要成分为芳香烃的混合物。大部分原油的蒸气与空气能形成爆炸性混合物，易燃（自燃温度：350℃）		
沸点	范围为常温到500℃以上	密度	0.8～1.0g/cm³
凝点	−60～30℃	溶解性	不溶于水
外观、气味与主要成分	原油的颜色非常丰富，有红色、金黄色、墨绿色、黑色、褐红色，甚至透明，原油的成分主要有油质（这是其主要成分）、胶质（一种黏性的半固体物质）、沥青质（暗褐色或黑色脆性固体物质）和碳质（一种非碳氢化合物），组成原油的化学元素主要是碳（83%～87%）、氢（11%～14%），其余为硫（0.06%～0.8%）、氮（0.02%～1.7%）、氧（0.08%～1.82%）及微量金属元素（镍、钒、铁等），由碳和氢化合形成的烃类构成原油的主要组成部分，占95%～99%，不同产地的原油中，各种烃类的结构和所占比例相差很大，但主要属于烷烃、环烷烃和芳香烃三类，具有特殊气味		
火灾爆炸危险数据			
闪点	−6.67～32.2℃	爆炸极限	1.1%～6.4%
灭火剂	泡沫、干粉、二氧化碳、黄沙		
灭火注意事项	油品流散可能扩大燃烧面积，如果发生沸溢或喷溅，会扩大火势造成大面积火灾，甚至威胁灭火人员和车辆器材的安全。要注意控制火势，保护周围，防止蔓延，集中力量，抓住有利时机一举扑灭		
危险特性	原油是一级易燃液体。其蒸气与空气形成爆炸性混合物，遇明火、高热能引起燃烧爆炸		

健康危害：
原油蒸气、伴生气一般属于微毒、低毒类物质，在高浓度下可能会造成急性中毒，长期在低浓度下可以造成慢性中毒

续表

物质名称	原油、石油

泄漏紧急处理：
油品一旦泄漏，由于它的沸点很低，在常温下具有较大的蒸气压，在环境温度下将迅速由液相变为气相，体积急剧膨胀。蒸发逸散的油品蒸气在短时间与空气混合，向周围扩散。在常温、常压条件下，原油及原油伴生气的密度比空气大，扩散后容易滞留在地表、水沟、下水道、电缆沟及凹坑低洼处，并沿着地面沿下风向扩散到远处，绵延不断，往往在预想不到的地方遇火被引燃，并迅速回燃，从而引起大面积、灾难性的爆炸或火灾事故

储运注意事项：
原油、原油伴生气的主要成分为碳氢化合物及其衍生物，其闪点低，且闪点和燃点接近，只要有很小的点燃能量便会闪火燃烧。在管线、输油设备和容器上的静电放电对含油气浓度较大的场所，易产生爆炸、着火，其危险性和危害性是很大的

防护措施			
呼吸系统防护	空气中油气浓度超标时，佩戴过滤式防毒面具（半面罩）。紧急事态抢救或撤离时，建议佩戴氧气呼吸器或空气呼吸器	身体防护	穿防静电工作服
手防护	戴防化学品手套	眼防护	戴化学安全防护眼镜

二、汽油

物质名称：汽油		危险货物编号：31001（CAS.NO：8006-61-9）	
物化特性			
沸点	40～200℃	密度	0.70～0.79g/cm³
蒸气相对密度（空气=1）	3.5	熔点	<-60℃
临界温度	无资料	溶解性	不溶于水，易溶于苯、二硫化碳、醇、脂肪
自燃温度	415～530℃	冰点	无资料
外观与气味	无色或淡黄色易挥发液体，具有特殊臭味。主要成分为 C_4—C_{12} 脂肪烃和环烷烃		
火灾爆炸危险数据			
闪点	-50℃	爆炸极限	1.3%～6.0%
灭火剂	泡沫、干粉、二氧化碳。用水灭火无效		
灭火方法	喷水冷却容器，如有可能将容器从火场移至空旷处		
危险特性	其蒸气与空气可形成爆炸性混合物，遇明火、高热极易燃烧爆炸。与氧化剂能发生强烈反应。其蒸气密度比空气大，能在较低处扩散到相当远的地方，遇火源会着火回燃		
反应活性数据			
稳定性	不稳定	避免条件	无
	稳定　√		

续表

物质名称：汽油			危险货物编号：31001（CAS.NO：8006-61-9）	
聚合性	聚合		避免条件	
	不聚合	√		
禁忌物	强氧化剂		燃烧（分解）产物	一氧化碳、二氧化碳
健康危害数据				
侵入途径	吸入	√ 皮肤	√ 口	√
急性毒性	LD$_{50}$	67000mg/kg（小鼠经口）（120号溶剂裂解轻油，汽油调和组分）	LC$_{50}$	103000mg/m^3，2h（小鼠吸入）（120号溶剂裂解轻油，汽油调和组分）
健康危害： 急性中毒：对中枢神经系统有麻醉作用。轻度中毒症状有头晕、头痛、恶心、呕吐、步态不稳、共济失调。高浓度吸入出现中毒性脑病。极高浓度吸入引起意识突然丧失、反射性呼吸停止。可伴有中毒性周围神经病及化学性肺炎。部分患者出现中毒性精神病。液体吸入呼吸道可引起吸入性肺炎。溅入眼内可致角膜溃疡、穿孔，甚至失明。皮肤接触致急性接触性皮炎，甚至灼伤。吞咽引起急性胃肠炎，重者出现类似急性吸入中毒症状，并可引起肝、肾损害。 慢性中毒：神经衰弱综合征、自主神经功能紊乱、周围神经病。严重中毒出现中毒性脑病，症状类似精神分裂症。皮肤损害				
泄漏紧急处理： 迅速撤离泄漏污染区人员至安全区，并进行隔离，严格限制出入。切断火源。建议应急处理人员戴自给正压式呼吸器，穿防静电工作服。尽可能切断泄漏源。防止流入下水道、排洪沟等限制性空间。小量泄漏：用砂土、蛭石或其他惰性材料吸收，或在保证安全情况下就地焚烧。大量泄漏：构筑围堤或挖坑收容；用泡沫覆盖，降低蒸气灾害；用防爆泵转移至槽车或专用收集器内，回收或运至废物处理场所处置				
急救措施： 皮肤接触：立即脱去污染的衣着，用肥皂水和清水彻底冲洗皮肤，就医。眼睛接触：立即提起眼睑，用大量流动清水或生理盐水彻底冲洗至少15min，就医。吸入：迅速脱离现场至空气新鲜处，保持呼吸道通畅，如呼吸困难给输氧，如呼吸停止立即进行人工呼吸，就医。食入：给饮牛奶或用植物油洗胃和灌肠，就医				
储运注意事项： 储存于阴凉、通风的库房。远离火种、热源。库温不宜超过30℃。保持容器密封。应与氧化剂分开存放，切忌混储。采用防爆型照明、通风设施。禁止使用易产生火花的机械设备和工具。储区应备有泄漏应急处理设备和合适的收容材料。本品铁路运输时限使用钢制企业自备罐车装运，装运前需报有关部门批准。运输时运输车辆应配备相应品种和数量的消防器材及泄漏应急处理设备。夏季最好早晚运输。运输时所用的槽（罐）车应有接地链，槽内可设孔隔板以减少振荡产生静电。严禁与氧化剂等混装混运。运输途中应防曝晒、雨淋，防高温。中途停留时应远离火种、热源、高温区。装运该物品的车辆排气管必须配备阻火装置，禁止使用易产生火花的机械设备和工具装卸。公路运输时应按规定路线行驶，勿在居民区和人口稠密区停留。铁路运输时禁止溜放。严禁用木船、水泥船散装运输				
防护措施				
工程控制		生产过程密闭，全面通风		
呼吸系统防护	一般不需要特殊防护，高浓度接触时可佩戴自吸过滤式防毒面具（半面罩）		身体防护	一般不需要特殊防护，高浓度接触时可戴化学安全防护眼镜
手防护	戴橡胶耐油手套		眼防护	穿防静电工作服
其他	工作现场严禁吸烟。避免长期反复接触			

三、液化天然气

标识	中文名：天然气；液化天然气			危险货物编号：21008	
	英文名：Liquefied natural gas，LNG			UN 编号：1972	
	分子式：/		分子量：/	CAS 号：8006-14-2	
理化性质	外观与性状	无色无臭液体			
	熔点（℃）	/	相对密度（水=1）	0.45	相对密度（空气=1）	/
	沸点（℃）	-160~-164	饱和蒸气压（kPa）		/	
	溶解性	/			
毒性及健康危害	侵入途径	/			
	毒性	LD_{50}： LC_{50}：			
	健康危害	天然气主要由甲烷组成，其性质与纯甲烷相似，属单纯窒息性气体，高浓度时因缺氧而引起窒息。液化天然气与皮肤接触会造成严重灼伤			
	急救方法	应使吸入天然气的患者脱离污染区，安置休息并保暖；当呼吸失调时进行输氧；如呼吸停止，应先清洗口腔和呼吸道中的黏液及呕吐物，然后立即进行口对口人工呼吸，并送医院急救；液体与皮肤接触时用水冲洗，如产生冻疮，就医诊治			
燃烧爆炸危险性	燃烧性	易燃	燃烧分解物	/	
	闪点（℃）	/	爆炸上限	室温时14%(体积分数)；-162℃时13%(体积分数)	
	引燃温度（℃）	/	爆炸下限	室温时5%（体积分数）；-162℃时6%（体积分数）	
	危险特性	极易燃；蒸气能与空气形成爆炸性混合物；当液化天然气由液体蒸发为冷的气体时，其密度与常温下的天然气不同，其密度约比空气大1.5倍，其气体不会立即上升，而是沿着液面或地面扩散，吸收水与地面的热量以及大气与太阳的辐射热，形成白色云团。由雾可观察冷气的扩散情况，但在可见雾的范围之外，仍有易燃混合物存在。如易燃混合物扩散到火源，就会立即闪回燃着。当冷气温度升至-112℃左右时，就变得比空气轻，开始向上升。液化天然气遇水生成白色冰块，冰块只能在低温下保存，温度升高即迅速蒸发，如急剧扰动能猛烈爆喷			
	储运条件与泄漏处理	储运条件： 液化天然气应在大气压下稍高于沸点（-160℃）下用绝缘槽车或槽式驳船运输；用大型保温气柜在接近大气压并在相应的低温（-160~-164℃）下储存，远离火种、热源，并备有防泄漏的专门仪器；钢瓶应储存在阴凉、通风良好的专用库房内，与五氟化溴、氯气、二氧化氮、三氟化氮、液氧、二氧化氧、氧化剂隔离储运。泄漏处理：切断火源，勿使其燃烧，同时关闭阀门等，制止渗漏；并用雾状水保护操作阀门人员；操作时必须穿戴防毒面具与手套。对残余废气或钢瓶泄漏出气要用排风机排至空旷地			
	灭火方法	用泡沫、雾状水、二氧化碳、干粉			

四、液化石油气

标识	中文名：液化石油气；压凝汽油		英文名：Liquefied petroleum gas	
	分子式：C_3H_8-C_3H_6-C_4H_{10}-C_4H_8（混合物）		分子量：	UN 编号：1075
	危规号：21053		RTECS 号：	CAS 号：68476-85-7

理化性质	溶解性：在水上漂浮并沸腾，不溶于水。可产生易燃的蒸气团	
	性状：无色气体或黄棕色油状液体，有特殊臭味	饱和蒸气压：4053kPa（16.8℃）
	熔点（℃）：	相对密度（水 =1）：
	沸点（℃）：	相对密度（空气 =1）：
	临界温度（℃）：	燃烧热（kJ/mol）：
	临界压力（MPa）：	最小点火能（mJ）：

燃烧爆炸危险性	燃烧性：易燃	燃烧分解产物：一氧化碳、二氧化碳
	闪点：–74℃	聚合危险：不聚合
	爆炸极限：1.63%～9.43%	稳定性：不稳定
	自燃温度：450℃	禁忌物：强氧化剂、卤素
	危险性分类：第 2.1 类　易燃气体　甲类	
	危险特性：极易燃，与空气混合能形成爆炸性混合物。遇热源和明火有燃烧爆炸的危险。与氟、氯等接触会发生剧烈的化学反应。其蒸气密度比空气大，能在较低处扩散到相当远的地方，遇火源会着火回燃	
	灭火方法：切断气源。若不能切断气源，则不允许熄灭泄漏处的火焰。喷水冷却容器，如有可能将容器从火场移至空旷处。灭火剂：雾状水、泡沫、二氧化碳	

毒性	毒性：属微毒类
	接触限值：中国 MAC1000mg/m³
	健康危害： 本品有麻醉作用。急性中毒：有头晕、头痛、兴奋或嗜睡、恶心、呕吐、脉缓等症状；重症者可突然倒下，尿失禁，意识丧失，甚至呼吸停止。可致皮肤冻伤。慢性影响：长期接触低浓度者，可出现头痛、头晕、睡眠不佳、易疲劳、情绪不稳以及自主神经功能紊乱等症状

急救	脱去并隔离被污染的衣服和鞋。接触液化气体，接触部位用温水浸泡复温。注意患者保暖并且保持安静。确保医务人员了解该物质相关的个体防护知识，注意自身防护。迅速脱离现场至空气新鲜处。注意保暖，呼吸困难时给输氧，呼吸停止时立即进行人工呼吸，就医

防护	密闭操作，全面通风。密闭操作，提供良好的自然通风条件。操作人员必须经过专门培训，严格遵守操作规程。建议操作人员佩戴过滤式防毒面具（半面罩），穿防静电工作服。远离火种、热源，工作场所严禁吸烟。使用防爆型的通风系统和设备。防止气体泄漏到工作场所空气中。避免与氧化剂、卤素接触。在传送过程中，钢瓶和容器必须接地和跨接，防止产生静电。搬运时轻装轻卸，防止钢瓶及附件破损。配备相应品种和数量的消防器材及泄漏应急处理设备

续表

标识	中文名：液化石油气；压凝汽油		英文名：Liquefied petroleum gas	
	分子式：C_3H_8-C_3H_6-C_4H_{10}-C_4H_8（混合物）		分子量：	UN 编号：1075
	危规号：21053		RTECS 号：	CAS 号：68476-85-7
泄漏处理	迅速撤离泄漏污染区人员至上风处，并进行隔离，严格限制出入。切断火源。建议应急处理人员戴自给正压式呼吸器，穿防静电工作服。不要直接接触泄漏物。尽可能切断泄漏源。用工业覆盖层或吸附/吸收剂盖住泄漏点附近的下水道等地方，防止气体进入。合理通风，加速扩散。喷雾状水稀释。漏气容器要妥善处理，修复、检验后再用。			
储运	储存于阴凉、通风的库房。远离火种、热源。库温不宜超过 30℃。应与氧化剂、卤素分开存放，切忌混储。采用防爆型照明、通风设施。禁止使用易产生火花的机械设备和工具。储区应备有泄漏应急处理设备。			

附录二 登罐灭火专项预案

一、灾情设定

储罐密封圈遭雷击，罐顶部密封圈着火，固定泡沫系统、半固定式泡沫发生器完好。

二、力量调集

消防站火警通信室接警后，立即启动《灭火救援总体预案》，调集责任区消防站消防车、指战员出动，并向当班执勤中队长报告火情和调集力量，向支队火警调度室汇警。

三、组织指挥

（1）消防站指挥员在向火场行驶的途中，收集、传递下列信息：

① 逐车核对出动力量，向消防站火警通信室汇报出动力量和行驶进程。

② 与消防站火警通信室核实是否有人员被困、着火的部位、物料以及现场情况，并向各班长通报。

③ 及时向消防站火警通信室报告途中观察到的烟雾、火焰等相关情况。

④ 根据现场初步判断，向消防站火警通信室请求增援。

⑤ 接受消防站火警通信室传达的上级指挥员的各项指令。

（2）消防站指挥员到达现场后，按以下步骤开展现场指挥工作：

① 组织火场侦察。

② 根据火场侦察结果，确定"充分利用固定消防设施、加强冷却保护、阻止火势发展蔓延"为主的战术措施展开战斗。

③ 向各班长下达战斗任务，并进行安全提示。

④ 不间断地检查任务执行情况，适时进行调整，纠正偏差。
⑤ 向消防站火警通信室报告作战部署和战斗情况。
（3）增援队到场后，若支队级指挥员还没有到达，应实行责任区队的属地指挥：
① 责任区队向增援队介绍确定的作战方案。
② 责任区队提出增援队协同作战的具体要求。
③ 责任区队协调增援队落实协同作战措施。

四、火场侦察

（1）责任区消防站指挥员到达现场后，立即组织火场侦察，设立观察哨，并在火灾扑救全过程实行不间断侦察。
① 了解着火罐和受火势威胁的相邻罐物料温度变化情况。
② 密切关注储罐浮盘所在位置罐壁温度和外形变化情况，判断储罐浮盘是否有倾斜的危险。
③ 了解采取的工艺措施，并观察其实施效果。
④ 观察灭火剂喷射是否合理，冷却和灭火措施是否有效。
⑤ 检测风向、风速，观察其变化情况，监测罐顶硫化氢气体浓度，判断阵地设置是否符合安全和作战需求。
（2）首次火场侦察的小组由责任区中队指挥员、通信员和班长 3 人组成。侦察人员着隔热服，佩戴空气呼吸器，携带对讲机、测温仪、安全绳、照明灯等器材。

五、作战行动

（1）出动力量到达现场集结后，等待侦察小组进行火场侦查，同时进行战斗准备。
（2）责任区中队长在完成现场侦察后，组织研究确定作战方案。
① 对密封圈火灾，本着"速战速决"的原则，部署灭火力量。
② 充分利用油罐的固定和半固定设施，对油罐进行冷却保护和泡沫灭火。
③ 安排泡沫枪，对密封圈进行泡沫覆盖灭火。
④ 安排高喷，对罐顶重点区域进行泡沫覆盖灭火。
⑤ 开启喷淋及固定低倍数泡沫发生器对油罐进行冷却和灭火。
（3）增援力量到达现场，在集结地待命，接受责任区中队的任务后，执行以下内容：
① 利用高喷车出泡沫对储罐密封圈实施泡沫覆盖。
② 利用周边水源对车辆进行补水。
（4）中队指挥员根据现场制订的作战方案，结合风向条件，下达具体战斗命令，各组合按平时训练的战斗编成进行战斗展开。
（5）所有的消防车在出水、液的同时，用附近的消火栓连接吸水管或铺双干线供水。
（6）战斗展开时所有的作战车辆应尽可能集中停放在靠近火场一侧，留出增援队车辆通过和作战位置。

（7）火焰熄灭后，应继续对相邻设备冷却，直至设备表面温度降至正常温度。

（8）作战过程中应特别注意以下事项：

① 消防车选择上风或侧上风、地势较高、上无管廊、下无阴井管沟的位置停放，车头朝向便于转移的方向，保持应急避险道路畅通。

② 作战人员应从上风或侧上风方向进入阵地，有效利用现场的各类掩体。当辐射热强又必须近战时，应采用水枪射流掩护的方法进攻。

③ 侦察人员应从不同方位观察是否存在爆炸或罐体、管线坍塌等危险，若出现危险征兆，应立即按预先确定并落实的避险信号和路线紧急避险。

④ 现场指挥组应提醒相关部门及时进行现场排水处理，防止消防水造成污染。

⑤ 冷却过程中，在保证供给强度和冷却效果的前提下，应最大可能节约用水，以减轻火灾现场的排水负荷。

六、工艺措施

（1）在采取冷却措施的同时，可采取以下工艺措施：

① 立即停止一切收付油作业。

② 操作员佩戴好防护器具，现场确认事故罐消防喷淋系统、泡沫灭火系统是否运行正常。

③ 操作员确认罐组防火堤外雨水阀和雨污阀关闭，相邻罐的雨水阀和污水阀关闭，事故池外排阀门关闭。

④ 操作员远程关闭作业罐、放压罐的电动阀。

⑤ 在现场电动阀门断电的情况下，由班长组织相关人员现场手动关闭作业罐、放压罐的罐根阀。

（2）工艺措施应由事故发生单位生产指挥人员提出并实施。需进入火场进行处置时，应由生产操作人员和消防人员共同实施，佩戴防护用品和通信设施。

七、火场保障

（1）指挥员应督促火灾发生单位有关人员提供相关信息，通报工艺处置情况，提出灭火建议。

（2）依据消防战斗供水方案和火场指挥员的命令向商储罐区供水。

（3）如果处理事故时间较长，现场的灭火剂和灭火器材消耗较大，需要补充时，中队指挥员应请求支队指挥员启动《消防战斗后勤保障方案》。

① 通信人员应按移动通信设施的使用要求，及时组织提供备用电池，确保通信畅通。

② 后勤保障组应及时组织提供足够数量的个人防护装备。

③ 灭火剂消耗至50%以上尚未实现灭火时，后勤保障组应及时组织提供泡沫液。

④ 灭火战斗时间持续 3h，后勤保障组应组织提供车用燃料、人员饮食、饮水等。
⑤ 当光线不足或临近夜间时，后勤保障组应组织照明。
⑥ 若有消防人员受伤，后勤保障组应向指挥中心提出医疗需求。

八、战斗结束

当确认火灾完全扑灭，现场没有复燃的可能时，指挥员应责成火灾单位看护火场，之后清点人数，整理装备和固定消防设施，与火灾单位办理交接手续，有序撤离火场。归队后，应迅速补充油料、器材和灭火剂，恢复战备状态。

后 记

本书经过编写组近两年的努力，通过广泛的资料收集和现场调查、专家研讨分析等方式，最终完成了编写工作。

由于大型外浮顶油品储罐事故案例没有炼化生产装置多，因此很容易使人们产生一种错觉：与炼化生产装置相比，石油库区原油储罐事故发生概率很低，不容易发生事故；如果存在这样的麻痹思想，就会导致我们逐步放松安全管理。

风险度的大小等于事故发生的可能性与事故后果的乘积。事故发生可能性小，但是事故导致的后果严重，那么发生事故的风险度也就会高。大型油品储罐中储存着万吨以上的油品，一旦发生事故，必将是灾难性的。因此，对待安全工作应该是以预防为主，防微杜渐。

本书主要介绍了大型外浮顶原油储罐的结构和原理，全面分析了导致大型外浮顶原油储罐事故发生的雷击、静电、作业等事故触发因素，并通过对近 60 个典型事故案例的深度剖析，将导致各类型事故发生的主要因素和事故发生的规律进行了归纳和总结，并针对各类事故类型，对预防事故发生的风险管控和预防措施进行了分析和探讨。就在本书编写之际，又发生了沧州南大港产业园区某石化公司"5·31"重油储罐火灾事故，10 余具储罐过火受损，损失惨重，影响巨大。惨痛的事故教训再次警示我们，大型油气储库安全管理的重要性。我们坚信：通过努力，任何事故都是可以预防的！

通过对国家"十四五"规划内容的学习，深刻领会到，今后我国将会大力发展信息化技术，这无疑给开展油品储罐长治久安管理提供了很好的契机。主要思路是通过现代化的技术和信息化的手段，运用云计算、大数据、物联网、人工智能、5G 通信、计算机视觉系统等新一代前沿技术，建立智能化工艺监管和预警平台、风险自动辨识智慧化监控预警平台、雷电预警与闪电定位监测平台、3D 数字化库区等，实现对油品储罐的智慧操作和科学管理，从更高层次解决因人的因素导致的操作管理不到位问题，为重大危险源风险防范和应急处置提供信息及手段支持，从而确保国家能源安全。